普通高等教育"十三五"规划教材

机 械 制 造 基 础

第 3 版

主　编	胡忠举　宋昭祥
副主编	康辉民　吴克军
参　编	陆名彰　廖先禄　李会强
	万林林　陈向健　朱秋玲
	廖艳春
主　审	傅水根

机 械 工 业 出 版 社

本书是根据教育部提出的《普通高等学校机械制造实习教学基本要求》（非机械类专业适用），并结合高等学校实际情况编写而成的。

全书分为上、下两篇。上篇为机械制造实践基础，主要内容有工程材料的改性，铸造，锻造，焊接与粘结，板料冲压，常用非金属材料的成型，量具，车削加工，铣削、刨削、磨削加工，钻削加工和镗削加工，数控机床加工，特种加工，常用非金属材料的切削加工，钳工，装配与调试，共15章；下篇为机械制造理论基础（专题），主要内容有常用工程材料及其选择，毛坯制造方法的选择，机械零件表面加工方法及其选择，机械零件制造工艺过程及其技术经济分析，共4章。本书内容具有综合性、实践性、科学性和先进性。

本书是普通高等学校非机械类（包括工科各专业及文、理、医、艺术、管理等专业）专业的基本教材，也可供电视大学、职业大学、职工大学、成人高等教育、函授大学等相关专业选用。

图书在版编目（CIP）数据

机械制造基础/胡忠举，宋昭祥主编. —3 版. —北京：机械工业出版社，2015.5（2024.12 重印）

普通高等教育"十三五"规划教材

ISBN 978-7-111-50196-1

Ⅰ.①机… Ⅱ.①胡…②宋… Ⅲ.①机械制造-高等学校-教材 Ⅳ.①TH

中国版本图书馆 CIP 数据核字（2015）第 097229 号

机械工业出版社（北京市百万庄大街22号 邮政编码100037）
策划编辑：刘小慧 责任编辑：刘小慧 王勇哲 李 超
责任校对：刘怡丹 封面设计：张 静 责任印制：单爱军
北京中科印刷有限公司印刷
2024 年 12 月第 3 版第 12 次印刷
184mm×260mm·18.25 印张·452 千字
标准书号：ISBN 978-7-111-50196-1
定价：49.80 元

电话服务 网络服务
客服电话：010-88361066 机 工 官 网：www.cmpbook.com
010-88379833 机 工 官 博：weibo.com/cmp1952
010-68326294 金 书 网：www.golden-book.com
封底无防伪标均为盗版 机工教育服务网：www.cmpedu.com

前　言

本书自 1998 年出版以来，受到广大兄弟院校的欢迎，第 1 版连续重印了 12 次。2010 年第 2 版出版，又连续重印了 4 次。为了进一步提高教材质量，适应教学改革的需要，在第 2 版的基础上，根据教育部提出的《普通高等学校机械制造实习教学基本要求》（非机械类专业适用）进行了修订。

本书仍保留了原版的风格，由机械制造实践基础和机械制造理论基础两部分组成。机械制造实践基础部分主要涉及机械制造的一般过程，包括机械零件的常用加工方法及其所用主要设备，工、夹、量具的结构和工作原理，特种加工方法、非金属材料成型加工方法的主要设备、原理、特点和应用，非金属材料切削加工方法的主要设备、原理、特点和应用，常用工程材料及其改性方法的主要设备原理、特点和应用，机械装配等内容。此外增加了钣金加工。机械制造理论基础部分在实践教学的感性知识基础上，综合介绍了常用工程材料的主要性能，分析了各种成形方法和加工方法的工艺特点和应用，对各种工艺进行了综合论述与横向比较，加强了材料、毛坯和零件加工方法的选择，并介绍了有关新材料、新工艺、新技术的内容。

在修订本书时力图表现以下特点：

1）调整知识结构，培养学生的综合工程能力，强调理论与实践相结合、技术与经济相结合、技术与管理相结合，突出对各种工艺的综合论述与横向比较，使学生具有选择材料、毛坯和零件加工方法的初步能力。

2）提高起点，拓宽知识面，力求反映近年来在工程材料和制造工艺方面的最新成果。

3）根据非机械类专业的特点，加强对非金属材料和非金属材料成型加工方法及切削加工方法的介绍，使学生对现代工程材料的加工制造有较全面的了解。

4）力求内容精练，从培养学生实践能力出发，结合生产实际，在精选普通生产工艺和操作的基础上，对工艺操作中的难点和常见问题的处理方法做了介绍。

5）在叙述上，力求深入浅出、通俗易懂、图文并茂、文字简练、直观形象，以便于教学。

6）本书在使用新国家标准规定的术语时，考虑到贯彻新国家标准应有的历史延续性，所以也兼顾了长期沿用的名称和定义，并尽可能使两者达到和谐和统一。

为了方便各学校使用本书，特对本书的使用做如下说明（供参考）：

课堂理论教学内容	下篇：第一章至第四章。学时：10～12 学时，穿插在实习过程中的适当时间集中讲授
现场讲授与演示内容	上篇：第六章、第九章、第十三章
实习教学内容	上篇：第一章至第五章、第七章、第八章、第十章、第十一章、第十二章、第十四章、第十五章
学生自学内容	上篇：各章节中有关新材料、新技术的介绍

本书由胡忠举、宋昭祥任主编，康辉民、吴克军任副主编，参加编写的人员有陆名彰、廖先禄、李会强、万林林、陈向健、朱秋玲、廖艳春。

本书由教育部机械基础课程教学指导分委员会原副主任、普通高等学校"工程材料及机械制造基础"课程指导小组组长、清华大学傅水根教授担任主审。傅水根教授对本书提出了许多宝贵的意见，在此表示衷心的感谢。

由于编者的水平与经验有限，书中的缺点与错误请同行与读者批评指正。

编　者

目　录

前言
绪论 ……………………………………… 1
第一节　工业系统、机械制造系统与集成
概述 ……………………………… 1
第二节　工业安全 ………………………… 7

第三节　环境保护 ……………………… 8
第四节　机械制造工艺过程 …………… 16
第五节　产品质量管理概述 …………… 17
第六节　工程素质训练课程的目的、
内容与方法 ………………… 23

上篇　机械制造实践基础

第一章　工程材料的改性 ……………… 28
第一节　金属材料的改性工艺 ……… 28
第二节　常用非金属材料的改性
工艺 ………………………… 35
第三节　改性工艺新技术 …………… 41
第二章　铸造 …………………………… 47
第一节　砂型制造 …………………… 48
第二节　铸铁的熔炼及浇注 ………… 54
第三节　铸件结构的工艺性及
铸件图 ……………………… 57
第四节　特种铸造 …………………… 64
第五节　铸造新工艺、新技术简介 … 68
第三章　锻造 …………………………… 70
第一节　金属的加热与锻件的冷却 … 70
第二节　自由锻造 …………………… 72
第三节　锤上模锻和胎模锻 ………… 77
第四节　轧制、挤压、拉拔和旋压
工艺 ………………………… 79
第五节　锻造新工艺、新技术简介 … 82
第四章　焊接与粘结 …………………… 86
第一节　焊条电弧焊 ………………… 86
第二节　焊接结构件的工艺性 ……… 93
第三节　气焊、氧气切割和等离子弧
切割 ………………………… 96
第四节　其他焊接方法 ……………… 101

第五节　焊接新技术、新工艺简介 … 104
第六节　粘结 ………………………… 106
第五章　板料冲压 ……………………… 110
第一节　冲压设备 …………………… 110
第二节　冲压的基本工序 …………… 112
第三节　冲压模具 …………………… 113
第四节　板料冲压件结构的工艺性 … 114
第五节　钣金成形 …………………… 117
第六章　常用非金属材料的成型 ……… 124
第一节　塑料的成型 ………………… 124
第二节　工程陶瓷的成型 …………… 130
第三节　橡胶的成型 ………………… 133
第四节　复合材料的成型 …………… 136
第七章　量具 …………………………… 141
第一节　零件的技术要求 …………… 141
第二节　常用量具及其使用 ………… 145
第八章　车削加工 ……………………… 152
第一节　卧式车床 …………………… 153
第二节　车刀 ………………………… 154
第三节　车削时工件的装夹方式和车床
附件 ………………………… 157
第四节　常用车削加工 ……………… 161
第九章　铣削、刨削、磨削加工 ……… 170
第一节　铣削加工 …………………… 170

第二节　刨削加工 …………… 172
第三节　磨削加工 …………… 174
第十章　钻削加工和镗削加工 … 179
　第一节　钻削加工 …………… 179
　第二节　镗削加工 …………… 185
第十一章　数控机床加工 ……… 187
　第一节　数控机床的工作原理及
　　　　　组成 ………………… 187
　第二节　常用数控切削加工机床 … 189
第十二章　特种加工 …………… 194
　第一节　电火花线切割加工 … 194
　第二节　光化学加工 ………… 197
　第三节　其他常用的特种加工 … 202

第十三章　常用非金属材料的切削
　　　　　加工 ………………… 207
　第一节　塑料的切削加工 …… 207
　第二节　工程陶瓷的切削加工 … 208
第十四章　钳工 ………………… 212
　第一节　划线 ………………… 212
　第二节　锯切 ………………… 215
　第三节　锉削 ………………… 216
　第四节　螺纹加工 …………… 218
第十五章　装配与调试 ………… 220
　第一节　机械零、部件的装配 … 220
　第二节　机械零、部件装配后的调整 … 226

下篇　机械制造理论基础（专题）

第一章　常用工程材料及其选择 … 231
　第一节　工程材料的主要性能 … 231
　第二节　常用金属材料 ……… 235
　第三节　常用非金属材料 …… 245
　第四节　新材料 ……………… 248
　第五节　机械零件的选材 …… 252
第二章　毛坯制造方法的选择 … 255
　第一节　毛坯选用的原则 …… 255
　第二节　典型机械零件毛坯的选用 … 258
第三章　机械零件表面加工方法及其
　　　　选择 …………………… 261
　第一节　机械加工方法的选择原则 … 261
　第二节　外圆表面的加工方法及其

　　　　　选择 ………………… 265
　第三节　内圆表面的加工方法及其
　　　　　选择 ………………… 267
　第四节　平面的加工方法及其选择 … 268
　第五节　特形表面的加工方法及其
　　　　　选择 ………………… 271
第四章　机械零件制造工艺过程及其
　　　　技术经济分析 ………… 273
　第一节　机械零件制造工艺过程 … 273
　第二节　制造工艺过程的经济分析 … 279
　第三节　提高机械制造生产率的
　　　　　措施 ………………… 281
参考文献 ………………………… 285

绪　论

第一节　工业系统、机械制造系统与集成概述

一、工业系统

工业本身就是一个系统，它植根于国民经济的广袤大地上，自身又可分为上游产业、中游产业和下游产业，各部门之间存在着千丝万缕的联系，各自和整体又有着特定的发展规律。对现今社会生产力主体的工业系统作一些初步了解，有助于引导大学低年级学生对工程技术、管理和社会经济规律的学习和研究。

（一）工业系统分类

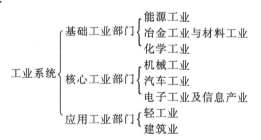

（二）工业系统简介

1. 能源工业

（1）能源　能源是能够产生和提供可控能量的各种资源。

（2）能源工业　现代能源工业的重要生产部门有煤炭工业、石油工业和电力工业。

（3）能源系统　能源按加工程度划分为一次能源（直接来自自然界而没有经过加工或转换的能源）和二次能源（由一次能源经过加工转换为其他种类和形式的能源）。能源必须组成能源系统才能发挥作用。主要能源及其转化和应用如图 0-1 所示。

2. 冶金工业与材料工业

（1）冶金工业　从矿石和其他含金属的原材料中制取金属的工业，包括采矿、选矿、冶炼、加工。我国习惯上将金属大体划分为黑色金属和有色金属。黑色金属指钢、铁和铁合金。有色金属又分为重金属、轻金属、稀有金属和贵金属。为此，冶金工业包括炼铁、炼钢、钢材生产、有色金属工业。

（2）材料工业　我国的材料工业，包括冶金、加工、建材等主要行业，它既提供生铁、钢、铁合金、有色金属、水泥、塑料、橡胶、化纤、平板玻璃等传统结构材料和原料，又开发出信息功能材料、能源材料和生物材料。

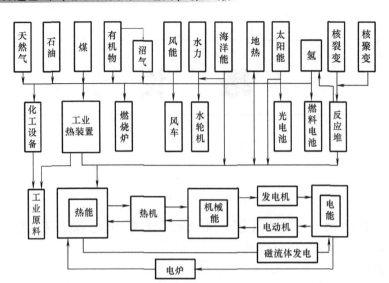

图 0-1　主要能源及其转化和应用

3. 化学工业

（1）化学工业　它是利用物质发生化学变化的规律，改变物质的结构、成分、形态而进行工业化生产的工业部门。化学加工是一个渗透于多行业的基本生产方法。在国民经济中，采掘业、加工业、动力部门和交通运输部门组成工业体系，它们中很多生产都与化学加工密不可分。

（2）化学工业生产的基本过程　化学工业生产的基本过程包括流体输送、传热、蒸发、结晶、蒸馏、吸收、萃取、干燥、过滤、反应等化工单元。

4. 机械工业

1）机械工业也称为机械制造业，是制造机械产品的工业部门。

2）机械工业可作如下的分类：

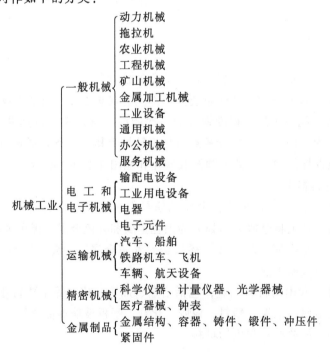

5. 汽车工业

汽车本身的制造属于机械制造业，但因其规模巨大，且又是与其他产业关联度最大的产业，故将其单独列为一个工业部门。随着汽车的使用和普及，产生了许多与之相关的部门来促进其发展。汽车工业涉及领域甚宽，包括钢铁、玻璃、橡胶、塑料等原材料，机床、机械加工、机电零部件及附件，燃料油及润滑油供应，以及公路交通、建筑设施和各种消费服务。在当今世界，还没有哪一个工业部门所涉及的范围比汽车工业更为广泛。因此，从某种意义上讲，它是衡量一个国家工业化水平和科学技术水平高低的重要标志之一。

6. 电子工业及信息产业

（1）电子工业的对象　电子工业的对象包括计算机、雷达、导航、电视、广播、微波、半导体、激光、红外、电声、声纳、电子测量、自动控制、遥感遥测、电波传播、材料、器材、系统工程等几十个门类。

（2）电子信息产业　电子信息产业包括通信与信息服务业、电子信息产品制造业。

（3）微电子技术　将含有成千上万甚至上亿个元器件的复杂电路，都制作在一块小小的半导体硅片上，在很小的体积内，微电子技术能实现令人难以想象的复杂功能。

（4）电子工业结构　电子工业的上游是半导体设备工业，提供制造电子元器件的设备器件；中游是半导体工业，制造大规模集成电路芯片等电子元器件；下游是电子系统工业，用元器件开发计算机、通信设备等应用系统。

（5）信息技术　信息技术是以微电子学、光电子学为基础，以计算机通信、控制技术为核心的综合技术群，主要研究和解决信息的产生、获取、度量、传输、交换、处理、识别和应用等问题。

7. 轻工业

轻工业是我国消费品生产的主体，承担着改善人民生活、繁荣城乡市场、支持工业发展、扩大出口创汇和为国家建设积累资金的重要任务。它是一种以消费品生产为主的加工工业的群体，包括纺织和缝纫生产，食品加工，家用机械、电子及轻化工生产，造纸工业，皮革工业，木材加工，日用玻璃、日用陶瓷、自来水和饲料生产加工等。

8. 建筑业

建筑业是从事建筑、安装工程的产业部门，其业务范围不仅包括建造房屋和构筑物，而且包括各种设备的安装工程。建筑业最终提供给社会的产品，是已建成并可以投入生产或使用的工厂、矿井、铁路、公路、桥梁、港口、机场、仓库、管线、住宅及各种公用建筑与设施。

二、机械制造系统的概念

制造业是将制造资源（物料、能源、设备、工具、资金、技术、信息和人力等）通过制造过程，转化为可供人们使用或利用的工业品，或生活消费品的行业。它涉及国民经济的各个部门，是国民经济和综合国力的支柱产业。

制造系统是制造过程及其所涉及的硬件（物料、设备、工具和能源等）、软件（包括制造理论、制造工艺和制造信息等）和人员组成的一个将制造资源转变为产品（含半成品）的有机整体。

制造系统的基本特性包括以下几个方面。

（1）集合性　制造系统是由两个或两个以上的可以相互区别的要素（或环节、子系统）

所组成的集合体。它确定了制造系统的组成要素。

（2）相关性 制造系统内各要素是相互联系的。它说明了这些组成要素之间的关系，这种关系构成了制造系统的结构，而结构又决定了制造系统的性质。制造系统的基本结构体现为组织、技术和管理三方面。制造系统中任一要素与存在于该制造系统中的其他要素是互相关联和互相制约的。

（3）目的性 一个实际的制造系统是一个整体，要完成一定的制造任务，或者说要达到一个或多个目的，就是要把资源转变为财富或产品。

（4）环境适应性 一个具体的制造系统，必须具有对周围环境变化的适应性。外部环境的变化与系统是互相影响的，两者之间必然要进行物质、能量或信息的交换。制造系统应是具有动态适应性的系统，表现为以最低的代价和最短的时间去适应变化的环境，使系统接近理想状态。

（5）动态性 制造系统的动态性主要表现在以下几个方面：

1）总是处于生产要素（原材料、能量、信息等）的不断输入和有形财富（产品）的不断输出的这样一种动态过程中。

2）系统内部的全部硬件和软件也是处于不断的动态变化发展之中的。

3）为了适应生存环境，制造系统总是处于不断发展、不断更新、不断完善的运动之中。

（6）反馈特性 制造系统在运行过程中，其输出状态如产品质量信息和制造资源利用状况等信息总是不断地反馈回制造过程的各个环节中，从而实现产品生命周期中的不断调节、改进和优化。

（7）随机特性 制造系统中有很多随机因素，从而使制造系统的某些性质具有随机性。

机械制造系统是一种典型的、具体的制造系统，其组成如图 0-2 所示。

图 0-2 机械制造系统的组成

机械制造系统具有制造系统应具有的一切基本特性。图 0-3 表明，机械制造过程是一个将资源向产品或零件转变的过程。这个过程是不连续的（或称离散性），其系统状态是动态的，故机械制造系统是离散的动态系统。

机械制造系统由机床、夹具、刀具、被加工工件、操作人员和加工工艺等组成。机械制造系统输入的是制造资源（毛坯或半成品、能源和劳动力），输出的是经过机械加工过程制成的产品或零件。图 0-4 所示为机械制造系统组成图。

图 0-4 所示的"三流"（物料流、信息流、能量流）分别表示如下：

（1）物料流（物流） 机械制造系统输入的是原材料或坯料（有时也包括半成品）及相应的刀具、量具、夹具、润滑油、切削液和其他辅助物料等，经过输送、装夹、加工、检验等过程，最后输出半成品或成品的过程（一般还伴随着切屑的输出）。整个加工过程（包括加工准备阶段）是物料输入和输出的动态过程，这种物料在机械制造系统中的运动称为物料流。

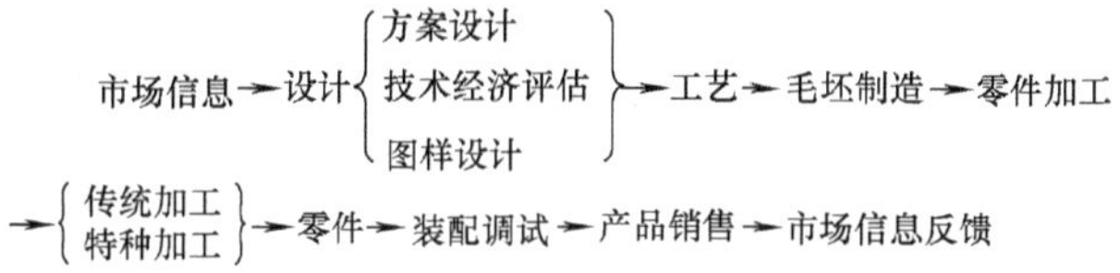

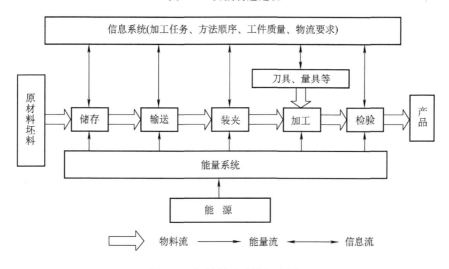

图 0-3　机械制造过程

图 0-4　机械制造系统组成图

（2）信息流　在机械制造系统中，必须集成各个方面的信息，以保证机械加工过程的正常进行。这些信息主要包括加工任务、加工工序、加工方法、刀具状态、工件要求、质量指标和切削参数等。这些信息又可分为静态信息（如工件尺寸要求、公差大小等）和动态信息（如刀具磨损程度、机床故障状态等）。所有这些信息构成了机械加工过程的信息系统。这个系统不断地和机械加工过程的各种状态进行信息交换，从而有效地控制机械加工过程，以保证机械加工的效率和产品质量。这种信息在机械制造系统中的作用过程称为信息流。

（3）能量流　能量是一种物质运动的基础。机械制造系统是一个动态系统，其动态过程是机械加工过程中的各种运动过程。这个运动过程中的所有运动，特别是物料的运动，均需要能量来维持。来自机械制造系统外部的能量（一般是电能）多数转变为机械能。一部分机械能用于维持系统中的各种运动，另一部分通过传递、损耗而到达机械加工的切削区域，转变为分离金属的动能和势能。这种在机械加工过程中的能量运动称为能量流。机械制造系统中的物料流、信息流、能量流之间相互联系、相互影响，组成了一个不可分割的有机整体。

在很长一段时期里，人们习惯于孤立地、分别地研究机械制造中所涉及的各种问题。尽管在机床、工具和制造工艺等各个方面都取得了长足的进步，而且成功地应用于大批量生产，但在大幅度提高各种因素非常复杂的小批量生产的生产率方面，长时间未能取得大的突破。直至 20 世纪 60 年代末期，人们才逐步认识到，必须运用系统的观点来认识机械产品制造的全过程，将其视为系统，进而运用系统工程的理论和方法，根据制造系统的目的，从整体与部分、部分与部分、整体与外部环境之间的相互联系、相互作用与相互制约的关系中综合、准确地分析和研究制造系统，才能获得技术先进、经济合理、效率高及整体协调运转的最佳效果。

三、集成的概念、基本要求与方式

集成的概念与系统的概念较相似。系统是由相互作用和相互依赖的若干组成部分结合而成的具有特定功能的有机整体。实际上，集成一词早在人们熟知的集成电路出现时就已广泛应用于各个领域，只不过人们已经习惯地把那些范围较小的有机整体称为系统。如计算机辅助制造系统（CAM）等，而较少站在整个企业的高度观察问题，将这些被称为系统的有机整体再次进行彼此之间的协调，而形成一个更大的有机整体，即一个更大的系统。为了突出在系统之间也需要形成有机整体，人们就使用了"集成"的概念。

因此，集成的出现来源于企业的实际需求。它是系统概念的延伸，是组成更大规模系统的手段，它强调组成系统的各部分之间能彼此有机、协调地工作，以发挥整体效益，达到整体优化的目的。从集成的定义可以看出，集成绝不是将若干分离的部分简单地连接拼凑，而是通过信息集成，将原先没有联系或联系不紧密的各个组成部分有机地组合成为功能协调、互相紧密联系的新系统。如将 CAD 与 CAM 集成，可以实现设计与制造的工程数据的信息共享，组成 CAD/CAM 系统；如果再将企业的 MIS 与 CAD/CAM 系统进行集成，就可实现商用数据和工程数据的信息共享等。

1. 集成的基本要求

集成的最终目的是使组成新系统的各子系统有机协调地工作，以发挥整体效益，达到整体优化，这种集成也称为系统集成。当然，每个分系统内部的集成也是一种小范围、小规模的集成，但它是系统集成的基础，两者相互联系。因此，从制造企业的角度来看，要实现集成，必须满足以下基本要求：

1）应包括数控机床、自动化小车在内的各种加工设备，以及计算机等通信设备在内的部分或全部的硬件资源。

2）应包括系统软件、工具软件及应用软件在内的软件资源。

3）在软硬件及网络的基础上，建立一个良好的企业信息模型，以达到信息共享。

4）企业各职能部门必须协调一致，使企业管理、技术和生产三个主要职能紧密地联系在一起。

5）强调集成过程中人的地位和作用。

2. 集成的方式

集成的方式有硬件集成，软件集成，数据和信息集成，管理、技术和生产等功能集成，以及人和组织机构的集成。其中，硬件集成是指在计算机网络系统的支撑下实现计算机上层与工厂底层执行设备的集成。软件集成是指系统软件（如操作系统等）、工具软件及应用软件之间的集成，即软件的异构问题。如果没有软件的集成，硬件集成就会变得毫无意义。软件集成的关键是选用的各类软件要尽可能符合国际统一标准和开放的要求。数据和信息集成作为系统集成的一个子集，它要对全企业的数据合理地进行规划和分布，以避免不必要和有害的冗余数据。要做到信息共享，建立一个良好的信息模型是非常重要的。管理、技术和生产等功能集成是指工厂为完成战略目标，各职能部门应协调一致地工作，管理、技术和生产三个主要功能需要相互配合。而这些环节在未集成之前是彼此分离和相互脱节的。人和组织机构的集成是指充分提高人在企业中的地位。强调企业和供应商、顾客之间的良好合作，强调友好的人机界面和专家系统的引入。人是系统中最为重要和活跃的因素，已成为系统集成重点考虑的因素之一。

第二节 工 业 安 全

现代工业生产除了应充分考虑技术和经济问题外，还必须对能源利用、资源条件、安全性和环境保护等因素进行综合分析，才有可能作出正确的决策。安全性和环境保护对于经济性具有不同性质的重要意义，有时甚至是决定性的因素。必须强调从工厂开始规划与设计起，即应考虑建立一个安全的、环境良好的生产场所，并将这一考虑贯穿于工厂的整个寿命周期。

一、工业安全的重要性

工业安全的重要性正在日益提高，主要表现在以下两个方面：

1）尽管现代社会的发展依赖于工业与科学技术的发展，但是现代社会也要求工业企业必须满足安全性的要求。

2）现代工业企业的数量越来越多，规模越来越大，技术越来越复杂，一旦发生事故，所带来的危害也越来越严重，因此社会已对工业与科学技术的发展产生了极大的担心与疑虑。工业安全问题不仅为工厂本身所关注，而且也成为整个社会所关注的重要问题。

二、工业安全性的评价

通常用引起不良后果的事件出现的可能性或概率来评价工业企业的安全性。所谓的不良后果，一般从以下几个方面进行衡量：①人员死亡；②人员伤残；③设备与厂房毁坏；④生产损失（如工时损失、材料损失、延误工期等）；⑤环境污染。

在进行工厂规划设计、制造工艺设计及日常运行管理时，对各种方案的评价与选择，都必须充分考虑其安全性。

三、工业系统的危险性因素

工业系统中，典型的危险性因素（或称不安全因素）主要表现在以下几个方面：①系统过载；②系统长期负载运行造成损坏；③系统本身的可靠性差；④系统的维修不善；⑤人-机误差（机器在人机控制方面失当或人的误差）；⑥人员缺乏技术培训，素质偏低；⑦管理不善；⑧环境不好。

通过分析工业系统的危险性因素可知，工业系统的安全性主要取决于工业系统本身与系统的运转操作过程。这两个方面都表明工业系统的安全性在相当大的程度上与人的失误密切相关，人的失误是最重要的危险性因素。因此，工业企业必须在努力提高系统本身安全性的同时，充分重视安全教育，使所有员工都树立起"安全第一"的观念，懂得并严格执行有关的安全技术与安全规程。

四、工业安全性的分析方法

为了建立工业安全状态，设计工程师和制造工程师都必须对各种方案进行安全性分析。在工业生产中常用的安全性分析方法可分为定性分析和定量分析两类。定性分析用于确定可能产生的故障类型及可能导致产生重大事故的多种故障的组合类型。定量分析用于确定故障发生的可能性或概率，并可用于估价预计损失和进行安全系统的优化。在定量分析前应先进行定性分析。

安全性分析对于指导企业建立安全可靠的生产系统具有非常重要的意义。通常，分析人员应特别重视系统要害部位的安全性分析。

五、有关安全法规与制度

党和政府非常重视工业安全问题，制定了一系列的安全法规与制度。现简要介绍如下：

（1）安全生产责任制 安全生产责任制是工业企业中最基本的安全制度。它规定企业单位的各级领导在管理生产的同时，必须负责安全管理工作，认真贯彻执行国家有关安全生产与劳动保护的法规与制度；企业单位中的各个职能机构都应该在各自的业务范围内，对实现安全生产的要求负责；企业单位的职工必须自觉遵守安全生产规章制度。

（2）安全技术规程 安全技术规程包括"工厂安全卫生规程""建筑安装工程安全技术规程""矿山安全条例""工人职员伤亡事故报告规程"等，对建筑物与通道的安全、机电设备的安全等都作了明确的规定。对特殊工种的工人，还规定其必须进行专门的安全操作技术训练，经过考核合格后才允许上岗操作。

（3）劳动卫生规程 为了保护生产过程中职工的健康，防止和消除职业病与职业中毒，我国制定了"工业设计卫生标准"等规程，针对各种有毒有害物质的最高允许浓度，制定了国家的统一标准。

第三节 环境保护

一、环境与环境保护的概念

环境是指影响人类生存和发展的各种天然的和经过人工改造的自然因素的总体，包括大气、水、海洋、土地、矿藏、森林、草原、野生生物、自然遗迹、人文遗迹、自然保护区、风景名胜区、城镇和乡村等。

构成环境的各种自然因素是经济发展不可或缺的自然资源和物质基础，也是人类赖以生存的基本条件。因此，保护环境就是保护自然资源，保护人类的生存条件。对于可以再生的资源（如水、大气、森林、草原等），应该使之不断再生增殖，以资永续利用；对于不可再生的一次性资源（如石油、煤等矿产），应该合理地开发利用，避免和减少资源的破坏与浪费。

我国政府对于环境保护极为重视，明确提出环境保护是我国现代化建设的一项战略任务，并将其列为我国的一项基本国策。1989年12月，我国颁布了《中华人民共和国环境保护法》（以下简称为《环境保护法》）。此外，还颁布了一系列关于防治各种环境污染和其他公害的专门法律，如《中华人民共和国水污染防治法》《海洋环境保护法》等。

二、环境污染及其特征

人类在其生产和生活活动中，把各种废弃物排放到环境中，不断地影响和改变着周围的环境。反过来，环境质量的变化也在不断地反馈作用于人类。凡是使环境质量发生不良变化，扰乱和破坏生态系统的良性循环及人类的正常生活条件，甚至危及人类健康的现象，均称为环境污染。

当前主要的环境污染物及其来源有以下几类：①工业污染源，指工业生产中形成、排放的废水、废气、废渣等；②交通污染源，指各种交通运输工具在运行中发出的噪声、扬起的灰尘、排出的废气、清洗车体的污水及运载的有毒、有害物质的泄漏等；③农业污染源，指农业生产中施用农药与化肥、土壤流失、农业废弃物造成的污染；④生活污染源，指生活烧煤和生活污水造成的污染；⑤放射性污染源，指核能工业、医用及工农业用放射源和核武器生产、试验的放射性污染及其排放的废弃物与飘尘的放射性污染。

从对人体危害的角度来看，环境污染一般具有以下特征：

1）影响的范围大，涉及的地区广，危害的人群多。从某种意义上说，其影响所及，达到整个人类。

2）作用的时间长。环境一经污染，短时间内难以治理，接触者长时间不断地暴露于被污染的环境中。

3）污染物浓度低，作用情况复杂。污染物经大气和水的稀释后，浓度一般很低。但污染物的种类多，不但可以通过生物或理化作用产生迁移、转化、代谢、降解和富集，改变其原有的性状和浓度，产生不同的危害作用，而且多种污染物同时作用于人体，可以产生复杂的综合作用。

三、环境保护法的基本原则

环境保护法的基本原则是指该法特定的，在调整由于开发利用和保护自然资源、防治环境污染和生态环境破坏所产生的社会关系中，所规定的具有普遍性的基本准则，主要包括以下几个方面：

（1）环境保护纳入国民经济计划的原则　各级政府在制订国民经济和社会发展计划、规划时，必须把保护环境和自然资源作为综合平衡的重要内容，必须包括环境保护的目标、要求和措施。

（2）预防为主、防治结合的原则　预防为主、防治结合就是要把环境保护工作的重点放在预防上，防止在开发建设活动中产生新的环境污染和资源破坏，对于已经造成的污染，必须进行积极治理。遵照这项原则，必须做好以下几方面的工作：

1）认真执行环境影响评价制度。即在开始进行某个建设项目或活动之前，应先对可能对周围环境造成的不良影响进行调查、分析、预测和评价，并提出处理意见和对策，报国家环保部门审批。

2）认真执行"三同时"制度。即一切建设项目、技术改造项目和其他开发项目的防治污染及其他公害的设施，必须与主体工程同时设计、同时施工、同时投产使用。

3）搞好资源的综合利用，化害为利。

4）加强各类企业的环境管理。

5）结合技术改造，防治环境污染。

6）结合产业调整，改造不合理的工业布局。

（3）谁污染谁治理，谁开发谁保护的原则　根据这项原则，一切开发利用自然资源的单位和个人都必须采取措施保护环境；对造成环境严重污染的排污单位，由法定的政府主管机关作出决定，限定其在规定的期限内完成治理污染的任务。

（4）依靠群众保护环境的原则　环境保护必须依靠群众的智慧和力量，同时每个公民也都有遵守国家法律，进行环境保护的义务。

四、机械制造过程中的环境保护

（一）金属热处理及表面处理过程中的环境保护

在金属热处理及表面处理过程中，高温炉与高温件会产生热辐射，退火和正火时加热炉有烟尘和炉渣产生，淬火时不仅有油烟生成，还会因为防止金属氧化而在盐浴中加入二氧化钛、硅胶和硅钙铁等脱氧剂导致产生废渣盐，在盐浴炉及化学热处理时会产生氢氧化钠等各种有害气体和高频电声辐射等。表面渗氮时，用电炉加热，并通入氨气，存在氨气泄漏的可能性。表面氰化时，将金属放入加热的含有氰化钠的渗氰槽中，氰化钠有剧毒，产生含氰气体和废水。表面（氧化）发黑处理时碱洗在氢氧化钠、碳酸和磷酸三钠的混合溶液中进行，酸洗在浓盐酸、水、尿素混合溶液中进行，将排出废酸液、废碱液和氯化钠气体。

以上产生的废水、废气、废渣，热辐射，声辐射等物质将对环境产生很大的污染，对人体造成很大的伤害。

这些污染物就其形态看有固态、液态和气态三种。

1）固态污染物有各种大小不一、性质各异的粉尘粒子，有的粒子粒径仅 $1\mu m$，人体吸入后可直达肺泡并长期储留，对人体造成伤害；有的粒子却是很贵重的工业原料，如有色金属氧化物原料。

2）液态污染物主要有各种酸雾、各种有机溶剂液滴等。

3）气态污染物则有硫氧化物、氮氧化物、碳氧化物、重金属、碳氢化合物等，也包括有机气体恶臭等。

污染物质的形态不同，治理方法也不同。可以用机械和电等物理方法把污染物分离开来，也可以用化合、分解等化学方法将有害污染物转为无害物，乃至转变为有用物质。

下面将介绍各种防治方法和技术。

1. 工业废气的防治

对排入大气中的固态污染物，可以通过各种除尘器除去其中的颗粒；对液态污染物可以采用各种除雾器捕集悬浮在废气中的各种悬浮液滴；气态污染物的分离、捕集设备主要有各种脱硫、脱氮设备，也可以采用吸收、吸附、焚烧、冷凝及化学反应等方法净化工业有害气体。

（1）工业废气的除尘 从废气中分离、捕集颗粒物的设备称为除尘器。采用除尘器除尘已成为机械工业防治工业性大气污染的一项重要技术措施，其作用不仅是除去废气中的有害粉尘，还可以不定期地回收废气中的有用物质，用于工业生产，达到综合利用资源的目的。

（2）工业有害气体的净化技术 控制工业有害气体的污染，应该重视减少污染物的产生和对已产生的污染物进行净化两方面的技术措施。工业有害气体的净化过程就是从废气中清除气态污染物的过程，它包括化工及有关行业中通用的一系列单元操作过程，涉及流体输送、热量传递和质量传递。要处理含有几种有害气体的废气，净化系统必须既能处理其中的每一种成分，也能够处理其组合成分。如果要在工艺中回收某些物质，则需要在回收前先行分离，这就使设计更为复杂。净化工业有害气体的基本方法有五种，即吸收、吸附、焚烧、冷凝及化学反应。

（3）废气中液态污染物的除雾设备 废气中液态污染的除雾设备主要包括四大类：①惯性力除雾装置，包括折板式除雾器、重力式脱水器、弯头脱水器、旋风脱水器、旋流板脱水器；②湿式除雾器，几乎所有的湿式气态污染物处理装置和除尘器均可用作湿式除雾装置；③过滤式除雾装置，包括网式除雾器和填料除雾器；④静电除雾器，分为管式和板式两类。

2. 工业废水处理的主要措施

（1）对废水源的处理方法　工业废水的性质随行业规模的不同有很大差别。在工厂生产不稳定时，每天或每月变动较大，废水量与水质也随之变动。处理工业废水，首先必须努力降低废水排放前的污浊物量，所用方法有以下几种：

1）减少废水量。

2）降低废水浓度。废水中所含污浊物，在不少情况下有一部分是原料、产品、副产品和废物。这些物质应尽量回收，不要弃于废水中。

（2）对废水的处理方法　废水处理大体上可分为除去悬浮固体物质、除去胶态物质和除去溶解物质三种。在方法上有物理方法、化学方法、物理-化学方法和生物-化学方法。

（3）废水处理方法的选择　废水治理总体方案的确定是一个比较复杂的问题，需要综合考虑，应符合有效治理的基本原则。对于必须外排的废水，其处理方法的选择主要考虑水质状况和要求。

首先应通过现场调查和采样分析，明确废水的类型、成分、性质、数量和变化规律等。然后按水质情况和具体要求明确处理程度和确定处理方法。通常将处理程度分为三级：一级处理主要指在预处理基础上去除水中的悬浮固体物、浮油以及进行 pH 值的调整等，这属于初级处理，通常作为进一步处理的准备阶段，而对于有机物和重金属污染轻微的废水，可作为主要处理形式；二级处理主要去除可生物降解的有机物和部分胶体污染物，用以减少废水的 BOD（生化需氧量）和部分 COD（化学需氧量），通常采用生物化学法处理，或采用混凝法和化学沉淀法处理，这是化工废水处理的主体部分；三级处理主要去除生物难以降解的有机污染物和无机污染物，常用活性炭吸附、化学氧化以及离子交换与膜分离技术（反渗透）等，这是一种浓度处理法，一般是在二级处理的基础上进行的。应当指出，对于一些成分单纯的废水，往往只要采用某一单元技术，如含铬废水用离子交换法除铬，没有必要分成一级、二级和三级。然而，大多数成分复杂或成分虽然单纯但浓度较大且要求处理程度高的废水，则往往采用多种方法联用。例如，对于高浓度的含酚废水，可先用萃取法回收酚，再用生物法处理。

3. 工业固体废物污染的防治

机械工业废物是在生产活动中产生的，主要包括灰渣、污泥、废油、废酸、废碱、废金属、灰尘等，此外还有七类有害物质，即汞、砷、镉、铅、6 价铬、有机磷和氰。由于工业固体废物往往包含多种污染成分，而且长期存在于环境中，在一定条件下还会发生化学的、物理的或者生物的转化，如果管理不当，不但会侵占土地，还会污染土壤、水、大气，因此需要实行从产生到处置的全过程管理，包括污染源控制、运输管理、处理和利用、储存和处置。

（1）工业固体废物污染源的控制　工业固体废物污染源的控制是对工业固体废物实行从产生到处置的全过程管理的第一步，其主要措施是尽量采用低废或无废工艺，以最大限度地减少固体废物的产生量，对于已产生的工业固体废物，必须先搞清楚其来源和数量，然后对废物进行鉴别、分类、收集、标志和建档。

（2）工业固体废物的运输　在对工业固体废物进行鉴别、分类、收集、标志和建档后，需从不同的产生地把废物运送到处理厂、综合利用设施或处置场。对于废物处置设施太小，废物产生地点距处置设施较远或本身没有处置设施的地区，为便于收集、管理，可设立中间储存转运站。运输方式分公路、铁路、水运或航空等多种，具体可根据当地条件进行选择。对于非有害性工业固体废物，可用各种容器盛装，用载货汽车或铁路货车运输；对于有害废物，最好采用专用的公路槽车或铁路槽车运输。

（3）工业固体废物的处理和利用

1）工业固体废物的预处理。机械工业固体废物多种多样，其形状、大小、结构及性质各异。为了进行处理、利用或处置，常须对工业固体废物进行预处理。预处理的方法很多，例如，处理或处置前的浓缩及脱水、处置前的压实、综合利用前的破碎及分选等。适当的预处理还有利于工业固体废物的收集和运输，所以预处理是重要的且具有普遍意义的处理工序。

2）工业固体废物的无害化处理。对有害的工业固体废物必须进行无害化处理，使其转化为适于运输、储存和处置的形式，不致危害环境和人类健康。无害化处理的方法有化学处理、焚烧、固化等。

3）工业固体废物的利用。工业固体废物具有两重性，弃之为害，用则为宝。尤其是对那些具有较高资源价值的废物，更应尽量加以综合利用。综合利用是指通过回收、复用、循环、交换以及其他方式对工业固体废物加以利用，它是防治工业污染、保护资源、谋求社会经济持续稳定发展的有力手段。工业固体废物综合利用的途径很多，主要有生产建筑材料、提取有用金属、制备化工产品、用作工业原料、生产农用肥料和回收能源等。

特定固体废弃物是指一些数量巨大、有一定回收价值且必须用专门的方式加以处理的固体废弃物，通常指废旧金属、塑料、橡胶及其制品等。从资源化角度进行处理，首先要使它们物尽其用，最大限度地延长其使用周期，有的虽不能直接延长使用周期，但可通过处理间接地延长使用周期。

废旧金属是机电产品在生产、使用过程中不断产生的废物，如来自切削过程的切屑、金属粉末、边角余料、残次品以及铸件浇冒口、报废工具和机床（或零部件）、各种锈损的钢铁结构物品等。处理废旧金属的方法通常是先进行分拣，对某些尚有使用价值的部分进行修复或改制后重新使用，再把有色金属和黑色金属分开回炉熔炼。

在重金属电镀污泥被塑料固化的工艺流程中，废旧塑料处理方法与一般资源化处理方法相类似，而电镀污泥的处理关键是将含水率95%以上的电镀污泥干燥和球磨的工艺。污泥干燥方法是先将电镀厂回收的电镀污泥经自然干化、干燥机烘干即可球磨，污泥粉末与塑料粉末以一定比例混合配料，最后可以压制成型或注射成型为一定形态的产品。

4）工业固体废物的处置。工业固体废物的处置，是为了使工业固体废物最大限度地与生物圈隔离而采取的措施，是控制工业固体废物污染的最后步骤，它起着十分关键的作用。常用的处置方法有海洋处置和陆地处置两大类。海洋处置包括海洋倾倒和海上焚烧。陆地处置分为土地耕作、工程库或储存池储存、土地填埋和深井灌注等。

对于放射性固体废物，一般应根据其放射性、半衰期、物理及化学性质选择相应的处置方法。常用的处置方法有海洋处置、深地层处置、工程库储存和浅地埋葬处置等。

（二）铸造生产过程中的环境保护

对于铸造厂来讲，主要的污染来自熔炼、浇注、冷却、落砂以及压铸生产所产生的粉尘和烟雾，造型、制芯时所产生的有害化学气体，以及铸件清理和落砂时所产生的振动和噪声。

如何防治并消除这些污染是铸造工业所面临的重要课题。环境问题可以从改进生产工艺，对现有设备进行技术改造，改进产品，用无害的化学制剂来代替有害化学剂以及改进废弃物的管理等方面来着手解决。1994 年，在德国举办的国际铸造博览会（CIFA94）展出的配备过滤器和除尘器的成套环保设备表明，开发和利用铸造环保设备与技术是未来铸造工业的发展趋势。这些设备主要用于落砂、筛分、混制和输送等工步。展会上展出的冷、热风冲天炉均配备有烟雾气体冷却器和采用人工纤维制成的封闭式过滤器。将冲天炉、打磨、抛丸清理和其他工艺方法所产生的粉尘（含金属粉末）与无烟煤混合，然后将混合物从冲天炉的风口注射到炉内，作为冲天炉的辅助燃料并可达到节约金属材料的目的，既消除了对环境的污染，又提高了熔炼效率。采用配备除尘系统的感应电熔炼炉已成为铸造厂金属熔炼的发展趋势。熔炼所产生的废气通过排气罩收集并进行过滤，然后再排入大气中。采用瑞士 GF 公司开发的"冲天炉抽烟粉尘"专利技术可以降低熔炼费用，有利于解决铸造厂的粉尘问题。该项技术具有利用可燃物良好的燃烧特性替代 30% 的焦炭和粉状物质在冲天炉内反复循环，以控制粉尘排放量及其化学特性，并可吹吸脱硫渣等其他废料等优点。冲天炉产生的粉尘进入除尘器，经过预先分离再通过螺旋输送机送进气力输送器。气力输送器把不同比例的粉尘和石油焦混合物送入为气力输送器供料的螺旋式搅拌机内。混合物由气力输送器送入冲天炉的料斗内。冲天炉内粉尘反复循环把粉尘量降低到了最低限度。使用这种技术，可以把粉尘或液状物质输入到冲天炉的熔化区内，从理论上讲，它有破坏其他有机物的可能性，并能够消除那些难以排放的有害物质。铸造厂难闻气味的散发主要是由有机废气引起的。为了消除有害气体，德国 Kunststoff 公司开发出生物废气净化设备。造型制芯时产生的有害气体通过活性氧化沉淀物和水分以及借助于微量有机物的生物化学氧化，把废气流中的有害物质分离出来。

（三）锻压生产过程中的环境保护

"高效、节能、环保"是绿色锻造的具体表现。

锻造生产的主要污染是高温、热辐射、空气污染以及噪声和振动。锻造车间里的加热炉和灼热的钢锭、毛坯及锻件不断地散发出大量的辐射热（锻件在锻压终了时，仍然具有相当高的温度），工人长时间暴露于高温空气和热辐射下，导致热量在体内积累，加上代谢的热量，会造成散热失调和病理变化。在大型锻造车间靠近加热炉或落锤机的工作点，更容易引起缺盐和热痉挛。加热炉在燃烧时产生的烟尘排入车间的空气中，不但影响环境，还降低了车间内的能见度。工作场所的空气中可能含有一氧化碳、二氧化碳、二氧化硫，或者还含有丙烯醛，其浓度取决于加热炉燃料的种类和所含杂质，以及燃烧效率、气流和通风状况。使用各种锻锤时，产生强烈的噪声和振动，大型锻锤声压级在 95～115dB，可能造成气质性和功能性失调，会降低工作能力和影响安全。

锻压行业应该提高产品质量、降低成本，同时必须达到环保、节能的要求，特别是以提高加热质量和节能绿色环保为中心，重点改造加热设备。据统计，目前 80% 的加热设备是火焰炉，其中的 80% 又是直接燃煤炉，炉型陈旧，锻坯加热时质量难以控制，氧化脱碳严重，锻坯内部质量难以保证；能源浪费严重，大部分加热炉热效率仅维持在 10%～20% 的水平，环境保护难以达标。专家建议改变燃料结构，如淘汰直接烧煤的炉子，改烧柴油、天然气、液化石油气、城市煤气，有条件的可以用电。优点是易控制炉温，提高加热质量；提高炉温，增加产量；实现少或无氧化加热，减少材料消耗，降低成本；减轻对环境的污染等。

此外，锻造车间的妥善布局能大大改善工作条件。加热炉和锻压设备应设置在正确位置，工件流程要合理，成品锻件要搬离车间，并进行良好的管理。加热炉应具有良好的风流；炉烟、烟尘以及热空气应排至车间外面。辐射热源和空气应采用水帘、反射式或隔热式屏障等进行隔热。锻造车间应具有设计良好的自然通风，加热炉要有局部排气系统，高温工作场所应配备冷空气簇射装置，并在门的周围安装风幕。应提供隔热的休息室，并装有空气簇射和水喷淋设备。危险的噪声源应予以封闭或装设吸声板，车间应远离住宅区。为了抑制振动，设备应安装在建筑物地基以下的既深又厚实的基础上，并与一切结构部件分开。工人进行定期检查时，应提供个体防护用品（特别是听力防护用品），工作节奏应该合理。工作中应提供饮料，以补充因出汗而损失的水分、盐和维生素。车间应具有足够的卫生设施，所有工人应接受良好的安全训练。

工业噪声的防治：

1. 噪声及其危害

在机械工业中，噪声是一种十分严重的环境污染问题。长期在噪声超标的环境中工作，会使人耳聋、消化不良、食欲不振、血压增高，会影响语言交谈、思考和睡眠，降低工作效率，影响安全生产，因此必须加强噪声的防治。

2. 噪声防治技术

为了采取必要而充分的噪声防治对策，并有效地加以实施，必须根据正确的噪声防治计划进行。传播噪声的三要素是声源、传播途径和接受者。噪声的防治也应从这三方面入手。

（1）对声源采取的措施　噪声控制最积极、最有效的方法自然是从声源上进行控制，即提供低噪声的设备、装置、产品。从声源上控制噪声通常有两种途径：一种是采用彻底改进工艺的办法，将产生高噪声的工艺改为低噪声的工艺，如用气焊、电焊替代高噪声的铆接，用液压替代冲压等；另一种是在保证机器设备各项技术性能基本不变的情况下，采用低噪声部件替代高噪声部件，使整机噪声大幅度降低，实现设备的低噪声化。

（2）噪声传播途径的处理　噪声传播途径的处理应根据具体情况采取不同措施。通常有以下几种方法：

1）吸声处理。吸声处理也称为吸声降噪处理，是指在噪声控制工程中，利用吸声材料或吸声结构对噪声比较强的房间进行内部处理，以达到降低噪声的目的。但这种降噪方法效果有限，其降噪声量通常不超过10dB。

2）隔声处理。这种方法是用隔声材料或隔声结构将声源与接受者相互隔绝起来，降低声能的传播，使噪声源引起的吵闹环境限制在局部范围内，或在吵闹的环境中隔离出一个安静的场所。这是一种比较有效的噪声防治技术措施。例如把噪声较大的机器放在隔声罩内，在噪声车间内设立隔声间、隔声屏、隔声门、隔声窗等。

3）隔振。这种方法是在机器设备基础上安装隔振器或隔振材料，使机器设备与基础之间的刚性连接变成弹性连接，可明显起到降低噪声的效果。

4）阻尼。这种方法是在板件上喷涂或粘贴一层高内阻的弹性材料，或者把板料设计成夹层结构，当板件振动时，由于阻尼作用使部分振动能量转变为热能，从而降低其噪声和振动。

5）消声器。消声器是降低气流噪声的装置，一般接在噪声设备的气流管道中或进排气口上。

（3）噪声的个人防护措施　当在声源上和传播途径上难以达到标准要求，或在某些难以进行控制但对接受者来说必须加以保护的场合时，往往采取个人防护措施，其中最常用的方法是佩戴护耳器——耳塞、耳罩、头盔等。一副好的护耳器应满足下列要求：具有较高隔声值（又称为声衰减量），佩戴舒适、方便，对皮肤无刺激作用，经济耐用。

（四）焊接生产过程中的环境保护

"安全、健康和环保"已成为现代焊接生产的特征。与材料加工的其他手段不同，焊接是一门特殊的材料加工技术。焊接过程中产生的污染种类多、危害大，能导致多种职业病的发生。引起焊接危害的来源主要有三个方面：一是焊接使用材料方面的危害；二是焊接（切割）热源的辐射；三是焊接工作环境特别是噪声的污染。

焊接中使用的材料方面的危害有被焊（切割）材料、填充材料（焊丝、焊条等）、焊剂、保护气体、被焊（切割）材料的涂层、材料表面清洁溶剂等。通常焊接烟尘是由金属及非金属物质在过热条件下产生的蒸气经氧化和冷凝而形成的。烟尘的化学成分取决于焊接材料（焊丝、焊条、焊剂等）和被焊接材料成分及其蒸发的难易。不同成分的焊接材料和被焊接材料在施焊时将产生不同成分的焊接烟尘。其有害气体是焊接时在高温电弧下产生的，主要有臭氧、氮氧化物、一氧化碳、氟化物及氯化物等。

焊接（切割）热源包括电弧、用作热源的可燃性气体、等离子体、激光束、电子束等。其中高频电磁辐射是伴随着氩弧焊接和等离子焊接的扩大应用产生的，光辐射是在各种焊接工艺中特别是各种明弧焊、保护不好的隐弧焊以及处于造渣阶段的电渣焊，都要产生外露电弧。

焊接工作环境，特别是焊接车间的噪声，主要是等离子喷涂与切割过程中产生的空气动力噪声，它的大小取决于不同的气体流量、气体性质、场地情况及焊枪喷嘴的口径。这类噪声大多数都在100dB以上。

预防焊接车间污染的有效途径是污染源的控制和传播途径的治理，以及加强个人防护。其中污染源的控制要从优化焊接工艺，选用机械化、自动化程度高的设备，采用低尘、低毒焊条，降低烟尘浓度和毒性，提高焊接工人的技术熟练水平，灵活地执行操作规程等方面进行。控制焊接烟尘及有害气体传播途径的方式，可采用全面通风和局部排风。在条件允许的情况下，如在车间内的墙壁上布置吸声材料可降低噪声30dB左右，主动控制高频电磁辐射和光辐射。加强个人防护，如面罩、头盔、防护眼镜、安全帽、耳罩、口罩等。焊接工作者还要做到三个明白：一是明白所要焊接（或切割）的材料（包括涂层）的成分和性质；二是要明白所要采用的焊接（切割）方法以及与该方法相关的潜在危害；三是要明白焊接（切割）工作环境及其潜在的危害。

（五）切削加工过程中的环境保护

在常见材料的车削、铣削、刨削、磨削、镗削、拉削等机械加工工艺过程中，往往需要加入各种切削液进行冷却、润滑和冲走加工屑末。切削液中的乳化液不仅含有油，而且还含有烧碱、油酸皂、乙醇和苯酚等。在材料切削加工过程中还会产生大量金属切屑和粉末等固体废物。

特种加工中的电火花加工和电解加工所采用的工作介质在加工过程中也会产生污染环境的废液和废气。

这些金属切屑和粉末等固体废物、废液和废气等物质，也会对环境产生很大的污染，对人体造成很大的伤害。

对这些污染的各种防治方法和技术可参阅热处理中环境保护的相关内容。

第四节　机械制造工艺过程

一、生产过程和工艺过程

在机械制造中，从原材料到成品之间各个相互关联的劳动过程的总和，称为生产过程。生产过程包括了生产的各个环节。在生产过程中，直接改变生产对象的形状、尺寸、相对位置或性能，使之成为成品或半成品的过程，称为工艺过程。材料成形生产过程的主要部分称为成形工艺过程（如铸造工艺过程、锻造工艺过程、焊接工艺过程等）；机械加工车间生产过程中的主要部分，称为机械加工工艺过程；装配车间生产过程中的主要部分称为装配工艺过程。

二、工艺过程的组成

1. 工序

一个（或一组）工人，在同一个工作地点，对同一个（或同时几个）工件所连续完成的那部分工艺过程。

2. 安装

将工件在机床上定位、固定的过程。

3. 工步

在加工表面、加工工具、转速和进给量都不变的情况下，连续完成的那一部分工序。

4. 进给

同一工步中，若加工余量大，需要用同一刀具，在相同转速和进给量下，对同一加工面进行多次切削，则每切削一次，就是一次进给。

三、生产纲领和生产类型

1. 生产纲领

工厂在计划期内应当生产的产品产量和进度计划，称为生产纲领。工厂一年制造的合格产品的数量，称为年生产纲领，也称年产量。产品中某零件的生产纲领除计划规定的数量外，还必须包括备品率及平均废品率，即

$$N_零 = Nn(1 + a)(1 + b)$$

式中　$N_零$——零件的年生产纲领（件/年）；

　　　N——产品的年产量（台/年）；

　　　n——每台产品中，该零件的数量（件/台）；

　　　a——备品率，以百分数表示；

　　　b——废品率，以百分数表示。

2. 生产类型的工艺特征

根据产品大小和生产纲领的不同，一般把机械制造生产分为单件生产、成批生产和大量生产三种类型。生产纲领和生产类型的关系见表 0-1。各类生产类型的主要工艺特征见表0-2。

表 0-1   生产纲领和生产类型的关系

生产类型		同种零件的年产量（件）		
		重型（30kg）以上	中型（4～30kg）	轻型（4kg以下）
单件生产		5 以下	10 以下	100 以下
成批生产	小批生产	5～100	10～200	100～500
	中批生产	100～300	200～500	500～5000
	大批生产	300～1000	500～5000	5000～50000
大量生产		1000 以上	5000 以上	50000 以上

表 0-2   各类生产类型的主要工艺特征

项目	单件、小批生产	成批生产	大批大量生产
产品数量	少	中等	大量
加工对象	经常变换	周期性变换	固定不变
毛坯制造	手工造型和自由锻	部分采用金属模样造型和模锻	机器造型、压力铸造、模锻
设备和布置	通用设备（万能的）、按机组布置	通用的和部分专用设备，按工艺路线布置成流水线	广泛采用高效率专用设备和自动化生产线
夹具	通用夹具	广泛采用专用夹具和特种工具	广泛采用高效率专用夹具和特种工具
刀具和量具	一般刀具和量具	部分采用专用刀具和量具	广泛采用高效率专用刀具和量具
安装方法	划线找正	部分划线找正	不需划线找正
加工方法	根据测量进行试切	使用调整法加工，可组织成组加工	用调整法自动加工
装配方法	钳工试配	普遍应用互换性，保留某些试配	全部互换，不需钳工试配
工人技术水平	需技术熟练	需技术比较熟练	技术熟练程度要求低
生产率	低	中	高
成本	高	中	低
工艺文件	编写简单工艺过程卡	编写详细工艺卡	编写详细工艺卡和工序卡

第五节   产品质量管理概述

一、质量管理的由来与发展

原始社会时期，人类初萌的质量意识只是个人在进行取舍决策时对物品好坏进行的比较，是一种淡漠的随机概念。随着劳动分工的产生，出现了产品的交换，在交换过程中才逐步萌发了真正的质量意识。但是作为科学的质量管理方法，在 20 世纪初期才开始得到发展。

质量管理科学是伴随着生产力和管理科学的发展而发展起来的。到目前为止，质量管理大致经历了以下三个发展阶段。

1. 质量检查管理阶段

20 世纪初期，随着社会化大规模生产的出现和发展，企业通过分工与监督的管理方法将检验从制造过程中分离出来，实现了质量检验工作的专业化。这标志着作为科学的质量管理方法的诞生。当时主要是在产品制成以后，采取一定的手段对产品进行检验，以防止废品出厂。因此，这是质量检查（或称事后检查）的质量管理阶段。

2. 统计质量管理阶段

质量检查的质量管理存在着严重的弊端：一是不能预防废品的产生；二是在破坏性检验的情况下，由于不能对产品全数进行检查，因而产品的可靠性差。为此，在第二次世界大战期间为了适应军工生产的需要，逐步发展了运用数理统计原理来控制废、次品产生的质量管理方法，这就是质量管理的第二个发展阶段，称为统计质量管理阶段。

3. 全面质量管理阶段

运用系统的观点分析、认识质量问题，使人们意识到，仅仅在产品制造过程中进行质量控制，还不能完全控制废、次品的产生，还必须对原材料的供应、产品的设计、机器设备的状态、工人的情绪等诸多方面进行控制，才能保证获得高质量的产品。为此，从 20 世纪 60 年代即开始出现了全面质量管理的概念，在统计质量管理的基础上，把技术、行政管理和现代管理科学结合起来，形成了全面质量管理的理论和方法，从而把质量管理发展到了一个全新的阶段，即全面质量管理阶段。此阶段通常简称为 TQC。

二、全面质量管理的特点

中国质量管理协会在《质量管理名词术语》中对 TQC 给出了以下定义：全面质量管理是企业全体职工及有关部门同心协力，综合运用管理技术、专业技术和科学方法，经济地开发、研制、生产和销售用户满意的产品的管理活动。根据这个定义，全面质量管理具有以下三个方面的显著特点：

1. TQC 是全面质量的管理

原有的质量概念是狭义的，把产品的质量仅视为产品性能的优劣。在 TQC 中，质量的含义是指广义的全面质量，它不仅包括产品质量，还包括与产品质量有关的各项工作质量。

产品质量是指产品满足使用要求所具有的特性，即产品的适用性，一般包括产品的性能、寿命、可靠性、安全性、环境性和经济性等方面。由于产品对用户才具有使用价值，因此产品质量归根到底是指其满足用户使用要求的程度。所谓高质量，不是越"高级"越好和不计成本的过剩质量，而是适销对路、物美价廉、适用性好的适宜质量或"满意质量"。

工作质量是指为保证和提高产品质量所进行的各项工作的质量。它包括企业的生产、技术、组织等各个方面工作的水平，涉及企业的所有部门和职工。

产品质量是企业各方面工作质量的集中反映，而工作质量则是产品质量的基础和保证。TQC 就是基于这种全面质量的认识，不仅着眼于产品质量，而且在某种程度上更注重于改进工作质量，以保证和提高产品质量。

2. TQC 是全过程的质量管理

产品质量是生产活动的成果，是在生产过程中逐步产生和形成的。产品的设计质量和制造质量取决于人、原材料、设备、方法和环境等五个方面的因素。销售等服务工作的质量则包括包装、广告、销售、售后服务等方面。产品质量是为用户服务的基础，设计、制造过程中的工作质量是产品质量的保证，销售服务的工作质量是达到为用户服务的手段。因此，TQC 就是要对上述生产活动的全过程进行管理，把各种不合格因素消灭在产生之前，从而保证和提高产品质量。为此，应该做到以下几个方面：

1）把质量管理工作的重点从事后检查把关转移到事先控制上来，从管理结果变为管理因素，对质量形成的全部环节都实行严格的管理，变消极防止为积极预防。

2）企业的所有工序、所有工作环节都应树立"下道工序即是用户"和"为下道工序服务"的整体观念。

3）不仅要保证产品出厂质量，还要保证其使用质量，从而将质量管理从只对制造过程进行管理变为从市场调查、产品规划、设计试制、外协准备、制造加工、产品检验到销售服务的全过程质量管理。

3. TQC 是全员参加的质量管理

产品质量是企业各个方面工作质量的综合反映。要提高产品质量，必须依靠企业的全体职工共同努力工作。无论是领导、管理人员，还是普通职工，都应积极学习和运用 TQC 的科学理论与方法，提高本职工作的质量，使 TQC 工作建立在扎实的基础上。全员的质量管理主要包括以下几方面的内容：

1）不断抓好质量教育，提高全员的质量意识。

2）把质量目标和实现质量目标的职责交给全体职工，把职工的积极性引导到实现质量目标上来。

3）根据存在的差距和影响质量的关键，建立质量管理小组，开展群众性的质量管理活动。

三、建立和健全质量保证体系

1. 质量保证体系的概念与构成

（1）质量保证体系的概念　质量保证是指企业对用户在产品质量方面提供的保证，包括以下两方面的内容：①加强企业内部各个工作环节的质量管理，保证出厂产品的质量；②在产品进入流通领域后和使用过程中，加强售后服务，保证用户所买到的产品在寿命周期内质量可靠，使用正常。由此可见，质量管理是实现质量保证的前提，质量保证是质量管理的目的。

质量保证体系是指企业以保证产品质量为目标，运用系统的思想和方法，设置必要的机构，把各个环节的质量管理活动严密地组织起来，所形成的有明确的任务、职责和权限，互相协调、互相促进的质量管理有机体系。

（2）质量保证体系的组成　质量保证体系一般包括以下四个基本组成部分：

1）设计过程的质量管理。它是以保证产品设计质量为目标的质量管理。从一定的意义上说，设计质量先天地决定了产品质量。它既是影响产品经济性和技术指标的关键和前提，又是实现 TQC 的必然。

2）制造过程的质量管理。它是以保证产品的制造质量为目标的质量管理，主要是在产品正式投入生产后，通过对生产过程的操作人员、机器设备、材料、工艺方法和环境等各方面的主要影响因素进行控制，以确保产品的制造质量达到设计的要求。

3）辅助过程的质量管理。它是以提供保证产品质量的优质服务和物质技术条件为目标的质量管理，包括物质、工具、动力、维修、运输、仓储等各项物资技术条件的准备和服务的质量保证活动。

4）使用过程的质量管理。它是以保证产品在寿命周期内正常使用，满足使用要求为目标的质量管理，包括技术服务工作、产品使用效果和用户使用要求的调查与反馈、认真处理出厂产品的质量问题等质量保证活动。

质量保证体系的作用就是通过严密的组织，把分散在企业各有关部门的质量管理职能纳入一个统一的质量管理体系，把企业各个环节的工作质量与产品质量系统地联系起来，把厂内质量管理与流通领域、使用过程的质量反馈沟通，实现质量管理工作的制度化、标准化、系统化，从而从组织上保证企业能够长期、稳定地生产用户满意的产品。

2. 质量保证体系的运转

科学管理必须坚持按照反映事物运动发展进程逻辑的科学程序办事。质量保证体系是按照"计划（Plan）—实施（Do）—检查（Check）—处理（Action）"四个阶段构成的管理工作循环程序运转的。通常用以上四个英语单词的第一个字母构成的缩写 PDCA 来表示该管理工作循环程序。PDCA 是 TQC 的基本观点之一，也是 TQC 的基本工作方法。

PDCA 管理循环的科学程序包括四个阶段、八个步骤，见表 0-3。

表 0-3 PDCA 管理循环的科学程序

阶 段	工 作 内 容	步骤	工 作 内 容
计划（P）	制订计划，确定质量目标、质量计划、管理项目及达到上述目标的具体措施和方法	1	分析质量现状，找出存在的质量问题
		2	从人、机、料、法、环五个方面分析产生质量问题的原因
		3	从各种原因中找出造成质量问题的主要原因
		4	针对主要原因制订对策，拟订措施，提出计划，预计效果
实施（D）	按照计划阶段制订的计划及分工实实在在地执行，努力完成计划	5	按照计划阶段制订的计划及分工实实在在地执行，努力完成计划
检查（C）	将实施结果与计划要求进行对比，检查计划的执行情况与实施效果，从中找出问题	6	将实施结果与计划要求进行对比，检查计划的执行情况与实施效果，从中找出问题
处理（A）	总结经验教训，制订规章、制度，为转入下一次循环做好准备	7	把成功的经验和失败的教训纳入有关标准、制度或规定之中，巩固成绩，防止已发生过的问题重复发生
		8	提出本循环未解决的问题，转入下一次循环去解决

在质量保证体系中，PDCA 管理循环是按照大循环套小循环，一个循环扣一个循环，小循环保大循环，每循环一次前进上升到一个新的高度，然后又向着新的目标开始新一轮次的循环的特点转动的，从而实现企业各个环节、各个方面质量管理的有机联系，彼此协调，互相促进，形成一个有机的、整体的、不断前进的质量保证体系。

四、质量管理的数理统计方法

TQC 的另一个基本观点是"一切用数据说话"。质量管理如果没有定量分析，就不会有明确的质量概念。这就要求我们必须重视数据，注意数据的真实性，一切用数据说话，充分运用数据所提供的信息来分析解决问题。

质量数据来自生产中的产品检测与调查，包括计量数据与计数数据。获得质量数据的方法可分为以下两种：①全数检查，即对调查对象逐个进行调查；②抽样检查，即对调查对象按照抽样方法进行检查。全数检查只能在某些情况下采用，特别是在破坏性检查项目中更不可能采用全数检查。在大多数情况下都是采用抽样检查的方法。质量管理的数理统计方法实际上就是一种抽样检查方法。它是按照科学的抽样方法（如随机抽样），从调查的全体对象中客观取出一部分进行测定，取得数据，然后按照数理统计方法进行整理、计算和图示，从而推断出总体的质量情况。然后再分析原因，采取必要的措施改善质量管理，以保证和提高产品质量。

为了保证可靠地推断总体的质量情况，首先抽样必须有代表性，而且必须有一定的数量；其次必须明确收集数据的目的，目的不同则收集数据的对象和方法也不相同。质量管理中常用的数理统计方法有分类法、排列图法、因果分析图法、直方图法、控制图法、散布图法和统计分析表法等，具体应用时可参阅有关资料。

五、质量管理和质量保证系列国际标准 ISO 9000 简介

1. ISO 9000 基础知识

1）ISO 是一个组织的英语简称，其全称是 International Standards Organization，翻译成中文就是国际标准化组织，又称"经济联合国"。

ISO 为非政府的国际科技组织，是世界上最大的、最具权威性的国际标准制定、修订组织。ISO 的最高权力机构是每年一次的"全体大会"，其日常办事机构为中央秘书处，设在瑞士。ISO 宣称它的宗旨是"发展国际标准，促进标准在全球的一致性，促进国际贸易与科学技术的合作"。

ISO 标准由技术委员会（Technical Committes，简称 TC）制定。ISO 共有 200 多个技术委员会（简称 SC）。

2）ISO 9000 是指质量管理体系标准，它不是指一个标准，而是一族标准的统称。

3）"认证"一词的英文原意是一种出具证明文件的行动。1987 年版 ISO 9000 系列标准中，对"认证"的定义是，"由三方证实某一经鉴定的产品或服务符合特定标准或规范性文件的活动。"

举例来说，对第一方（供方或卖方）提供的产品或服务，第二方（需方或买方）无法判定其品质，而是由第三方来判定。第三方既要对第一方负责，又要对第二方负责，不偏不倚，出具的证明才能获得信任，这样的活动就称为"认证"。

2. ISO 9000 族标准的产生和发展

全球经济的发展，要求贸易中质量管理和质量保证要有共同的语言和准则，作为质量评价的依据和适应全球性质量体系认证的多边互认，减少技术壁垒和贸易壁垒的需要。国际标准化组织（ISO）在各国，特别是在工业发达国家质量管理的基础上，通过协调各国质量标准的差异，于 1987 年发布 ISO 9000（质量管理和质量保证系列国际标准），并于 1994 年发布 ISO 9000 族国际标准版本（ISO 9000 Family）。

ISO 9000 族标准发布以来，得到 100 多个国家和地区的采用，并转化为本国的国家标准，至今已有上百万个企业通过了认证，其应用的广泛和影响的深远为前所未有。我国于 1988 年等效采用 ISO 9000 标准，1992 年等同采用 ISO 9000 族标准版本，形成 GB/T 19000 系列标准。

1994 年国际标准化组织 ISO 修改发布 ISO 9000：1994 系列标准。世界各大企业，如德国西门子公司、美国杜邦公司等纷纷通过了认证。

1995 年，ISO/TC176 国际标准化组织技术委员会针对 ISO 9000 族标准的适应性及世界的重大变化，对 ISO 9000 族国际标准的实施情况进行了广泛的调查和分析，提出了 2000 年的改进设想，并于 2000 年发布更加协调和完善的 ISO 9000：2000 版。ISO 9000：2000 版正确处理了质量保证标准（ISO 9001）与质量管理标准（ISO 9004）的关系，使两者间可以对照使用，准许按过程模式来编写，将质量体系要素简化为四大要素，从而体现了标准的兼容性、通用性、强调质量的指导思想，并考虑了继承性，确定过渡期为 3 年，即新版本发布后，现行版本 ISO 9000 族标准在 2003 年前有效。

3. ISO 9000 族标准的构成

2000 版 ISO 9000 族标准包括以下一组密切相关的质量管理体系核心标准：

1）ISO 9000《质量管理体系结构基础和术语》，表达质量管理体系基础知识，并规定质量管理术语。

2）ISO 9001《质量管理体系要求》，规定质量管理体系要求，用于证实组织具有提供满足顾客用法规要求的产品的能力，目的在于使顾客满意。

3）ISO 9004《质量管理体系业绩改进指南》，提供考虑质量管理体系的有效性和效率性两方面标准，目的是促进组织业绩改进和顾客及其他相关方满意。

4）ISO 19011：2002 质量和（或）环境管理体系审核指南。

其中 ISO 9001：2000《质量管理体系要求》是认证机构审核的依据标准，也是想进行认证的企业需要满足的标准。

4. 实施 ISO 9000 标准的意义

（1）强化品质管理，提高企业效益；增强客户信心，扩大市场份额　负责 ISO 9000 品质体系认证的认证机构都是经过国家认可机构认可的权威机构，对企业的品质体系的要求是非常严格的。这样，对于企业内部来说，可按照经过严格审核的国际标准化的品质体系进行品质管理，使品质管理法治化、科学化，极大地提高工作效率和产品合格率，迅速提高企业的经济效益和社会效益。对企业外部来说，如果顾客得知供方按照国际标准实行管理，拿到了 ISO 9000 品质体系认证证书，并且有认证机构审核和定期监督，就可以确信该企业是能够稳定地生产合格产品乃至优秀产品的信得过的企业，从而放心订立供销合同，扩大了企业的市场占有率。

（2）促使企业质量管理走上规范化、程序化、法制化的轨道　ISO 9000 族标准的核心是建立文件化质量体系。书面规定了必需的质量要素内容及实施程序。要求管理人员、操作人员和验证人员都必须按文件执行并加以记录。标准的实施保证了企业的质量管理水平达到世界质量管理水平。

（3）质量代表了一个企业的生产水平、管理水平和文化水平　产品质量的提高意味着经济效益的提高。当今世界经济的发展正经历着由数量型增长向效益型增长，市场竞争也由价格竞争为主转向质量竞争为主。因此，要想使企业立于不败之地，只有靠强化质量管理，提高产品质量。

（4）降低质量成本，提高企业利润　质量成本 = 预防成本 + 鉴定成本 + 失败成本，其比例关系为 1：10：100。这一比例意味着投入一元钱做质量的事先预防，将减少检验费用，减少 100 元不合格品给企业带来的损失。企业在质量控制上投入最大的预防成本和适当地建立更稳定的质量保证基础而尽量减少甚至杜绝失败成本，创造企业最大利润。

（5）满足客户要求，赢得用户信赖，扩大市场份额　在市场竞争日益加剧的时代，社会和用户对质量的期望值越来越高，已经不能满足于只凭抽检来保证产品质量，要求产品从原材料到最终服务的全过程都是受控的，要求生产者对质量有更高的承诺。ISO 9000 族标准迎合了质量时代的需要。

（6）取得市场通行证　随着全球经济一体化进程的加速和不可逆性，越来越多的企业家意识到市场竞争的规则是：逐步统一族标准已经成为全球企业在质量控制上的基本要求，要取得国内市场甚至国际市场的准入证，就必须通过这道门槛。

（7）提高了企业的知名度和声誉　第三方认证的方式和特点，使企业的知名度及声誉得以大大提高，特别是国际互认的实现，更使企业无形资产通过 ISO 9000 族标准得到提升，更加理解工业化国家从几百年市场经济运行中总结出的管理经验。

（8）有效地避免产品责任　各国在执行产品品质法的实践中，对产品品质的投诉越来越频繁，事故原因越来越复杂，追究越来越严格。尤其是近几年，发达国家都在把原有的"过失责任"转变为"严格责任"处理，对制造商要求提高了很多。例如，工人在操作一台机床时受到伤害，按"严格责任"处理，法院不仅要看该机床的品质问题，还要看其有没有安全装置，有没有向误操作发出警告的装置等。法院可以根据上述任何项，判定该机床存在缺陷，厂方便要对其后果负责赔偿。但是，按照各国产品责任法，如果厂方能够提供 ISO 9000 体系认证书，便可免于赔偿。否则，要败诉且要受到重罚。

第六节　工程素质训练课程的目的、内容与方法

一、基本工程素质的概念

基本工程素质包括工程实践能力与工程意识。

工程实践能力包括对事物敏锐的观察能力、分析能力和创新能力，敢于接触实际、提出问题和解决问题的能力，处理工程实际问题时所需要的协调能力，以及对机电设备的操作能力（即动手能力，包括机动和手动）等方面，这是培养高层次思维能力的感性基础。所谓"创新能力"，目标要恰如其分，即不是定位在创造发明上，而是强调创新思维方式的训练，并以此来培养学生的创新习惯，激活学生的创新潜能。

工程意识包括：

1）健康意识（躯体、心理和人际关系）。

2）质量意识（树立质量第一的观念）。

3）安全意识（树立安全第一的观念）。

4）群体意识（树立集体观念和团队精神）。

5）市场意识（树立在市场经济条件下，市场是企业龙头的观念）。

6）经济意识（逐步懂得经济对社会发展的巨大作用及企业必须为国家创造利润）。

7）管理意识（树立管理出效益的观念）。

8）社会意识（懂得许多在建工程与未来工程是由社会需求演变而来的）。

9）环保意识（懂得环境保护对国家的今天与明天的重要性）。

10）法律意识（初知与企业有关的企业法、合同法、税法、劳动法和专利法等）。

二、现代工程素质训练教程的教学目的

1）通过对机械制造一般过程的学习和实践，对典型工业产品的结构、设计、制造及过程管理有一个基本的、完整的体验和认识。

2）了解机械零件的常用加工方法、设备、工装及工艺技术，拓宽学生的工程知识背景。

3）初步掌握机械设备的操作技能和零件加工的手工制作技能。

4）了解工业企业中普遍应用的、工作和生活中常用的通用技术及现代企业管理技术的基本知识和制作技能等。

5）了解工业企业中的一些检测技术和方法。

6）培养劳动观点、创新精神和理论联系实际的科学作风，初步建立市场、信息、质量、成本、效益、安全、群体和环保等工程意识。

7）对工科学生还要求熟悉常用工程材料的种类、成分、组织、性能和改性方法，具有选用工程材料的初步能力，熟悉设备的拆、装方法和工艺，熟悉简单机械零件的加工方法，初步具有选择简单机械零件的毛坯制造方法和加工方法的能力。

8）对机械类学生还要求：在主要工种上应具有独立完成简单零件加工制造的实践能力；掌握常用工程材料的种类、成分、组织、性能和改性方法，具有选用工程材料的初步能力，掌握主要加工方法的基本原理和工艺特点，具有进行工艺分析及选择毛坯、零件加工方法的初步能力；具有综合运用工艺知识，分析零件结构工艺性的初步能力，了解与本课程有关的新材料、新工艺、新技术及其发展趋势。

三、现代工程素质训练教程的教学内容

对于制造业的各个部门而言，它们的制造系统的基本特性是相同的，区别只是制造过程的性质、状态不同，如机械制造过程是离散的、动态的过程，而化工生产、炼钢生产等是连续、动态的过程。

高等教育中的工程类型各专业（含经管类）均是为制造业培养高级技术和管理人才。而文科、医科、农科等的大学生在今后的工作、生活中均要使用制造业制造出的产品，特别是进入 21 世纪后，使用的计算机、仪器等都是一些高科技产品，他们也应了解产品制造中的一些知识、技能和意识。

因此，制造业各部门和企业所共同需要的知识、技能和意识应是本书的教学内容。

我们采用制造系统工程的理念和多学科工程集成思想，打破原有的课程界限、专业界限和框架，实行跨学科的综合研究，以综合性和实践性为特点，以机、电、信、管技术相互揉合的现代制造工程为主体，精选具有先进性、代表性的工程系统和工艺技术，创设综合的、新兴的课程教学内容。

我们介绍了现代化的制造概念、制造系统工程的理念和集成的思想，较多地选用先进的技术内容，使大学生在进入工程教育之前，就能站在现代化制造、制造系统工程、技术集成的高度去学习、理解和融会贯通以后的专业知识。这门课程的主要内容有：

（1）机械制造技术与装配技术　包括工程材料、热加工工艺基础、机械加工工艺和装配工艺。主要介绍：

1）常用工程材料的种类、组织、性能、改性方法和工程材料的选用。

2）各种主要加工方法的基本原理、工艺特点与应用。

3）冷热加工常用的设备、工具、刀具、附件、工作原理及大致结构。

4）零件结构工艺性。

5）机械的拆卸、装配与调试。

6）机械制造中的新概念、新技术、新工艺、新发展。

（2）现代制造业中普遍应用的技术　包括控制技术、电子技术、电工技术、信息技术、网络技术。主要介绍：

1）液压、气压、电子的常用元器件，低压电器的性能和选用。

2）常用的简单液压、气动回路，电工、电子电路的制作。

3）步进电动机、单片机、PLC、PC、传感器等新型仪器的功能和用途，以及如何用这些新技术去实现控制功能。

4）信息、网络技术中的基本概念及这些技术的使用。

（3）现代企业管理技术　主要包括现代企业中的生产管理、安全技术及管理、设备管理、技术标准及质量管理、项目管理及投标、环境保护、产品成本核算、产品开发及销售等内容。

（4）制造业中常用的控制检测技术　主要包括：

1）常用的无损检测方法的使用。

2）材料的力学性能测试和金相组织分析。

3）长度量具的使用。

4）常用化学元素分析的方法。

四、教学和学习的方法

本课程以实践教学为主，安排学生进行独立操作，对综合性、通识性的内容安排专题集中讲授，一般内容穿插在实习、实验中讲授，小部分内容安排学生在实习中自学，部分内容还可安排项目训练，充分运用现场教学、参观、多媒体教学、电化教学、讨论、写小论文、写报告等多种方式和手段，有机地结合，丰富教学内容，使学生通过各种教学环节的感受与体验、经历与思考、矛盾与前进，了解知识的产生和创造过程，从而更加积极主动地获取知识与培养能力。

本课程的内容可针对不同专业的性质，划分为机类、工科非机类、理科类、经管类、文科类五个模块，安排不同的教学内容和教学时数。

学生在实践中应注意将感性知识转换为理性知识，片面知识转换为全面知识，零散知识转换为系统知识；综合分析比较各种工艺方法和技术，灵活运用已学过的知识，培养自己勇于接触、敢于解决工程实际问题的能力。

五、工程素质培养中值得引起注意的问题

1. 工程实践以机械制造工程的实践为基本内容

1）机械制造工程是一切工业之母，几乎人类社会所需要的全部产业都离不开机械制造业。机械制造业的兴衰在决定其他产业的兴衰中起着重要的作用。

2）机械制造业不断吸取机械、电子、信息、材料、能源及现代管理等方面的成果，并将其综合应用于产品设计、制造、检测、管理、售后服务等生产制造的全过程，实现优质、高效、低耗、清洁、灵活生产，以取得理想的技术经济效果。机械制造业在工业系统中最具有典型性和代表性，通过机械制造工程的实践可起到以点代面的作用，从而了解工业生产的过程。

2. 正确认识常规设备和新技术、新工艺、新设备对培养学生工程实践能力的作用

学生在工程实践中，在教师和实习辅导人员的指导下，可以使用各种手工工具，如锯、锉、扳手、丝锥、板牙、铰杠等进行手工制作；可以调整和操作各种常规设备，如车床、铣床、刨床、磨床等进行切削加工；可以将加热好的钢材进行锻造；可以利用型砂进行造型和之后的浇注；有机会进行焊接和切割；会观看各种工艺技术表演。应该说，进行这些常规工艺设备的观察、调整与动手操作，可以有效地提高学生的工程实践能力。特别要提醒的是，常规设备对学生所具有的可训练性甚至高于先进技术设备。这是因为，使用常规设备时，需要对机器进行调整的机会比较多。学生要选择各种加工工艺参数，要使用机床上的各种操作手柄或操作按钮，有许许多多的动手和深入了解不同设备和部件结构的机会。因为每种机床都体现出差别，这就使得学生在训练过程中目不暇接。一旦投入进去，所有的训练机会都不可能错过。这样就有利于了解机械设备和加工工艺的真实内涵，同时也为掌握先进的数控设备等奠定了基础。反之，在使用数控机床时，一旦编好了程序，人工介入很少，操作过程显得过于简单，反而在培养工程实践能力方面存在不利的一面，而编制程序，对学生则比较容易。如果工程实践变成处处是编制程序，处处是模拟和仿真，这是很难真正全面达到工程训练目的的。学生对机械设备和数控技术的理解可能会停留在较低的层次上。同时，学生首次进入工厂，以前从未接触过这些设备，因此常规设备对学生来说仍具有新颖性和吸引力。再则，常规设备的许多传动机构、工作原理在现代制造中仍大量使用，有的设计精巧，充分体现了设计者丰富的想象力和创造力，对今天的学生仍不乏启迪作用，有助于创新能力的培养，关键在于如何引导。总之，作为基础训练阶段，常规设备仍不失为一种提供技能培训的设备。指出这点的目的不是不重视将新技术、新工艺、新设备引入工程实践，而是希望我们对常规技术和先进技术有一个全面的了解，不要轻视常规设备在培养工程实践能力中的作用，以便妥善地做好实践教学的整体安排。当然，时代在前进，技术在发展，我们不能停留在常规设备上，而要创造条件，将新技术、新工艺、新设备引入工程实践教学。因为这意味着工程实践教学进入一个新的领域和发展到更高的层次。

上篇 机械制造实践基础

第一章

工程材料的改性

现代机器制造业的发展对工程材料性能的要求不断提高。由原材料的原始性能来满足这些要求往往是不经济的，甚至是不可能的。采用各种改性工艺来改善工程材料的性能，可以充分发挥其潜力，延长机件的使用寿命，节约工程材料，因此，具有极为重要的意义。

第一节　金属材料的改性工艺

一、钢的改性工艺

（一）钢的整体热处理改性工艺

钢的整体热处理是将钢件在固态下进行适当的加热、保温和冷却，改变其内部组织，从而改善和提高钢件性能的工艺方法。钢的整体热处理过程可以用温度和时间这两个主要参数来描述，其工艺曲线示意图如图 1-1-1 所示。

由于加热温度、保温时间和冷却速度的不同，钢会产生不同的组织转变。加热后要有一段保温时间，是为了使工件内外温度趋于一致，使钢的组织得到充分的转变。

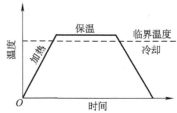

图 1-1-1　热处理工艺曲线示意图

在铁碳合金状态图中，钢的组织转变临界温度（相变温度）A_1、A_3、A_{cm} 是在极其缓慢的加热或冷却条件下测定的。然而，实际热处理过程中加热或冷却的速度都比较快，因此，钢的实际相变温度总是会略高或略低于相图中的理论相变温度，即存在一定的过热度或过冷度。如图 1-1-2 所示，通常将加热时的实际相变温度加注字母 c，如 Ac_1、Ac_3、Ac_{cm}，将冷却时的实际相变温度加注字母 r，如 Ar_1、Ar_3、Ar_{cm}。

钢的整体热处理工艺主要有退火、正火、淬火、回火等，下面分别予以介绍。

1. 退火

退火是将钢件加热至高于或低于钢的临界温度，经适当保温后随炉或埋入导热性较差的介质中缓慢冷却，以获得接近平衡状态组织的热处理工艺。其主要目的包括：①降低硬度，改善切削加工性；②细化晶粒，改善组织，提高力学性能；③消除内应力，防止开裂与变形，或为下一道淬

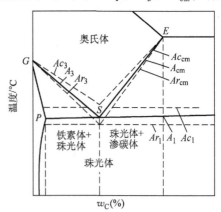

图 1-1-2　钢在加热或冷却时的相变温度线

火工序做好组织准备；④提高塑性和韧性，便于进行冷冲压或冷拉拔加工。

由于退火目的不同，退火工艺亦不相同。常用的退火工艺见表 1-1-1。

表 1-1-1 常用的退火工艺

工艺名称	适用钢类	退火温度/℃	退火后组织	退火目的
完全退火	亚共析钢	Ac_3 + (30 ~ 50)	晶粒细小的铁素体和珠光体	细化晶粒、改善组织、消除内应力
球化退火	过共析钢	Ac_1 + (20 ~ 40)（经长时间保温）	在铁素体基体上分布着细小的球状渗碳体颗粒	降低硬度，改善切削加工性；提高塑性和韧性，为淬火做好组织准备
去应力退火（低温退火）		500 ~ 600（缓慢加热）	不发生组织变化	消除内应力，避免工件变形和开裂

2. 正火

正火是将钢件加热到 Ac_3（亚共析钢）或 Ac_{cm}（过共析钢）以上 30 ~ 50℃，保温适当时间后出炉，在静止的空气中冷却的热处理工艺。

正火的主要目的包括：①可获得具有较高强度和硬度的组织，因而可用作不太重要的机械零件的最终热处理；②提高低碳钢的硬度，避免粘刀，改善其切削加工性；③对于过共析钢，正火可以减少或消除网状渗碳体，降低材料的脆性，为球化退火做好组织准备。

正火与退火比较，由于冷却速度较快，因而具有生产周期短、设备利用率高、节约能源、成本低等优点。当采用正火与退火均可满足要求时，应优先选用正火。

3. 淬火

淬火是将钢件加热至 Ac_3（亚共析钢）或 Ac_1（共析钢与过共析钢）以上 30 ~ 50℃，保温适当时间后置于淬火介质中快速冷却的热处理工艺。其主要目的是提高钢的硬度和耐磨性，常用于各种刃具、量具、模具和滚动轴承等。

亚共析钢加热至 Ac_3 以上 30 ~ 50℃，其组织全部为奥氏体。由于淬火时冷却速度很快，转变为体心排列的 α 晶格，而奥氏体中过饱和的碳则全部保留在 α 晶格中，成为过饱和的 α 固溶体，称为马氏体。马氏体具有很高的硬度，可达 65HRC，而且含碳量越高，硬度越高。

过共析钢加热到 Ac_1 以上 30 ~ 50℃，其组织是奥氏体和渗碳体，淬火后的组织是马氏体和渗碳体。渗碳体的硬度比马氏体高，因此，保留这些渗碳体有利于提高钢件的硬度和耐磨性。

冷却速度是淬火工艺的关键。如果冷却速度不够快，则奥氏体会发生分解而得不到高硬度的马氏体组织，而冷却速度过快又会使某些钢件容易变形或淬裂。正确地确定冷却速度的原则是：在保证获得全部马氏体组织的前提下，尽可能降低冷却速度。正好能获得全部马氏体所必需的最低冷却速度称为临界冷却速度。合金钢的临界冷却速度低，应在冷却能力较弱的油中淬火，以防钢件开裂；中、高碳钢的临界冷却速度高，应选择冷却能力强、价格便宜的水作为淬火介质。低碳钢的含碳量太低，一般无法淬硬。

4. 回火

回火是将淬火后的钢件重新加热至 Ac_1 以下一定温度，保温适当时间后置于空气或水中冷却的热处理工艺。淬火马氏体是一种硬、脆而又不稳定的组织。经回火后，马氏体中的过饱和碳原子以粒状碳化物的形式析出，从而使钢的组织趋于稳定，消除淬火时因冷却过快而产生的内应力，降低脆性，提高韧性，同时使零件的尺寸稳定化。因此，钢件淬火后都要进行回火。

根据回火温度的不同，可以获得强度、硬度与塑性、韧性的不同匹配，以满足各种不同的力学性能要求，表1-1-2列出了各种回火的种类与应用。

表1-1-2　回火的种类与应用

工艺名称	回火温度/℃	回火目的	回火后硬度 HRC	应用举例
低温回火	150～250	保持高硬度，消除内应力，降低脆性	58～64	刃具、量具、工具、滚动轴承等
中温回火	250～500	提高弹性和屈服点，保持一定的韧性	35～45	弹簧、锻模、刀杆等
高温回火	500～650	获得较高的强度、适当的硬度及较好的塑性与韧性	25～35	齿轮、连杆、主轴等承受交变载荷的重要零件

通常把淬火后的高温回火称为调质处理。在硬度相同的情况下，调质后的其他力学性能指标均优于正火，即所谓综合力学性能较好。

（二）钢的表面强化工艺

钢的整体热处理往往不能同时提高钢的硬度与韧性，而有些机器零件要求其表面与心部具有不同的性能，例如变速齿轮、凸轮、离合器等零件，是在动载荷与摩擦条件下工作的，既要求表面具有较高的硬度和耐磨性，又要求心部具有足够的韧性，必须采用各种表面强化工艺才能满足上述要求。

1. 表面热处理

（1）表面淬火　表面淬火是一种物理表面热处理工艺，是将钢件快速加热，使其表面迅速达到淬火温度，而心部仍低于淬火温度，这时立即喷水快速冷却，使钢件表面层获得淬硬的马氏体组织，而心部仍然保持原来韧性较好的组织，再经低温回火，表面硬度可达52～54HRC。适于表面淬火的材料是中碳钢和中碳合金钢。表面淬火前应进行正火或调质处理。

用于表面淬火的快速加热方法很多，如氧气-乙炔火焰加热、感应加热、电接触加热、激光加热、电子束加热等。目前生产中应用最多的是感应加热。

（2）化学表面热处理　化学表面热处理是将钢件置于某种介质中加热和保温，使介质中的活性原子渗入钢件表层，改变表层的化学成分和组织，以获得所要求性能的热处理工艺。常用的化学表面热处理工艺有渗碳、渗氮、碳氮共渗等。

1）渗碳。渗碳是将低碳钢或低碳合金钢工件放入含碳的介质中加热至900～950℃并保温，使介质中的活性碳原子渗入钢件的表层，使表层中碳的质量分数提高至0.8%～1%，然后经整体淬火和低温回火。这样，工件表层可达到很高的硬度（58～62HRC）和很高的耐磨性，而心部由于含碳量不足无法淬硬，仍保持良好的韧性。按照所用的渗碳剂，可分为气体渗碳、液体渗碳和固体渗碳三种。生产中常用的是气体渗碳。

2）渗氮。渗氮是将中碳合金钢经调质处理后向其表面渗入氮原子的表面处理工艺，这种工艺广泛应用于各种高速转动的精密齿轮和高精度机床主轴的加工。与渗碳比较，渗氮有以下特点：①渗氮层的硬度和耐磨性均高于渗碳层，硬度可达69～72HRC，且在600～650℃高温下仍能保持较高硬度；②渗氮层具有很高的抗疲劳性和耐蚀性；③渗氮后不需再进行热处理，可避免热处理带来的变形和其他缺陷；④渗氮温度较低。渗氮的缺点在于它只适用于中碳合金钢，而且需要较长的工艺时间才能达到要求的渗氮层。

3）碳氮共渗。碳氮共渗是向钢的表面同时渗入碳原子和氮原子的表面处理工艺。目前常用的方法有中温气体碳氮共渗与低温气体碳氮共渗。碳氮共渗层兼有渗碳层和渗氮层的性能，可提高钢的表面硬度、耐磨性和抗疲劳能力。

生产中有时还向钢的表面渗入其他元素。例如，渗铝和渗铬可提高钢的抗氧化性；渗铬和渗硅可提高钢的耐蚀性；渗硼可获得非常高的硬度并提高耐热性；渗硫可提高材料的减摩性。目前表面化学热处理正在向多元素共渗方向发展，如氧氮化、硫氮处理、碳氮硼共渗等。

2. 表面形变强化

表面形变强化是使钢件表面在常温下发生塑性变形，以提高其表面硬度并产生有利的残余压应力分布的表面强化工艺。它的工艺简单，成本低廉，是提高钢件耐疲劳能力，延长其使用寿命的重要工艺措施。目前常用的表面形变强化工艺有喷丸、滚压等。

（1）喷丸 喷丸是通过高速弹丸流（35～50m/s）喷射钢件表面，使之在常温下产生强烈的塑性变形，形成较高的宏观残余压应力，从而提高钢件的抗疲劳能力和耐应力腐蚀性能的表面形变强化工艺。它通常在磨削、电镀等工序后进行，主要用于形状比较复杂的零件。

（2）滚压 滚压处理是利用自由旋转的淬火钢滚子对钢件的已加工表面进行滚压，使之产生塑性变形，压平钢件表面的粗糙凸峰，形成有利的残余压应力，从而提高工件的耐磨性和抗疲劳能力。滚压一般只适用于具有圆柱面、锥面、平面等形状比较简单的零件。

3. 表面覆层强化

表面覆层强化是通过物理的或化学的方法在金属的表面涂覆一层或多层其他金属或非金属的表面强化工艺。其主要目的是提高钢件的耐磨性、耐蚀性、耐热性或进行表面装饰。

（1）金属喷涂 金属喷涂是将金属粉末熔化，再喷涂在钢件表面上，形成金属覆层的表面强化工艺。常用的喷涂方法有氧-乙炔火焰喷涂和等离子喷涂等。根据不同的目的，可以喷涂不同的金属粉末。例如，在已磨损的钢件表面上喷涂一层耐磨合金，以修复钢件；在钢件表面喷涂一层铝，可以提高其耐蚀性；在钢件表面喷涂一层氧化铝、氧化锆、氧化铬等氧化物层，可以提高其耐磨性与耐热性。

（2）金属镀层 在基体材料的表面覆上一层或多层金属镀层，可以显著改善其耐磨性、耐蚀性和耐热性，或获得其他特殊性能。常用的方法有电镀、化学镀和复合镀等。

1）电镀。电镀是将工件作为阴极，在与电解质溶液接触的条件下，通入外电流，以电解的方式在工件表面形成与基体牢固结合的镀层的表面强化方法。镀层可以是金属、非金属、合金或金属与非金属的混合物薄膜。耐蚀镀层（包括铬、锌、镉、镍、铜、银等）以镀硬铬应用最广，广泛用于提高量具、刀具、模具及仪表零件的耐蚀性与耐磨性。某些软金属镀层（如金、银、铅、锡、锌等）具有很好的润滑性，常用作固体润滑剂。

2）化学镀。化学镀是在不外加电源的条件下，利用化学还原的方法在基体材料表面催化膜层上沉积（镀）一层金属的表面强化方法。与电镀比较，化学镀具有以下特点：①在形状复杂的工件上亦能获得厚度均匀的镀层；②镀层晶粒细小致密，孔隙与裂纹少；③可以在非金属材料表面沉积金属层。

3）复合镀。复合镀是在电镀或化学镀的溶液中加入适量金属或非金属微粒，借助于强烈的搅拌，与基质金属一起均匀沉积而获得特殊性能镀层的表面强化方法。主要用于对材料有特殊要求，且只有复合镀才能满足的原子能工业和航天航空工业。

（3）金属碳化物覆层 在钢件表面涂覆金属碳化物，可以显著提高其耐磨性、耐蚀性和耐热性。获得金属碳化物覆层的方法很多，有化学气相沉积法（CVD）、物理气相沉积法

（PVD）和盐浴法（TD）等。其中，CVD是利用气体物质在固体表面上进行化学反应，在固体表面上生成固态沉积物覆层的表面强化方法。例如，以 H_2 为载流气体，将 $TiCl_4$ 和 CH_4 的混合气体通入具有一定压力和温度的 CVD 反应室，在高碳高铬钢或硬质合金模具表面上进行化学反应，并在其表面上生成 TiC 覆层，可以提高模具使用寿命 $2\sim20$ 倍。

（4）非金属覆层　根据不同目的，可以在金属表面上涂覆各种非金属覆层，如氧化膜、防锈涂料、塑料、橡胶、陶瓷等。下面简要介绍钢的发蓝与磷化处理方法。

1）发蓝处理。发蓝处理是将钢件浸入苛性钠、亚硝酸钠溶液中，使其表面形成均匀致密的氧化膜（主要组成是 Fe_3O_4，呈蓝黑色或深黑色）的过程。发蓝处理后应进行钝化处理，以提高氧化膜的耐蚀性和润滑性。钢件经发蓝处理后，可起缓蚀和增加美观及光泽的作用。

2）磷化处理。磷化是将钢件浸入某些磷酸盐溶液中，使其表面生成一层不溶于水的磷酸盐薄膜的过程。磷化膜呈浅灰至深灰色，耐蚀性高于氧化膜，但不能耐酸、碱、海水和蒸汽的浸蚀。此外，由于磷化膜具有良好的绝缘能力、优良的减摩性和冷加工润滑性，故可用作挤压与冷拉钢材的润滑剂；磷化膜可以增强漆膜与工件的附着力，故可用作油漆的底层。

二、铸铁的改性工艺

铸铁因抗拉强度低、塑性和韧性差、无法进行锻压、焊接性能差等原因，使其应用受到限制，所以，采用各种强化工艺来提高铸铁的性能，具有十分重要的意义。

（一）铸铁强化的基本途径

如前所述，灰铸铁的性能主要取决于石墨的形状、大小、分布以及基体组织的类型，所以铸铁的强化也主要从这两条基本途径入手。

1. 改变石墨的形状、大小和分布

（1）孕育处理　又称变质处理，是在低碳、低硅的铁液中冲入孕育剂（硅铁或硅钙合金）进行孕育处理，然后进行浇注。由于增加了孕育剂作为石墨的结晶核心，石墨化作用大大提高，使石墨呈细小均匀分布，并获得珠光体基体，铸铁件的厚薄部分都能获得较均匀一致的组织和性能，从而制得孕育铸铁（属于高强度普通灰铸铁，牌号有HT300、HT350等）。

（2）石墨化退火　白口铸铁中的渗碳体是一种不稳定的组织，在高温下保持相当长的时间后会分解成铁和团絮状石墨，所获得的铸铁称为可锻铸铁。由于团絮状石墨对基体的割裂作用大大减轻，故可锻铸铁具有较高的抗拉强度和相当高的塑性和韧性，但仍不能用于锻造。

（3）球化处理　球化处理的目的是生产球墨铸铁（简称球铁），其生产方法是在碳的质量分数足够高，而含硫、磷量低的灰铸铁铁液中加入球化剂（国内通常采用稀土镁合金）使石墨球化。因球化剂会阻碍石墨化过程，故球化处理的同时还需进行孕育处理，以防止产生白口组织。由于球铁中的石墨呈球状，对基体的割裂作用较小，应力集中现象相对较少，故其力学性能远远超过灰铸铁，优于可锻铸铁，且某些性能（如疲劳强度、屈服强度）接近于钢，又可通过热处理改善基体的性能，所以可以用球铁来取代钢，制造许多过去使用钢制造的重要零件，如柴油机曲轴、连杆、齿轮等。这不仅可以节约大量钢材，而且减小了机械加工工作量，从而降低了产品成本。此外，由于球铁保持了灰铸铁的许多优良性能，故其发展前景十分广阔。

2. 改变基体组织

改变铸铁基体组织的方法主要有：①调整影响铸铁石墨化过程的因素，如前述的孕育处理；②提高冷却速度，如金属型铸件的抗拉强度比砂型铸件约高25%；③热处理。

（二）铸铁的热处理改性

由于铸铁的力学性能在很大程度上取决于石墨的形状、大小和分布，而热处理对已经分布在基体上的石墨不产生明显的影响，所以铸铁热处理强化的效果远不如钢。只有使石墨的形状得到改善（例如从片状改变为球状），提高基体强度的利用率，铸铁的热处理才会显示出强化效果。铸铁的某些热处理工艺是用于减小内应力和消除白口组织的，在此一并予以介绍。

1. 铸铁的整体热处理改性

（1）去应力退火 又称人工时效。凡形状复杂或壁厚不均匀的铸件，受冷却不均匀与组织转变的影响，会产生较大的内应力。在机械加工后，由于内应力重新分布，铸件会缓慢地微量变形，丧失其应有的精度。所以，这样的铸件应采用去应力退火以消除内应力。

（2）软化处理 铸铁件由于碳、硅含量低，或凝固时冷却速度过快，往往容易在其表层或薄壁处产生硬而脆的白口组织，致使机械加工十分困难。为了消除白口组织，降低硬度，改善切削加工性，需进行所谓的"软化处理"，即将铸件加热至 $800 \sim 950°C$，保温后随炉冷却至 $400 \sim 500°C$，然后在空气中冷却。

2. 铸铁的整体热处理强化

（1）正火及去应力退火 球墨铸铁件铸后常采用正火及去应力退火处理。正火的目的是获得以珠光体为基体的球墨铸铁，以提高其强度和硬度。由于正火的冷却速度较快，故正火后还需要进行 $550 \sim 600°C$ 的去应力退火，以消除内应力。

（2）淬火及回火 铸铁淬火及回火后的基体组织与碳钢相同，主要用于提高可锻铸铁和球墨铸铁的强度及耐磨性。如球墨铸铁件经淬火后 $550°C$ 回火可获得良好的力学性能：$R_m = 784 MPa$，$A = 4\%$，硬度为 $28HRC$。

3. 铸铁的表面热处理强化

（1）表面淬火 可用于提高大型铸铁件（如机床床身的导轨）的耐磨性。感应加热表面淬火在生产中应用较多。如机床导轨需淬硬至 $50HRC$，淬硬层深 $1.1 \sim 2.5mm$，可采用高频感应加热淬火；若淬硬层深度为 $3 \sim 4mm$，则采用中频感应加热淬火。

（2）化学表面热处理 可用于提高铸铁件，特别是球墨铸铁件表面的耐磨性、抗氧化性和耐蚀性。常用的方法有液体氮碳共渗、渗铝、渗硼和渗硫等。

4. 铸铁的其他表面强化方法

（1）滚压 有人认为铸铁不能采用冷变形的方法来强化，其实也不尽然。如对球墨铸铁曲轴圆角进行滚压强化，能压平工件表面的粗糙凸峰，降低表面粗糙度值，同时产生很高的残余压应力，使曲轴的疲劳强度提高 70% 以上。

（2）金属镀层 如镀钼可以显著提高发动机球墨铸铁缸体的耐磨性。其他如金属喷涂、金属碳化物覆层和非金属覆层等表面覆层强化方法均可应用于铸铁。

（3）表面合金化 如铸铁阀座、柴油机阀片等铸铁件经镀铬后进行激光表面合金化处理，表面硬度可达到 $60HRC$，深度达到 $0.76mm$，从而利用廉价材料获得了高性能的合金表面层。

（三）铸铁的合金化强化

为了使铸铁件获得耐磨、耐热、耐腐蚀等特殊性能，可向铸铁中加入一定量的合金元素制成合金铸铁。

（1）耐磨铸铁 向孕育铸铁中加入质量分数为 $0.4\% \sim 0.6\%$ 的磷，或根据需要同时加入铜、钛等元素，制成高磷耐磨铸铁，可提高耐磨性一倍以上，是制造机床导轨的好材料。

（2）耐热铸铁 向铸铁中加入铝、硅、铬等合金元素，能使铸件表面生成致密的氧化膜，保护内层不被氧化和提高稳定性。由于这种铸铁在高温下具有抗氧化、不起皮的能力，故称为耐热铸铁，常用于制造炉门、炉栅等耐热件。

合金铸铁与合金钢比较，熔炼简单，成本低廉，基本上能满足特殊性能的要求，但其力学性能较差，脆性较大。

三、金属材料改性工艺设备简介

材料改性处理设备是实现材料改性工艺，保证材料改性质量的必要设备。随着产品质量要求的不断提高，对材料改性处理设备的要求也越来越高。

材料改性处理设备可分为主要设备和辅助设备两大类。主要设备包括热处理炉、热处理加热装置和冷却装置；辅助装置包括各种检验设备、矫正设备、加热和冷却介质设备、运输装卸设备和动力装置等。

（一）加热设备

1. 箱式电阻炉

箱式电阻炉类型很多。图 1-1-3 所示为中温箱式电阻炉结构示意图。型号为 RX30-9，其中：R 表示电阻炉，X 表示箱式，第一组数字"30"表示炉子的额定功率为 30kW，第二组数字"9"表示炉子的最高使用温度为 950℃。箱式炉可用来加热除长轴类零件之外的各类零件。

2. 井式电阻炉

中、低温井式电阻炉的结构示意图如图 1-1-4 所示。炉子型号用字母加数字表示，如 RJ36-6，其中：R 表示电阻炉，J 表示井式，第一组数字"36"表示炉子的额定功率为 36kW，第二组数字"6"表示最高使用温度为 650℃。井式电阻炉特别适合于长轴零件加热。

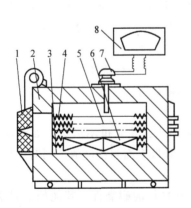

图 1-1-3 中温箱式电阻炉结构示意图

1—炉门 2—炉体 3—耐热钢炉底板
4—电阻丝 5—炉膛 6—工件 7—测
温热电偶 8—电子控温仪表

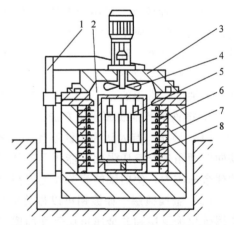

图 1-1-4 中、低温井式电阻炉结构示意图

1—炉盖升降机构 2—炉膛 3—炉盖 4—风扇
5—工件 6—电热元件 7—炉体
8—装料筐

箱式电阻炉、井式电阻炉的电热元件多为电阻丝，主要靠热辐射和对流传热来加热，加热速度较慢、时间较长。高、中温加热工件应采取防止氧化脱碳措施，热电偶放置位置应能反映炉内工件温度，工件装入应考虑加热均匀及变形和出炉冷却方便，一般应设计适合各种不同零件加热的料筐和挂具。

3. 盐浴炉

盐浴炉分外热式和内热式两种。内热式盐浴炉又称电极式盐浴炉。它的加热元件是电极，盐浴炉所用熔盐主要有氯化钠、氯化钾和氯化钡。为使固态下的盐快速熔化，多采用下列方法：快速起动辅助电极，首先加热盐炉电极附近的盐使之呈液态，液态盐在电压作用下电离导电加热，达到热处理所需温度。盐浴炉加热主要以接触式传热，其加热速度快，熔盐在电磁力作用下翻腾，加热均匀，温度控制准确，氧化脱碳少，适合中、小型零件热处理。

盐炉加热操作时，工件及吊挂用具必须先烘烤，以免水分蒸发飞溅伤人；熔盐在离子和蒸汽状态下对人体有害，故应有良好的抽风装置；熔盐应定期脱氧捞渣，并经常检查电器设施；操作时应穿戴好防护用品，注意安全。

（二）辅助设备

1. 冷却设备

冷却设备主要有水槽、油槽等。工件用油作淬火介质时，要注意油温变化，防止油温升得太高而造成冷却性能急剧降低及火灾。用水作淬火介质时，当装炉量较多时，应注意水温，以防止烫伤。

2. 控温仪表

控温仪表是用来测量和控制加热炉温的。它主要利用不同温度下不同金属电位不同，形成电位差并经放大达到控温目的。其精度直接影响热处理工艺的正常进行和质量。热电偶装置应能反映加热炉中工件的真实温度，补偿导线应连接合理并经常校准、检查炉温。

3. 质量检验设备

质量检验设备主要有硬度计、测量变形的拉弯机和量具、金相显微镜和探伤设备。

4. 辅助设施及工具

辅助设施及工具主要有：淬火架、工件装夹、吊挂用具，清洗用电解槽，酸碱槽和喷砂（丸）机，校正淬火变形用压力机和用具等。

第二节　常用非金属材料的改性工艺

金属、高分子材料、陶瓷并称为三大材料，共同构成了工程材料的主体。所以在常用非金属材料的改性工艺中，我们主要介绍塑料和陶瓷的改性工艺。

一、工程塑料的改性工艺

按性能特点和应用范围，现有塑料可分为通用塑料和工程塑料。

在通用塑料中，聚乙烯、聚丙烯、聚氯乙烯、聚苯乙烯（ABS 除外）、酚醛塑料是当今应用范围最广、产量最大的品种，合称五大通用塑料。

在工程塑料中，ABS 是应用最广的工程塑料，ABS 也属于通用塑料聚苯乙烯的改性产品，由于综合力学性能优异，被列为工程塑料。

这里我们主要介绍 ABS、聚乙烯的改性工艺。

（一）ABS 的改性工艺

ABS 综合性能好，应用较广泛。但为了更进一步增强 ABS 的展示性能，扩大应用范围，也采用一些改性工艺。

1. ABS 的电镀

电镀后的塑料具有装饰性的金属外观，良好的抗老化性，良好的力学性能，良好的耐磨、耐热、导电、导热性能，并可以用钎焊法把塑料与其他金属相连接。与金属相比，它还具有质量小、成型容易、加工成本低、容易制成复杂零件、耐蚀性好以及隔声好等优点。

但并非所有的塑料都可以进行电镀。进行电镀的塑料必须满足以下三个条件：

1）金属镀层要与塑料基体有足够的结合强度。

2）金属镀层与塑料基体要有一定的物理性能和力学性能，并能彼此协调。例如膨胀系数大的塑料要与镀塑性好的金属彼此协调变形，从而避免镀层的开裂与脱落。

3）塑料和金属镀层都要满足工程上的特殊要求。

目前广泛用于电镀的塑料是 ABS 塑料。

ABS 塑料的电镀工艺流程如下：

（1）塑料电镀件的造型设计　在不影响使用的前提下，设计应尽量满足电镀的要求，如减少锐边、尖角等。

（2）除油　零件在模压、存放和运输过程中难免沾有油污，因此应进行除油。既可用酒精擦拭除油也可以用化学方法进行除油。

（3）粗化　粗化的目的在于提高零件表面的亲水性和形成适当的表面粗糙度，以保证镀层有良好的附着力。

粗化方法有许多种，现代工业生产中，仅采用化学粗化法。

（4）敏化及活化　粗化处理之后的零件，一般还需进行敏化及活化处理。敏化是使粗化后的零件表面吸附一层有还原性的二价锡离子，以便在随后的离子型活化处理时，将银或钯离子还原成有催化作用的银或钯原子。

要注意，在配制这一溶液时应将氯化亚锡溶于盐酸水溶液中，切不可将氯化亚锡用水溶解后再加入盐酸中，否则氯化亚锡会水解。

活化处理是在敏化后进行的，其目的是使零件表面形成一层有催化活性的贵金属层，以使化学镀能自发进行。

（5）还原处理及化学镀　还原处理是在零件经离子型活化液处理并清洗后进行的，其目的是提高零件表面的催化活性，加快化学镀的沉积速度，同时，还能防止化学镀溶液受到污染。

氯化钯活化的还原处理过程是在次磷酸钠 10～30g/L 的溶液中于室温下浸 10～30s。

至于化学镀，可根据零件的要求进行化学镀铜或化学镀镍。选用化学镀镍时，应注意镀液的温度应比塑料的热变形温度低约 20℃，以防零件变形。

（6）塑料零件表面电镀　在经过表面处理与化学镀之后，会在塑料表面附着一层 0.05～0.8μm 的金属导电膜。为满足零件的性能要求，还需用电镀的方法加厚金属膜层。根据要求，电镀铜、镍、铬、银、金或合金等，其工艺与一般的电镀工艺相同。

要注意，ABS 塑料的热膨胀系数为 $(5.5～11)×10^{-5}℃^{-1}$，较镍的热膨胀系数 $(1.2～1.37)×10^{-5}℃^{-1}$ 略大，而且铜的塑性好，因此，化学镀后的表面可先镀一层 15～25μm 的铜，以改善镀层的结合力，防止由于温度的急剧变化而导致镀层起皮或脱落。

镀铜时不能用氰化溶液，它会浸蚀化学镀层，造成起泡。

2. ABS 的其他改性工艺

（1）高耐热型 ABS   将通用型 ABS 中所用单体之一的苯乙烯，部分或全部地由 α-甲基苯乙烯所代替，所得到的 ABS 耐热性明显提高，其他性能与标准型接近。但由于熔体黏度较高，加工变得稍微困难。

（2）透明型 ABS   一般的 ABS 塑料是不透明的，而透明型 ABS 是采用甲基丙烯酸甲酯作为第四种单体与通常的 ABS 中所含的三种单体共聚生成的。这种透明 ABS 的透光率可达 72%，雾度约为 10%，其他性能与中冲击型的标准型 ABS 接近，还可采用甲基丙烯酸酯代替标准型 ABS 中的丙烯腈，所得三元共聚物又称 MBS，这种材料透光率可达到 90%（3.2mm 厚度的制品）。

（3）阻燃 ABS   ABS 具有可燃性，引燃后可缓慢燃烧，如果向材料中添加卤素化合物阻燃剂可达到阻燃的目的。一般而言，阻燃型 ABS 具有与中冲击型 ABS 类似的性能平衡，某些阻燃型 ABS 具有比标准型 ABS 较高的弯曲模量和较好的耐光性。

（4）ABS 的合金化   ABS 可以与许多聚合物通过共混而形成 ABS 合金。在这些合金中，保留了组成合金的各材料的优点，减少了各自的缺点。主要的 ABS 合金有以下几种：

1）ABS 与聚碳酸酯共混制成的 ABS 与聚碳酸酯的合金。这种合金具有优异的韧性，良好的抗热变形性和良好的刚性。该合金的成形方法主要是注塑，它的熔融黏度要高于 ABS，比 ABS 成型加工要困难些。该合金可以电镀。

2）ABS 与聚氯乙烯共混制成的 ABS 与聚氯乙烯合金。这种合金保持了聚氯乙烯良好的阻燃性，其抗拉强度、抗弯强度、热变形温度、耐化学腐蚀性介于 ABS 与聚氯乙烯之间，冲击韧度可等于或优于 ABS 或聚氯乙烯，成形加工的稳定性优于聚氯乙烯，稍逊于 ABS，这种合金主要采用挤出成形制备型材。

3）ABS 与 SMA 共聚。ABS 与苯乙烯-顺丁烯二酸酐共聚物形成的共聚体称为 ABS/MBA 合金，这种合金具有与 ABS 相似的优异综合性能和相似的加工性，但耐热性有较大提高。这种 ABS/SMA 合金主要采用注塑和挤出成形，也可以电镀。

（二）聚乙烯的改性工艺

聚乙烯有一系列优点，但也有承载能力小、易燃、耐气候性差等缺点。除了高分子量聚乙烯外，一般的高、低密度聚乙烯都存在耐环境应力开裂性差的问题。聚乙烯的改性，正是针对克服这些缺点进行的。

1. 线型低密度改性

线型低密度是由乙烯与少量 α-烯烃（丙烯、1-丁烯、2-己烯、1-辛烯等均可）在复合催化剂 $CrO_3 + TiCl_4 +$ 无机氧化物（如 SiO_2）载体存在下，在 75～90℃和 1.4～2.1MPa 条件下进行配位聚合得到的密度为 0.92～0.93g/cm^3 的共聚物。共聚物中 α-烯烃的质量分数较小，一般不超过 6%～10%，也可少至 1%。此共聚物称为线型低密度聚乙烯。

线型低密度聚乙烯的熔融温度比一般低密度聚乙烯提高约 10～15℃，由于分子链结构和分子量分散性的改变，使材料抗拉强度、断后伸长率、刚性、冲击韧度、撕裂强度、抗翘曲性、耐热性、耐低温性等比一般低密度聚乙烯均有明显提高，耐环境应力性也大为改善。

2. 交联改性

聚乙烯可以通过高能照射或化学方法进行交联，从而使许多性能得到改善。

（1）辐射交联 采用 α、β、γ 等高能射线或快速电子、放射性同位素的照射，可以对聚乙烯进行交联。所得交联聚乙烯的交联度与辐射线的照射剂量和照射温度有关，达交联饱和时，最大交联度可达到 60% ~70%。

在亲水性单体（如丙烯酰胺）存在下进行辐射交联，可以使该单体接枝到聚乙烯上，改善聚乙烯的表面黏附性，从而改善胶接和印刷性能。

（2）化学交联 可以用有机过氧化物对聚乙烯进行交联。过氧化物分解可以产生自由基，可以导致乙烯分子链产生活性中心，两个分子链的活性中心连接使分子链之间交联。化学交联中所用的过氧化物也可以是过氧化苯甲酰、二叔丁基过氧化物、叔丁基过氧化氢等。也可以用三乙氧基硅烷在有机锡催化下对聚乙烯进行交联，其结果是通过 Si—O—Si 桥使分子链交联起来。

由于交联后的材料成为不熔状态，因此用化学交联法时应先将交联剂混入聚乙烯粒料中，经加热混炼后压制成型或挤出成型；而用辐射交联法时是对聚乙烯制品直接进行照射。化学交联的优点是不需要较昂贵的辐射源，可以普遍推广。

3. 氯化改性

将聚乙烯溶解于加热的氯化烃中，充氮驱除空气，在引发剂存在下或紫外线照射下，在 60~110℃ 和不超过 0.7MPa 的条件下通入氯气可以使之氯化，控制氯化时间，可以得到氯化程度不同的产物。氯化后的聚乙烯分子链上部分氢原子被氯原子取代，产物仍然是白色固体。

氯化聚乙烯有类似于橡胶的弹性，但随氯原子含量增大，材料弹性减小，刚性增大。当氯的质量分数小于 25% 时，材料是塑性体或弹塑性体；当氯的质量分数在 25% ~48% 时，材料是典型的弹性体；当氯的质量分数在 49% ~58% 时，材料变为硬弹性体，可制备仿皮制品；当氯含量超过 60% 时，材料成为刚性材料，只能用于注塑。

与聚乙烯的性能相比，氯化聚乙烯改善了材料的耐气候性、耐油性，进一步提高了耐化学试剂性，也使材料变成阻燃材料，使有限氧指数从原来聚乙烯的 17.4 提高到 30 ~35。当氯含量较低时，材料的冲击韧度会比聚乙烯更高些，但耐环境应力开裂性仍不佳。当氯的质量分数大于 45% 时，耐环境应力开裂性有明显改善。

4. 氯磺化改性

将聚乙烯溶解到加热的四氯化碳中，在紫外线照射下或引发剂（用偶氮化合物）存在下，通入氯气和少量 SO_2，聚乙烯就可进行氯磺化反应，控制反应时间，就可以得到氯磺化程度不同的氯磺化聚乙烯。在氯磺化聚乙烯中，分子链的每 1000 个碳原子含有 25 ~42 个氯原子，1 ~3 个氯磺酰基（—SO_2）。

氯磺化聚乙烯是白色海绵状弹性固体，具有优良的耐氧、耐臭氧性，因此耐大气老化性比聚乙烯有明显的提高，其耐热性、耐油性、阻燃性比聚乙烯也有明显改善，有限氧指数可提高到 30 ~36。氯磺化聚乙烯具有良好的耐磨耗性和抗挠曲性，是优良的橡胶材料，耐化学腐蚀性也优于聚乙烯。但分子链曲性、韧性、耐寒性变差。

二、工程陶瓷的改性工艺

陶瓷具有高熔点、耐磨损、高强度、耐腐蚀等基本属性，且可以是绝缘体、半导体，也可以成为导体甚至是超导体，在电、磁、声、光、热等诸性能及相互转化方面显示其特殊的优越性。这是金属与高分子材料所难以比拟的，但陶瓷存在脆性大，难加工，可靠性与重现性差等致命弱点。

目前改善陶瓷材料脆性，增加韧性的方法有以下几种。

1. 裂纹转向增韧

在陶瓷基体中若分散了晶须或纤维状第二相，这种第二相使裂纹转向从而降低了裂纹尖端的应力集中，增大了裂纹扩展阻力，提高了材料的断裂韧度。

如碳化硅晶须补强增韧氧化铝陶瓷，Al_2O_3 陶瓷中加入体积分数为 20% 的 SiC 晶须，其室温强度为 800MPa，断裂韧度 K_{IC} 约为 $9MPa \cdot m^{1/2}$，1200℃ 时的强度仍有 600MPa。

2. 异相弥散强化增韧

基体中引入第二相颗粒，利用基体和第二相之间热膨胀系数和弹性模量的差异，在试样制备的冷却过程中，在颗粒和基体周围产生残余压应力。

当颗粒的线胀系数（α_p）大于基体的线胀系数（α_m）时，颗粒和基体之间的应力使裂纹在前进过程中偏转和改变了裂纹尖端的应力集中，提高了韧性。

如 SiC + 25mol% TiC，室温强度达 580MPa，K_{IC} 为 $7.1MPa \cdot m^{1/2}$，比纯 SiC 的 $K_{IC} \approx 3 \sim 4MPa \cdot m^{1/2}$ 提高了许多。又如 SiC + TiB_2 系统中，由于加入第二相 TiB_2，其断裂韧度比纯 SiC 提高了 50%。

3. 氧化锆相变增韧

实践已证明，利用 ZrO_2 的马氏体相变强化，增韧陶瓷基体是改善陶瓷脆性的有效途径之一。例如氧化锆增韧氧化铝陶瓷（ZTA），其断裂韧度 K_{IC} 可达 $15MPa \cdot m^{1/2}$，室温强度达 $1150 \sim 1200MPa$；ZrO_2 增韧 Si_3N_4 时，当加入 $20 \sim 25mol\% ZrO_2$ 时，无压烧结 Si_3N_4 的 K_{IC} 从 $5MPa \cdot m^{1/2}$ 提高到 $7MPa \cdot m^{1/2}$，室温强度约为 600MPa；热压时，K_{IC} 从 $5.5MPa \cdot m^{1/2}$ 提高到 $8.5MPa \cdot m^{1/2}$，室温强度接近 1000MPa。

4. 显微结构增韧

（1）晶粒或颗粒的超细化与纳米化 陶瓷粉料和晶粒的超细化（$1\mu m$ 以下）和纳米化（nm 数量级）是陶瓷强韧化的根本途径之一。

陶瓷材料的实际断裂韧度大大低于理论值的根本原因，在于陶瓷材料在制备过程中无法避免材料中的气孔与各种缺陷（如裂纹等）。超细化和纳米化是减小陶瓷烧结体中气孔、裂纹的尺寸、数量和不均匀性的最有效的途径，因此，也是陶瓷强韧化最有效的途径之一。图 1-1-5 所示为晶粒尺寸和强度的关系。

（2）晶粒形状自补强增加 利用控制工艺因素，使陶瓷晶粒在原位形成有较大长径比的形貌，起到类似于晶须补强的作用，如控制 Si_3N_4 制备过程中的氮气压，就可得到长径比不同的条状、针状晶粒，这种晶粒对断裂韧度有较大影响。在晶间断裂的前提下，裂纹前进过程中的转向使裂纹扩展阻力增大，断裂韧度升高，其中以柱状晶（或针状、纤维状）对提高断裂韧度最为有效。实验表明，在 SiC 烧结体中也有类似情况。

5. 表面强化和增韧

陶瓷材料的脆性是由于结构敏感性产生应力集中造成的，断裂常始于表面或接近表面的缺陷处，因此消除表面缺陷是十分重要的。下面介绍几种表面强化和增韧方法。

（1）表面微氧化技术 对 Si_3N_4、SiC 等非氧化物陶瓷，通过采用表面微氧化技术，可消除表面缺陷，达到强化目的。

其原因是通过微氧化可使表面缺陷愈合和裂纹尖端钝化，使应力集中缓解。如对 SiC 陶瓷适当控制氧化条件，室温强度比未经氧化处理的提高 30% 左右。但必须注意，如长时间氧化，强度反而下降。

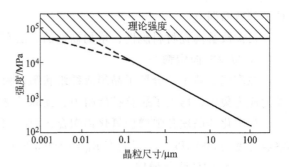

图 1-1-5　晶粒尺寸和强度的关系

（2）表面退火处理　让陶瓷材料在低于烧结温度下长时间退火，然后缓慢冷却，一方面可消除因烧结快冷产生的内应力，另一方面可以消除加工引起的表面应力，同时可以弥合表面和次表面的裂纹。

（3）离子注入表面改性　采用离子注入对陶瓷材料表面改性为 20 世纪 80 年代陶瓷研究者所瞩目。特别是结构陶瓷的表面改性，其目的是提高材料的韧性，耐磨性和耐蚀性。以 Al_2O_3、Si_3N_4、SiC 、ZrO_2 等为对象，在高真空下，将欲加的物质离子化，然后在数十千伏的电场下将其引入陶瓷材料表面，以改变表面的化学组成。如将氮离子注入蓝宝石单晶样品中，断裂韧度 K_{IC} 随氮离子注入量的增加而提高；控制注入量和温度，使硬度较未注入的提高了 1.5 倍；离子注入使表面引入压应力，从而使强度明显提高。

实验表明，离子注入虽是表面层的数百纳米的范围，但陶瓷的力学性能、化学性质及表面结构均有明显影响，因此离子注入是陶瓷表面强化与增韧的极有发展前途的方法之一。

（4）其他方法　激光表面处理、机械化学抛光等也是消除表面缺陷、改善表面状态、提高韧性的重要手段。

6. 复合增韧

ZrO_2 相变增韧，当温度超过 800℃ 时，t→m 相变已不再发生，因此已不再出现相变增韧效应，使相应增韧只能应用于较低的温度范围，不适用于高温领域（800℃ 以上）。微裂纹增韧可增加材料断裂韧度，但对材料强度未必有利，强与韧两者难以兼得。为了充分发挥各种增韧机理的综合作用，可以把两者或两者以上的增韧机理复合在一起，即所谓复合增韧。

7. CVD 法

CVD（化学气相沉积）法是用热、电磁波等手段，使以气相提供的原料在基体表面发生反应，生成固相的物质并沉积在基体的表面。控制沉积过程，可以在表面形成覆盖膜。它具有以下特点：

1）致密且易于改性复杂基体形状的陶瓷。

2）纯度高，对于氮化物、碳化物等难烧结物质，也可不添加助烧剂。

人们对于作为结构材料的陶瓷，也在进行 CVD 法的研究。例如 SiC 烧结体的韧性较低，且由于加工时可能在表面导致裂纹。在加工方向用同样的 SiC 作 CVD 覆盖，可以缓和缺陷，提高强度。

8. 陶瓷的电镀

陶瓷的电镀首先需要解决的是导电问题。镀前的表面处理方法主要有湿法处理、烧渗法处理以及干混镀等，这里简单介绍湿法处理。

陶瓷电镀前的表面处理（湿法处理）工艺流程为：机械粗化→化学除油→化学粗化→

敏化及活化处理→还原处理与化学镀，待表面处理完成之后再进行常规的电镀。

第三节 改性工艺新技术

热处理是机械工业中一项十分重要的基础工艺，对提高机电产品的内在质量和使用寿命具有举足轻重的作用。随着科技的发展和劳动生产率的提高，人们越来越认识到这一重要性。20 世纪的最后十年，经过无数热处理工作者的辛勤努力，表面改性技术在众多领域都取得了许多新的进展。

一、激光表面改性工艺

金属材料的激光表面改性技术是 20 世纪 70 年代中期发展起来的一项高新技术。激光具有高辐射亮度、高方向性和高单色性三大特点，它作为一种精密可控的高能量密度的热源，可实现材料表面的快速加热和冷却，其热影响区的范围很窄。若将激光束作用在金属表面上，选择合适的工艺参数，可对金属表面进行多种强化处理，能显著改善其表面性能，如提高金属表面硬度、强度、耐磨性、耐蚀性和耐高温等性能。

目前，金属的激光表面改性技术分类如图 1-1-6 所示。

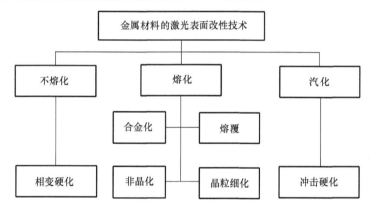

图 1-1-6 金属的激光表面改性技术

其中，激光表面相变硬化是目前应用最成功的激光表面改性技术，已经应用或正在开发的还有激光表面非晶化、熔覆、合金化和冲击硬化等。近年来，把其他金属表面涂层技术和激光相结合进行的表面改性，也获得了成功。本节仅论述相变硬化。

1. 激光相变硬化工艺

激光相变硬化（也称激光表面淬火）为激光表面改性技术中研究最多、最为成熟、在生产中行之有效的一种技术。

它是利用高功率密度激光束（功率密度为 $10^3 \sim 10^5 \mathrm{W/cm^2}$）扫描金属材料表面，材料表面吸收光束能量而迅速升温到相变点以上，然后移开激光束，热量从材料表面向内部传导发散而迅速冷却（冷却速度可达到 $100℃/s$），从而实现快速自冷的淬火方式。

激光表面相变硬化层较浅，通常为 $0.3 \sim 0.5 \mathrm{mm}$。采用 $4 \sim 5 \mathrm{kW}$ 的大功率激光器，能使硬化层的深度达 $3 \mathrm{mm}$。由于激光加热速度特别块，工件表面的相变是在很大过冷度下进行的，因而得到不均匀的奥氏体细晶粒，冷却后转变成隐晶或细针马氏体。

2. 激光相变硬化的特点与应用

（1）特点　激光相变硬化主要应用于表面处理，与其他表面处理方法相比，有以下特点：

1）相变硬化层的硬度比常规淬火的硬度高 15% 以上，可显著提高钢的耐磨性。

2）相变硬化层造成较大的压应力，有助于其疲劳强度的提高。

3）仅对工件表层金属加热，耗能少，几乎不发生热变形，可以省去矫直及精磨等工序，便于进行精密件局部表面淬火。

4）能进行内孔或沟槽的侧面及底部的淬火以及复杂工件表面局部淬火，而用其他方法很难解决。

5）由于聚焦光束焦深相当大，可以容许工件表面有较大的平面度误差，便于进行花键轴及齿轮的淬火。

6）硬化深度和面积可以得到精密控制。

7）激光相变硬化除薄件外一般均可自冷淬硬，不用油、水等淬火剂，无公害。

8）工艺简单，淬火时间短，可以将淬火工序安排在流水线内。

9）由于金属对波长为 $16.6\mu m$ 的激光反射率很高，为增大对激光的吸收率，须作表面涂层或其他处理。

（2）应用　激光相变硬化适用于多种铸铁、碳钢、低合金高强度钢、工具钢、高合金钢的淬火，特别适用于高精度零件的表面处理，尤其是体积较大、要求表面硬化面积小、整体淬火变形难以解决的零件，采用激光淬火效益最高。例如，汽车转向齿轮箱内壁、柴油机气缸套内壁、内燃机弹性联轴器主簧片激光淬火，机床电磁离合器连接件的激光淬火，梳棉机金属针激光淬火等。

二、气氛炉新技术

气氛炉可用于工件的化学热处理。工件的化学热处理分为以渗碳为代表的奥氏体状态化学热处理和以渗氮为代表的铁素体状态化学热处理。

（一）在气氛炉中渗碳、碳氮共渗、保护气氛淬火

渗碳、碳氮共渗和保护气氛淬火是工件在利用炉外或炉内的气氛发生装置产生含有 CO 和 H_2 成分的气氛中加热淬火的古老的热处理工艺。这些工艺在 20 世纪最后十年无论在气氛发生、工艺控制、工艺模拟、环境保护，还是在炉型发展及安全性等方面均取得许多重大进展。

1. 气氛发生

20 世纪 90 年代，出现了把空气和碳氢化合物直接通入温度高于 800℃ 的炉膛内的产气方法。人们把这种气氛称为直生式气氛，专利名为超级渗碳。研究表现，这种含有高 CH_4 成分的气氛虽然其气体反应达不到类似于吸热式气氛的平衡程度，但其碳的传输能力还是由气氛中 CO 与 H_2 的含量来控制。用氧探头结合 CO 分析仪进行碳势控制是可以实现的。超级渗碳直生式气氛的主要优点是大量节省了原料气的消耗量。据统计，这种气氛无论用在周期式气氛炉还是连续式气氛炉，其原料气消耗节省费用都在 70% 左右。今天，全球大约有 300 多台套气氛炉使用这种气氛进行渗碳、碳氮共渗、保护气氛淬火等多种热处理。

2. 气氛控制

现今超级渗碳之所以能在全球范围得到应用，要归功于对具有高甲烷含量气氛碳热准确测定功能的氧探头的开发。这种氧探头使用了一种对甲烷裂解几乎没有催化作用的特殊电极材料和一种特殊的补偿电解质。当然，这种气氛的碳势控制还必须有 CO 红外分析仪来测量 CO 含量作为辅助。

近几年来的实际应用表明，这种氧探头的使用寿命是不稳定的，氧探头信号的逐步漂移是固体电解质的典型缺陷所致。由于这种漂移主要受气氛炉运行工况的影响，而且漂移的开始及大幅度的出现是不可预见的，所以由氧探头测量的碳势与实际值之间差异的发生也是不可预见的。因此，一般都定期用钢箔定碳片来检测氧探头信号是否失真，但很麻烦，不利于气氛炉实现全自动化，有时甚至会影响正常生产。

鉴于上述原因，Ipsen 公司开发了一个双重测量系统，其中一个带标准的氧探头系统用于正常的控制碳势，另一个独立测量系统用于检测这个氧探头的工作状况，即这两个系统分别测量气氛的碳势，当结果出现很大偏差时，就会报警。这第二个测量系统的工作元件可以是 CO_2 红外分析仪，也可以是一个微型氧探头（λ-探头）。迄今为止，已有许多气氛炉安装了这种双重测量系统。

3. 工艺模拟

碳在钢中传递及扩散的计算模型早在 20 世纪 80 年代就已经建立，在以后的十年里，更进一步开发了计算机对话桌面软件，使得人们可以现场计算不同钢种在渗碳过程中任一时间碳的传递与扩散速度。该软件也考虑了诸如温度、碳势之类工艺参数变化的影响。可以实现希望获得的表面含碳量及渗层深度的工艺参数的计算。它可以对工艺过程中任何一个可能的变化及干扰作出反应，从而独立、智能地改变余下工艺过程的参数，以达到工件预定的要求。例如在某渗碳过程中，计算机显示了工件经 109min 保温达到 0.51mm 渗深的碳浓度分布曲线。为达到预定的 0.85mm 渗层，还需要 204min 保温，这个余下的 204min 保温时间是在当时工艺参数（如温度、碳势）不变的情况下计算得到的。如果工艺发生了变化或出现了干扰，那么计算机控制系统会自动对余下的保温时间作出调整。这就是早期推出的"Carbo-Prof"软件。

现在钢的计算模型对大多数渗碳钢来说可以从碳浓度曲线计算来求得硬度分布曲线，当然，这个硬度曲线计算的正确性还有赖于人们对钢中化学成分对性能的影响的深入探究而进一步提高。硬度分布还与零件尺寸和淬火程度有关。

最近推出的"Carbo-Prof-Expert"专家系统，对于任何一个操作者，要想制订一个工件预定表面硬度及层深的渗碳工艺是件轻而易举的事。只要向计算机输入数据（诸如钢种、质量、几何尺寸、淬透性、炉型、渗层预定值），计算机便会输出一个渗碳工艺。

4. 炉型发展

近几年在密封箱式炉、辊底炉、网带炉等炉型上都有许多新发展，限于篇幅，仅对密封箱式炉举一例描述。

过去对于钢和铸铁的贝氏体等温淬火处理，都是用标准周期式或连续式气氛炉加热，然后转移到盐浴中淬火来进行的。使用这种工艺时，虽然工件在可控保护气氛下奥氏体不会被氧化，然而在出炉时暴露于大气，再转移进入盐浴的过程中，显然是要被氧化的。

科技的发展，使人们对工件质量特别是表面质量的要求日益提高，使用密封盐浴淬火炉对工件进行贝式体等温淬火，无疑能够减少任何表面的氧化及脱碳，从而解决上述难题。

在 Ipen90 型炉的基础上，将隔离加热室与淬火室的中间门设计成全密封结构，上述两室都充以保护气氛，炉衬、炉底、循环风扇等部件材料都能在盐浴的影响下长时间工作。环境及安全保护方面的要求在该设备上也得到了充分考虑，所有盐能够回收利用。该设备可用于轴承钢零件的热处理。

环境及安全保护已成为当今人类关注的共同主题。由于油淬具有较高的传热系数，目前还不能完全被高压气体及高分子聚合物淬火取代。但由于环境保护的迫切要求，用保护气氛加热然后进行高压气淬的热处理工艺已在某些材料的零件上得到了实现，出现了传统密封箱式炉带气淬火系统的炉子，为实现绿色热处理开辟了一条新途径。

5. 气氛炉的自动化及集成化

由于对劳动生产率的要求日益提高，密封箱式炉的自动化及集成化已取得了长足的发展。今天，许多密封箱式炉已成为"生产区域"中柔性热处理的一个单元。当然这有赖于控制及计算系统的发展。更进一步，密封箱式炉不仅能成为热处理的一个单元，而且还能直接进入"生产区域"，根据"生产区域"的生产调节自身的热处理周期，这对多室炉尤为实用。

6. 工艺重现性控制

现今越来越多的气氛炉设备进入了高自动化及高集成化的生产线中，这对气氛炉的工艺能力、可能性、生产率提出了更高的要求。这种要求不只体现在工艺控制、环保及安全等前面已述及的因素上，同时减少维修、重现工艺这些因素也显得尤为关键。对重现工艺的控制如果只限于诸如温度与碳势之类的常用工艺参数是不够的，这还不能保证热处理结果的重现。其他一些参数，尤其是淬火工艺也必须加以控制。到目前为止，对淬火工艺的控制还只限于对淬火介质温度的控制，其监控的重要性被大大忽视了。

"Fluid-quench"探头就是应这一要求开发而成的用于监测淬火液淬火程度、安装方便、十分经济的传感器。它由两支相互隔热的热电偶组成。应用这种探头，可以直接监测淬火系统的搅拌效果，同时也可以测量淬火液的冷却传热系数。

（二）渗氮与氮碳共渗

气体渗氮是人们长期使用的一项改变工件耐磨性的热处理方法，但遗憾的是迄今还缺少有效的气氛控制手段。人们往往凭经验调整工艺过程中 NH_3 的加入量来得到希望获得的金相组织及力学性能。这对相同工况的工件的热处理实现重现性看来是可行的，但对不同工况的工件要实现重现性就显得十分困难。

1. 气氛控制

基于上述要求，Ipsen 公司开发了渗氮气氛控制传感器及与之相匹配的控制软件。

过去，人们往往是用 NH_3 或 H_2 红外分析仪来测量气氛中 NH_3 或 H_2 的含量从而达到计算氮势、控制气氛的目的。但这些仪器缺少足够的可靠性与气体分离精度。因此很有必要开发一种类似于控制渗碳气氛氧探头之类的测量设备，Ipsen 公司开发了氢探头（HydroNit 探头）。

HydroNit 探头的成功研制，为渗氮气氛建立与渗碳气氛控制软件 Carb-o-prof 相类似的控制软件提供了强有力的基础保障。在氢探头推出不久，Nitro-prof 氮势控制软件也就问世了。

2. 后氧化处理

由 CyrilDavies 提出的后氧化工艺在钢的液体氮碳共渗处理中显得日益重要而且得到了迅

速发展。过去对于后氧化处理，人们往往把工件在经液体氮碳共渗处理后，立即出炉转移到淬火槽中进行后氧化处理。今天，虽然已实现了液体氮碳共渗与后氧化在同一炉处理，但在完成工件液体氮碳共渗后对后氧化性气氛不加控制，往往也得不到预定的表面氧化效果。而Pronox 软件利用氧探头测量炉内氧势，从而控制气氛的氧势，使工件形成预定的表面氧化物及氧化物层深度，从而可以克服上述问题。

3. 炉型发展

渗氮、液体氮碳共渗处理，由于其工艺的特殊性，热处理周期较长，新近开发的双室渗氮炉能达到事半功倍的效果。前室主要用于完成工件渗氮、液体氮碳共渗或后氧化处理，后室主要完成工件的冷却。这样既保证了工件渗层的外观及内在质量，减小了工件变形，同时也成倍地提高了渗氮炉的生产率。

另外，一种"双用途离子/气体渗氮炉"也正逐步推向市场，它在某些场合能大大地提高生产率。

三、真空热处理新技术

真空热处理是高精度、优质、节能和清洁无污染的材料改性加工制造技术，是 20 世纪后 40 年和今后机械制造工艺发展的热点。在过去的几年里，真空热处理在钢的快速、均匀加热，气淬工艺，低压渗碳，单室、双室、三室、连续式真空热处理炉的设计等方面均取得了新的进展。

1. 真空炉内加热

众所周知，钢在真空中的加热主要靠辐射传热，这样，如果装炉较密集，中间部位工件由于热屏蔽而升温缓慢。用对流加热系统将工件升温至 850℃，然后用辐射加热系统将工件升温至奥氏体温度，这就是 20 世纪 80 年代后期开发的双重加热系统。这样可大大提高加热速度，从而缩短加热时间。一般的，真空炉用双重加热系统与单一加热系统比较，加热时间将缩短至一半。

2. 气淬

对于气淬，用户会考虑尽可能快的淬火周期及气流方向尽可能可调，以适应不同形状工件减小淬火变形的需要。

减小气淬变形早在 20 世纪 80 年代就已经提出来了，直到 20 世纪 90 年代中期，人们都是通过改变淬火气流方向——把垂直通过工件的上、下气流，根据时间或温度变化转成前、后气流，以尽可能地减小变形。

但有这样一些栅格形零件，他们对垂直气流具有天生的不可穿透性，必须外加水平气流，这就是 VUTK 型真空气淬炉的开发背景。VUTK 型真空气淬炉与以往真空炉的最大区别在于它不光在前后方向有两个内门，还在左右方向（或上下方向）又增加了两个内门，这样气流可以通过四个方向交叉进入热区，很好地完成淬火过程。

为进一步提高真空炉气淬的产品质量及扩大其应用范围，必须进一步完善气淬系统。这可以通过提高气体压力和使用氦气或氢气取代氮气来实现，但这无疑将大大提高生产成本。这个难题可以用 VUIX 通过优化气流方向，减小气流阻力，再辅以高效的循环风机和热交换器予以解决，在不增大成本的前提下，气淬能力可提高 30%，当然对于冷却能力，气淬无法同油淬媲美。

加强气淬的另一措施就是把前单室真空炉改进成由单独冷却室的双室真空炉，气淬在冷却室内完成。这样可以降低冷却体积近50%，由于冷却截面积的减小而提高气淬速度。

对于多层密集装炉的工作，要达到与有搅拌的油淬相同的传热系数，就须使用达到4MPa的氢气来进行气淬。正如装炉状况影响加热速度一样，它也能影响冷却速度。如果把多层密集装炉改为单层甚至单件装炉，那么其加热速度将大大提高。同时冷却速度也将大大提高。"jet-harder"就是从中得到启发而开发成功的。"jet-harder"可将气体速度从正常的10~30m/s提高到100~200m/s，产生强烈的气淬效果。采用"jet-harder"，0.1MPa的氮气相当于1MPa的氮气，0.6MPa的氮气可以达到有搅拌的油淬效果，即相当于4MPa的氮气。

3. 气淬控制

对于气淬烈度的控制是一个难题，人们通常用热电偶插入工件内部，测量工件的加热和冷却情况，从而来衡量气体的淬冷烈度，这些方法对工况而言没有普遍性。

"FluK-sensor"的开发解决了上述难题。它是由在特定位置的几个热电偶组成的。通过测量得到的冷却曲线可以直接计算通过这种传感器表面的热流和热交换系数，可以用于任何类型的真空炉的任何炉次。这种传感器的另一个重要作用就是可以评判不同真空炉的冷却能力，建立工件的工艺档案，实现工艺的重现性，当然它也是真空炉专家系统"Vacu-Quench-Expert"的基石，该系统的功能与"Carbo-prof-Expert"类似。

4. 真空渗碳

在真空炉中，以略低于大气压的压力进行渗碳，结合气淬，因具有高的碳传递率、没有晶间氧化、表面光亮等优点而被热处理界广泛接受。然而由于这种渗碳很难进行深渗层渗碳，于是20世纪70年代出现了低压渗碳。低压渗碳发展至今，开发的特殊气体注入技术，不仅克服了渗层不均匀、容易结碳两大难题，同时再辅以渗碳离子技术，可以解决一些十分复杂零件（如柴油机喷嘴）的渗碳问题。

离子渗碳如同离子渗氮、离子碳氮共渗一样，随着高频离子发生器的出现，其应用范围也日益扩大。

5. 真空炉

随着真空技术的日益完善，其应用领域的日益扩大，真空炉已从单室炉逐渐扩大到水平或垂直装料的双室、三室、多室真空炉。最近出现了一种既带气淬室又带油淬室的三室真空炉，这对商业热处理灵活调节工艺尤为实用。当然也出现了推杆式或辊底式真空连续炉生产线，这主要用于淬火或低压渗碳。

第二章

铸 造

铸造是指熔炼金属，制造铸型，并将熔融（或液态）金属浇入铸型，凝固后获得一定形状和性能的铸件的成形方法。铸件通常作为毛坯，经机械加工制成零件。

铸造一般分为砂型铸造和特种铸造。其中砂型铸造应用最为普遍。砂型铸造是用型砂紧实成形的铸造方法。砂型在取出铸件后便已损坏，所以砂型铸造也称为一次性铸造。

砂型铸造的工艺过程如图 1-2-1 所示。它主要包括：制造模样和型芯盒，制备型砂和芯砂，造型、造芯，砂型和型芯的烘干，合箱，金属的熔炼及浇注，落砂、清理、检验等。

铸造是毛坯成形的主要工艺方法之一，在机械制造中占有很重要的地位。按质量计算，在一般机械设备中铸件约占 40% ~ 90%；在农业机械中占 40% ~ 70%；在金属切削机床中占 70% ~ 80%；在重型机械、矿山机械中占 85% 以上。铸造能得到如此广泛的应用，是因为它具有一系列优点：

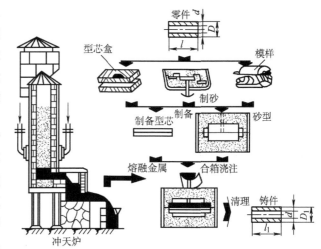

图 1-2-1 砂型铸造的工艺过程

1）可以生产形状复杂、特别是内腔复杂的铸件。铸件的质量可由几克到数百吨，轮廓尺寸可从几毫米至几十米。例如：机床床身，内燃机的缸体和缸盖、阀体、箱体以及水压机横梁等的毛坯均为铸件。

2）可用各种合金来生产铸件。如：铸铁、铸钢、合金钢、铜合金、铝合金等各种金属材料都能用于铸造，尤其对于脆性金属材料（如灰铸铁）、难以锻造和切削加工的合金材料，都可用铸造方法来生产零件和毛坯。

3）既可用于单件生产，也可用于批量生产。

4）铸件与零件的形状、尺寸很接近，因而铸件的加工余量小，可以节约金属材料和加工工时。

5）铸件的成本低。铸造所用的设备费用较低，原材料价格低廉，在铸造生产中，各类金属废料（如浇、冒口和废机器、废铸件）都可以再次利用。此外，在大多数情况下，生产准备简单，生产周期短。

但是，铸造生产工艺过程复杂，工序多，一些工艺过程难以控制，易出现铸造缺陷，铸件质量不够稳定，废品率较高；铸件内部组织粗大、不均匀，使其力学性能不如同类材料的锻件高。此外，目前铸造生产还存在劳动强度大、劳动条件差等问题。随着铸造技术的迅速发展，新材料、新工艺、新技术和新设备的推广和使用，铸造生产面貌将大大改观，铸件质量和铸造生产率会得到很大提高，劳动条件也会显著改善。

第一节　砂　型　制　造

一、砂型铸型的组成

砂型制造的任务是获得质量合格的铸型。它应使砂型从最适当的面分开（即分型面），以方便取出模样并获得清晰的型腔；模样周围应留有足够的砂层厚度（称为吃砂量），以承受金属液流的压力，并且砂型的紧实度应随所受金属的压力而变化；还应考虑金属液流入型腔的通道——浇注系统及型腔中气体逸出的通道——通气孔等。一般砂型铸型的组成如图1-2-2所示。

二、型砂和芯砂

砂型铸造的铸型是由型砂和芯砂制成的。型（芯）砂是由原砂、粘结剂、水和附和物按一定比例配合，以制成符合造型、造芯要求的混合料，如图1-2-3所示。

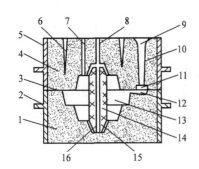

图 1-2-2　砂型铸型的组成

1—下型　2—下砂箱　3—分型面　4—上型
5—上砂箱　6—通气孔　7—出气口　8—型芯
通气孔　9—浇口杯　10—直浇道　11—横浇道
12—内浇道　13—型腔　14—型芯
15—型芯头　16—型芯座

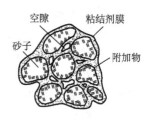

图 1-2-3　型砂和芯砂的
组成示意图

1. 型砂和芯砂应具备的性能

铸型在浇注、凝固过程中要承受金属熔液的冲刷、静压力和高温的作用，并要排除大量气体，型芯还要承受铸件凝固时的收缩压力等，因而为获得优质铸件，型砂和芯砂应满足如下的性能要求：

（1）强度　型（芯）砂抵抗外力破坏的能力称为型砂强度，包括湿强度、干强度、热强度等。型（芯）砂强度高，在搬运和浇注过程中就不易发生变形、掉砂和塌箱。型（芯）砂中粘结剂含量的提高，砂粒细小，形状不圆整且大小不均匀，以及紧实度高等均可使型（芯）砂强度提高。

（2）透气性　型（芯）砂能让气体透过的能力称为透气性。浇注过程中，型腔中的气体和砂型在高温金属液作用下产生的气体，都必须透过型（芯）砂排出型外，否则，就可能残留在铸件内而形成气孔。原砂颗粒越粗大、均匀，粘结剂含量越低，含水量适当（质量分数为4%～6%），或加入易燃的附加物（如锯末等）均能使型（芯）砂的透气性提高。

（3）耐火度　型（芯）砂经高温金属液作用后，不被烧焦、熔融和软化的能力称为耐火度。耐火度低的型（芯）砂，易使铸件产生化学粘砂。型（芯）砂中 SiO_2 含量越高，砂粒越粗大而圆整，粘土及碱性化合物含量越低，则型（芯）砂的耐火度越高。在湿型（芯）砂中添加少量煤粉，或在型腔表面覆盖一层耐高温的石墨涂料，可有效地防止铸件表面粘砂。

（4）可塑性　造型时，型（芯）砂在外力作用下能塑制成形，而当去除外力并取出模样（或打开型芯盒）后，仍能保持清晰轮廓形状的能力，称为可塑性。可塑性好，则容易变形，易于制造形状复杂的砂（芯）型，起模也容易。型（芯）砂随含水量和粘结剂含量的提高，可塑性得到提高；而砂粒的颗粒越粗，形状越圆整，可塑性越差。

（5）退让性　型（芯）砂不阻碍铸件收缩的性能称为退让性。退让性差的型（芯）砂，铸件易产生较大的内应力或开裂。型（芯）砂中的原砂颗粒越细小均匀，粘结剂含量越高，退让性就越差。如果向型（芯）砂中加入可燃性附加物，如生产大铸件时，在型（芯）砂中添加少量锯末或焦炭粒，能使型（芯）砂的退让性提高。

2. 型砂和芯砂的组成及成分

（1）原砂　原砂是型（芯）砂的主体。其主要成分是含 SiO_2 的质量分数为95%以上的硅砂，耐火温度高达1710℃。原砂中的碱性化合物（如 Na_2O、K_2O、CaO 等）含量应尽量少，原砂颗粒粗细要适当。

（2）旧砂　使用过的型（芯）砂称为旧砂。旧砂经过适当处理后，仍可掺在型（芯）砂中使用。通常生产1t铸件需用几吨型（芯）砂，故旧砂回用具有很大的经济意义。

（3）粘结剂　粘结剂的作用是将砂粒粘结起来使型（芯）砂具有一定的强度和可塑性。常用的粘结剂有高岭土和膨润土。高岭土也称普通粘土，膨润土也称陶土。它们的吸水性、粘结性均较强，加入少许即可显著提高型砂的湿强度。当型、芯形状复杂或有特殊要求时，可用水玻璃、亚麻仁油、糖浆等作粘结剂。

（4）附加材料　为了改善和提高型（芯）砂的性能，有时还需加入煤粉、木屑等附加材料。型（芯）砂中加入煤粉可防止铸件表面粘砂，加入木屑可改善透气性、退让性。

3. 型砂的种类

生产中为节约原材料，合理使用型砂，按用途不同，往往将型砂分成面砂、填充砂、单一砂。

（1）面砂　经专门配制，用于与模样接触的一层型砂，称为面砂。它应具有较高的可塑性、耐火度和强度，以保证铸件的质量。面砂厚度一般为20～30mm，由新砂（5%～10%）、旧砂（76%～90%）、膨润土（4%～6%）、煤粉（1%～8%）及水（5%～7%）组成。

（2）填充砂　在模样覆盖面砂后，填充砂箱用的型砂，称为填充砂，也称背砂。它只要求有较好的透气性和一定的强度，一般是将旧砂经处理后，加适量的水即可作为填充砂使用。

（3）单一砂　单一砂是指造型时，不分面砂和填充砂，砂型由同一种型砂构成。它适合用于大批量生产、机械化程度较高的小型铸件的造型。

4. 芯砂

在铸造过程中，型芯处于金属熔液的包围之中，工作条件比型砂更恶劣，因此芯砂除应具有更高的强度、耐火度、透气性和退让性外，还应具有较小的发气性、较低的吸湿性和较好的出砂性。

三、造型及造芯的方法

（一）造型方法

造型是砂型铸造的主要工艺过程之一，一般可分为手工造型和机器造型两大类。

1. 手工造型

手工造型的方法很多，根据铸件的形状、大小和生产批量的不同进行选择。常用的有下列几种：

（1）整模造型　用整体模样进行造型的方法称为整模造型。图1-2-4所示为整模造型的基本过程。它的特点是：模样是整体的，型腔全部位于一个砂型内，分型面是平面。此方法操作简便，铸型型腔形状和尺寸精度较好，故适用于形状简单而且最大截面在一端的铸件，如齿轮坯、带轮、轴承座之类的简单铸件。

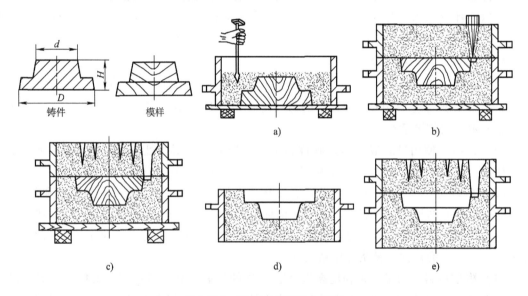

图1-2-4　整模造型的基本过程

a）造下砂型　b）造上砂型　c）开外浇道、扎通气孔　d）起出模样　e）合箱

（2）分模造型　模样沿最大截面处分为两半，而型腔位于上、下砂型内的造型方法称为分模造型。图1-2-5所示为分模造型的基本过程。它的特点是：模样在最大截面处分成两半，两半模样分开的平面（即分模面）通常就是造型的分型面。造型时，两半模样分别在上、下两个砂箱中进行。该造型方法操作简便，适用于最大截面在中间以及形状较复杂的铸件，如套类、管类、曲轴、立柱、阀体、箱体等零件。分模造型是应用最广泛的造型方法。

（3）挖砂造型　当铸件最大截面不在端部，模样又不方便分成两半时，常将模样做成整体，造型时挖出阻碍起模的型砂，这种方法称为挖砂造型。图1-2-6所示为挖砂造型的基本过程。它的特点是：模样形状较复杂；分型面是曲面；要求准确挖至模样的最大截面处，比较费事，对工人的操作技术水平要求较高，生产率低；分型面处易产生毛刺，铸件外观及精度较差，仅适用于单件小批生产。当成批生产时，可用假箱造型或成形底板造型来代替挖砂造型，可大大提高生产率，如图1-2-7所示。

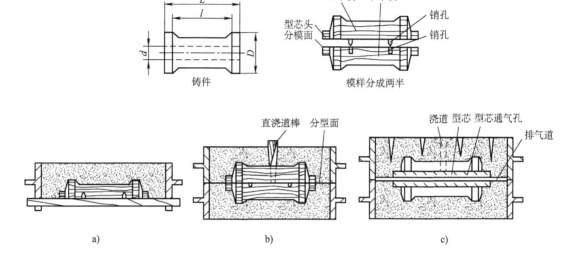

图 1-2-5　分模造型的基本过程

a）用下半模造下砂型　b）用上半模造上砂型　c）起模、放型芯、合箱

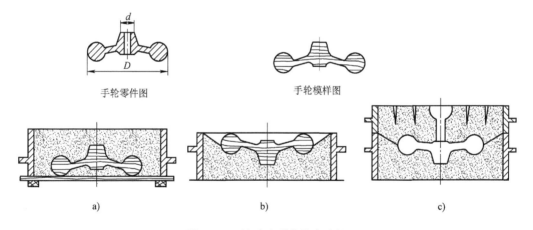

图 1-2-6　挖砂造型的基本过程

a）造下砂型　b）翻转、挖出分型面　c）造上型、起模、合箱

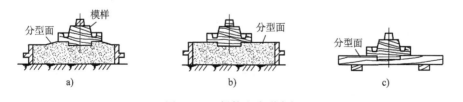

图 1-2-7　假箱和成形底板

a）曲面分型面假箱　b）平面分型面假箱　c）成形底板

（4）活块造型　铸件上有凸起部分妨碍起模时，可将局部影响起模的凸台（或肋条）做成活块。造型时，先起出主体模样，再从侧面起出活块模，这种方法称为活块造型。图

1-2-8 所示为活块造型的基本过程。它的特点是：要求操作技术水平较高，且生产率较低，仅适用于单件生产。当成批生产时，可采用外型芯取代活块，使造型容易。

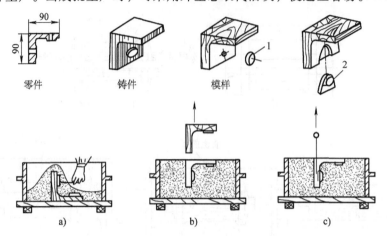

图 1-2-8　活块造型的基本过程

a）造下砂型、拔出钉子　b）取出模样主体　c）取出活块

1—用销钉连接的活块　2—用燕尾榫连接的活块

　　手工造型使用的工具和工艺装备（模样、型芯盒、砂箱等）简单，操作灵活，可生产各种形状和尺寸的铸件。但劳动强度大，生产率低，铸件质量也不稳定，仅用于单件、小批量生产及个别大型、复杂铸件的生产。成批、大量生产时（如汽车、拖拉机和机床铸件的生产），应采用机器造型。

2. 机器造型

　　将造型过程中的两项最主要的操作——紧砂和起模实现机械化的造型方法称为机器造型。造型机的种类是多种多样的。图 1-2-9 所示为振压式造型机的紧砂造型过程。它的特点是：生产率高，每小时可生产几十箱以上；对工人操作技术水平要求不高，易于掌握；造型时所用的砂箱和模板用定位导销准确定位，并由造型机精度保证实现垂直起模，铸件精度

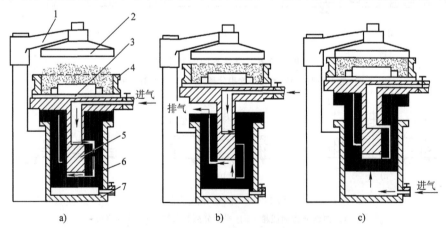

图 1-2-9　振压式造型机紧砂造型过程

a）加砂　b）振实　c）压实

1—横梁　2—压板　3—单面模板　4—砂箱　5—振实活塞　6—压实活塞　7—压实气缸

高，表面较光洁。但是机器造型的设备及工艺装备费用高，生产准备时间长，故适用于成批、大量生产。

（二）造芯的方法

型芯是铸型的重要组元之一，它的主要作用是形成铸件的内腔，有时也可用它形成铸件的外形。由于型芯的大部分面积处于液态金属包围之中，工作条件差，因此，除对型芯要求有好的耐火度、透气性、强度和退让性外，为便于固定、通气和装配，在型芯制造时还有一些特殊要求。

1. 造芯的工艺要求

（1）安放芯骨 为了提高型芯的强度，在型芯中要安放与型芯形状相适应的芯骨。芯骨可用铁丝制成，也可用铸铁浇注而成，如图1-2-10所示。

（2）开通气孔 为顺利排出型芯中的气体，造芯时要开出通气孔。通气道要与铸型的出气孔贯通。对于大型型芯，其内部常填以焦炭，以便排气。常用的几种通气孔开出方式如图1-2-10所示。

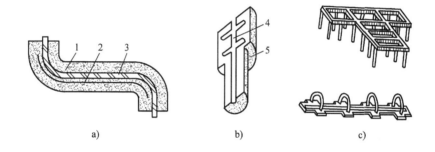

图1-2-10 芯骨和型芯通气孔

a）埋蜡线做通气孔 b）挖通气孔 c）铸件芯骨架

1、5—型芯 2—芯骨 3—蜡线 4—通气孔

（3）刷涂料、烘干 型芯与金属液接触的表面都要刷涂料，以防止粘砂，并提高型芯的耐火度和铸件的表面质量。对于铸铁件，常用石墨粉、粘土和水按一定比例混制成的涂料。

型芯一般都需烘干，以提高型芯的强度和透气性。

2. 造芯方法

造芯方法与造型方法相同，既可用手工造芯，也可用机器造芯。造芯可用芯盒，也可用刮板，其中用芯盒造芯是最常用的方法。芯盒按其结构不同，可分为整体式芯盒、垂直对分式芯盒和可拆式芯盒三种。最常用的垂直对分式芯盒造芯过程如图1-2-11所示。

四、浇注系统和冒口

引导液态金属流入铸型型腔的通道称为浇注系统。典型（标准）的浇注系统由浇口杯、直浇道、横浇道和内浇道四部分组成，如图1-2-12a所示。浇注系统的作用是：①保证液态金属平稳、迅速地流入铸型型腔；②防止熔渣、砂粒等杂物进入型腔；③调节铸件各部分温度，补充铸件在冷凝收缩时所需的液态金属。正确设置浇注系统，对保证铸件质量和降低金属消耗有重要的意义。浇注系统设置不合理，易产生冲砂、砂眼、渣眼、浇不足、气孔和缩

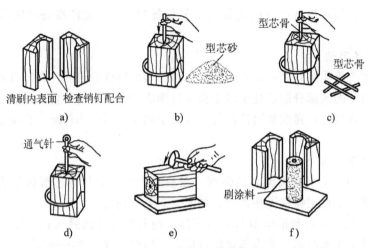

图1-2-11 垂直对分式芯盒造芯过程

a）检查型芯盒 b）夹紧型芯盒分层、加砂芯捣紧 c）插型芯骨 d）继续填砂捣紧、刮平、扎通气孔

e）松开夹子、轻敲型芯盒，使型芯从型芯盒内壁松开 f）取型芯，刷涂料

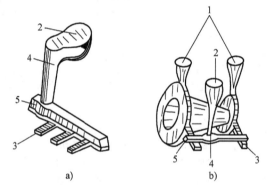

图1-2-12 浇注系统和冒口

a）典型的浇注系统 b）带有浇注系统和冒口的铸造件

1—冒口 2—浇口杯 3—内浇道 4—直浇道 5—横浇道

孔等缺陷。

有些铸件还要设置冒口，如图1-2-12b所示。其作用是补充铸件中液态金属凝固时收缩所需的金属液。另外，还兼有排除型腔中的气体和集渣的作用。

第二节 铸铁的熔炼及浇注

一、铸铁的熔炼

常用的铸造合金有铸铁、铸钢和非铁合金，其中铸铁应用最广。

为获得优质铸件，除了要有良好的造型材料（型砂和芯砂）和合理的造型工艺外，提高铸铁熔炼质量也是主要环节。铸铁熔炼的任务是获得预定化学成分和一定温度的金属液，并尽量减少金属液中的气体和杂质。提高熔炼设备的熔化率，降低燃料消耗等，以达到最佳的技术经济指标。

熔炼铸铁的设备以冲天炉为主，其构造如图 1-2-13 所示。它的炉身外部是用钢板制成的炉壳，内砌以耐火砖炉衬。炉身上部有加料口，下部有一环形风带。鼓风机鼓出的空气经风管、风带、风口进入炉内供焦炭燃烧用。在风口以上 0.6～1m 处为熔化区，风口以下部分为炉缸，其下有一过桥与前炉相通。熔化的铁液与熔渣都由此过桥流入前炉。前炉的作用是聚集铁液。前炉的侧上方有一出渣口，经排渣后，铁液从前炉下部的出铁口流入浇包。为了排出烟尘和废气，加料口的上方有一段烟囱和火花罩。整个炉子通过炉底板，由 4 根炉腿支撑在炉基上。

加入冲天炉的炉料有金属料、燃料和熔剂三部分。

金属料包括高炉生铁、回炉铁（浇冒口、废铸件和废钢）与铁合金（如硅铁、锰铁等）。

燃料主要是焦炭。用于熔炼的焦炭含固体碳要高，并要求发热值高，灰分少，含硫、磷量低。焦炭用量为金属料的 1/12～1/8，这一数值称为铁焦比。

熔剂的作用是造渣并稀释熔渣，使之易于流动，以便排除。常用的熔剂有石灰石（$CaCO_3$）和氟石（CaF_2）。熔剂的加入量为焦炭用量的 20%～30%（质量分数）。

冲天炉的大小以每小时能熔化铁液的质量表示。目前生产上常用的是 2～10t 冲天炉。

二、铸铁的浇注

将液态金属从浇包注入铸型的操作称为浇注。浇注工序对铸件质量有很大的影响，浇注不当，常引起浇不足、冷隔、气孔、缩孔和夹渣等铸造缺陷。因此，浇注时应注意下列问题。

1. 浇注温度

浇注温度的高低对铸件质量影响很大。浇注温度低则铁液的流动性差，易产生浇不到和冷隔缺陷；浇注温度过高则铸件晶粒粗大，同时易产生缩孔、裂纹和粘砂等缺陷。合适的浇注温度应根据铸造合金种类、铸件的大小及形状来确定。形状复杂、薄壁的灰铸铁件，浇注

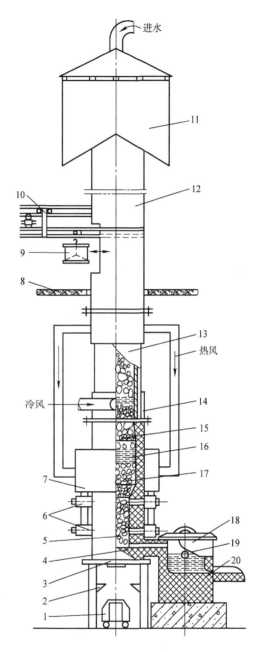

图 1-2-13　冲天炉的构造

1—小车　2—支架　3—炉底　4—过桥　5—炉缸
6—风口　7—风带　8—加料台　9—加料筒
10—加料装置　11—火花罩　12—烟囱
13—炉身　14—焦炭　15—金属料
16—熔剂　17—底焦　18—前炉
19—出渣口　20—出铁口

温度为1400℃左右；形状简单、厚壁的灰铸铁件，浇注温度为1300℃左右；铸钢件浇注温度为1500～1550℃。

2. 浇注速度

浇注速度对铸件质量的影响较大。较高的浇注速度可使金属液更好地充满铸型，但过高的浇注速度对铸型的冲刷力大，易产生冲砂等；较低的浇注速度能使铸件的缩孔集中而便于补缩，但过低的浇注速度使型砂易脱落，铸件易产生冷隔、夹砂、砂眼等缺陷。故浇注速度应视铸件的大小、形状而定。

3. 浇注方法

浇注顺序如下：

（1）去渣　浇注前迅速将金属液表面的熔渣除尽，然后在金属液面上撒一层稻草灰保温。

（2）引火　浇注时先在砂型的出气孔和冒口处，用刨木花或纸引火燃烧，使铸型中的气体更快地逸出，使有害气体CO燃烧，保护工人健康。

（3）浇注　浇注前应估计好铁液质量。开始时应细流浇注，防止飞溅；快满时，也应以细流浇注，以免铁液溢出并减小抬箱力；浇注中间不能断流，应始终使浇口杯保持充满，以便熔渣上浮。

三、铸件的落砂、清理和缺陷分析

1. 落砂

用手工或机械使铸件和型砂、砂箱分开的操作称为落砂。落砂要在铸件与铸型中凝固并适当冷却到一定温度后进行。

2. 清理

落砂后从铸件上清除表面粘砂、型砂、多余金属（包括浇冒口、飞边和氧化皮）等的过程称为清理。浇冒口可用铁锤、锯子和气割等工具清理，粘砂用清理滚筒、喷砂器、抛丸设备等清理。

3. 缺陷分析

铸件清理后，应进行质量检验。检验铸件质量最常用的方法是宏观法。它是通过肉眼观察（或借助工具），找出铸件的表面缺陷和皮下缺陷，如气孔、砂眼、粘砂、缩孔、浇不足、冷隔等。对于铸件内部缺陷可用耐压试验、磁粉探伤、超声波探伤等方法检测。必要时，还可进行解剖检验、金相检验、力学性能检验和化学成分分析等。

由于铸造生产过程工序繁多，因而产生铸造缺陷的原因相当复杂。常见的铸件缺陷特征及产生的主要原因见表1-2-1。

表1-2-1　常见的铸件缺陷特征及产生的主要原因

缺陷名称	特　　征	产生的主要原因
气孔	在铸件内部或表面有大小不等的光滑孔洞	型砂含水过多，透气性差；起模和修型时刷水过多；型芯烘干不良或型芯通气孔堵塞；浇注温度过低或浇注速度太快等
缩孔	缩孔多分布在铸件厚断面处，形状不规则，孔内粗糙	铸件结构不合理，如壁厚相差过大，造成局部金属集聚；浇注系统和冒口的位置不对，或冒口过小；浇注温度太高，或金属化学成分不合格，收缩过大

（续）

缺 陷 名 称	特 征	产生的主要原因
砂眼	铸件内部或表面带有砂粒的孔洞	型砂和芯砂的强度不够；砂型和型芯的紧实度不够；合型时局部损坏，浇注系统不合理，冲坏了砂型
粘砂	铸件表面粗糙，粘有砂粒	型砂和芯砂的耐火度不够；浇注温度太高；未刷涂料或涂料太薄
错箱	铸件沿分型面有相对位置错移	模样的上半模和下半模未对好，合型时，上、下砂型未对准
冷隔	铸件上有未完全融合的缝隙或洼坑，其交接处是圆滑的	浇注温度太低；浇注速度太慢或浇注有过中断，浇注系统位置开设不当，内浇道横截面积太小
浇不足	铸件不完整	浇注时金属液不够；浇注时液态金属从分型面流出；铸件太薄；浇注温度太低，浇注速度太慢
裂缝	铸件开裂，开裂处金属表面有轻微氧化色	铸件结构不合理，壁厚相差太大；砂型和型芯的退让性差；落砂过早

第三节 铸件结构的工艺性及铸件图

一、铸件结构的工艺性

铸件结构是指铸件的外形、内腔及壁之间的连接形式，即加强肋板及凸台等。铸件结构工艺性是否合理，对提高铸件质量、节省原材料、降低成本、提高生产率都有很大的影响。进行铸件结构设计时，不仅要保证零件使用性能的要求，还要考虑铸造工艺和合金铸造性能的要求，尽量使铸件结构与这些性能要求相适应。表1-2-2列举了砂型铸造工艺对铸件结构的要求。

表 1-2-2　砂型铸造工艺对铸件结构的要求

设 计 要 求	不 良 结 构	良 好 结 构
铸件的外形应力求简单，尽量减少与简化分型面，并使分型面为平面。这样不仅可以简化模样制造和造型工艺，减少砂型，而且易于保证铸件精度，便于机器造型（机器造型只能用于两箱造型）		
铸件的内腔结构应少用或不用型芯。型芯数量增多，会增加造芯和下芯工作量		
铸件结构应有利于型芯的固定、排气和清理		
设计铸件上的凸台、肋条时，应考虑便于制模、造型		
铸件上垂直于分型面的不加工表面最好具有结构斜度，以便于起模，提高铸件精度		

（续）

设 计 要 求	不 良 结 构	良 好 结 构
铸件壁的连接或转角，一般应具有结构圆角，避免金属的聚集和应力集中、缩孔、缩松、裂纹等缺陷的产生。结构圆角的大小与铸造合金种类和铸件壁厚有关，可查阅相关手册		

二、铸造工艺分析

在铸造生产中，一般根据产品的结构、技术要求、生产批量及生产条件进行工艺设计。大批量定型产品或特殊主要铸件的工艺应制订得细致些，单件、小批生产的一般性产品则可简化。

（一）浇注位置和分型面的选择原则

浇注位置与分型面的选择密切相关。通常分型面取决于浇注位置的选定，既要保证质量，又要简化造型工艺。但对质量要求不是很严格的支架类铸件，应以简化造型工艺为主，先选定分型面。

1. 浇注位置的选择原则

浇注位置是指浇注时，铸件在铸型中所处的位置。其选择正确与否，将直接影响铸件质量。

1）铸件的重要工作面或主要工作面应朝下，若难以做到朝下，应尽量位于侧面。这是因为金属液的密度大于砂、渣。浇注时，砂眼气泡和夹渣往往上浮到铸件的上表面，所以上表面的缺陷通常比下部要多。同时，由于重力的关系，下部铸件最终比上部要致密。因此，为了保证零件的质量，重要的加工面应尽量朝下或侧面。对于体收缩大的合金铸件，为放置冒口和毛坯整修方便，重要加工面或主要工作面可以朝上。

2）铸件的大平面朝下，或采用倾斜浇注。铸型的上表面除了容易产生砂眼、气孔、夹渣外，大平面还常产生夹砂缺陷。这是由于在浇注过程中，高温的液态金属对型腔上表面有强烈的热辐射作用，型砂因急剧膨胀和强度下降而拱起或开裂，拱起处或裂口浸入金属液中，形成夹砂缺陷。同时铸件的大平面朝下，也有利于排气、减小金属液对铸型的冲刷力。

3）尽量将铸件大面积的薄壁部分放在铸型的下部或使之垂直、倾斜。这能增加薄壁处金属液的压强，提高金属液的流动性，防止薄壁部分产生浇不足或冷隔缺陷。

4）热节处应位于分裂面附近的上部或侧面。容易形成缩孔的铸件（如铸钢、球墨铸铁、可锻铸铁、黄铜）浇注时应把厚的部位放在分裂面附近的上部或侧面，以便安放冒口，实现定向凝固，进行补缩。

5）便于型芯的固定和排气，减少型芯的数量。

2. 分型面的选择原则

分型面是指两半铸型相互接触的表面。除了实型铸造法外，都要选择分型面。

一般说来，分型面在确定浇注位置后再选择。但是，分析各种分型面的利弊之后，可能需再次调整浇注位置。在生产中浇注位置和分型面有时是同时确定的。分型面的选择在很大程度上影响着铸件的质量（主要是尺寸精度）、成本和生产率。因此，分型面的选择应在保证铸件质量的前提下，尽量简化工艺，节省人力物力。因此需考虑以下几个原则：

1）保证模样能从型腔中顺利取出（分型面设在铸件最大截面处）。

2）应使铸件有最少的分型面，并尽量做到只有一个分型面。因为：①多一个分型面多一份误差，使精度下降；②分型面多，造型工时多，生产率下降；③机器造型只能两箱造型，故分型面多，不能进行大批量生产。图 1-2-14 所示为一双联齿轮毛坯的造型方案，若大批生产则只能采用两箱造型，但其中间为侧凹的部分，两箱造型影响其起模，当采用了环状外型芯后解决了起模问题，则可进行机器造型了。

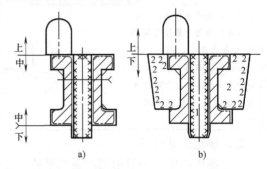

图 1-2-14 双联齿轮毛坯的造型方案
a）三箱造型 b）加外型芯环后两箱造型

3）应使型芯和活块数量尽量减少。图 1-2-15 所示为减少活块和型芯的分型方案，图中分型方案 1 要考虑采活块造型或加外型芯才能铸造；若采用图中分型方案 2 则省去了活块造型或加外型芯。

4）应使铸件全部或大部分放在同一砂型内，否则错型时易造成尺寸偏差。

5）应尽量使加工基准面与大部分加工面在同一砂型内，以使铸件的加工精度得以保证。

6）应尽量使型腔及主要型芯位于下型，以便于造型、下芯、合型及检验。但下型型腔也不宜过深（否则不宜起模、安放型芯），并力求避免吊芯和大的吊砂。

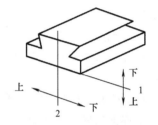

图 1-2-15 减少活块和型芯的分型方案
1—活块造型或加外型芯的分型方案
2—简化铸造工艺的分型方案

7）应尽量使用平直分型面，以简化模具制造及造型工艺，避免挖砂。

8）应尽量使铸型总高度为最低，这样不仅节约型砂，而且还能减轻劳动量，对机器造型有较大的经济意义。

（二）浇注系统的确定

浇注系统的类型很多，根据合金种类和具体铸件情况不同，按照内浇道在铸件开设位置的不同，可将浇注系统分为顶注式、底注式、中间注入式和分段注入式（图 1-2-16）。

（1）顶注式浇注系统 其优点是易于充满型腔，型腔中金属的温度自下而上递增，因而补缩作用强，简单易做，节省金属。但对铸型冲击较大，有可能造成冲砂、飞溅和加剧金属的氧化。所以这类浇注系统多用于重量轻、高度低和形状简单的铸件。

（2）底注式浇注系统 底注式浇注系统与顶注式浇注系统相反，底注式浇注系统是从铸件底部（下端面）注入型腔的。这种浇注系统充型平衡，排气方便，不易冲坏型腔和引起飞溅，适用于大、中型铸件；对易于氧化的合金，如铝、镁合金和某些铜合金也比较适用。但该类浇注系统不利于定向凝固，补缩效果差，充型速度慢，不易于进行复杂薄壁铸件充型。

（3）中间注入式浇注系统 中间注入式浇注是一种介于顶注和底注之间的注入方法，降低了液流落下高度，温度分布较为适宜，内浇道开在分型面上，便于开设和选择部位，所

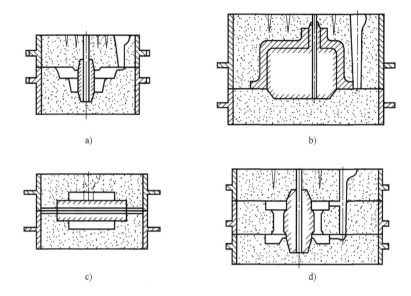

图 1-2-16　浇注系统类型示意图

a）顶注式　b）底注式　c）中间注入式　d）分段注入式

以应用很广。

（4）分段注入式浇注系统　也称阶梯式浇注系统，是在铸件高度上设两层和两层以上的内浇道，它兼备了顶注式、底注式和中间注入式浇注系统的优点。

（三）型芯的形式

型芯是砂型的一部分，在制造中空铸件或有防碍起模的凸台铸件时，往往要采用型芯。常用的型芯有：水平型芯、垂直型芯、悬臂型芯、悬吊型芯、引伸型芯（便于起模）及外型芯（如使三箱造型变为两箱造型）等。图 1-2-17 所示为型芯的示意图。

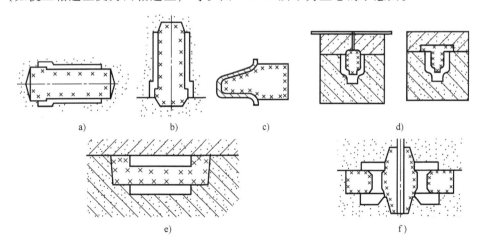

图 1-2-17　型芯示意图

a）水平型芯　b）垂直型芯　c）悬臂型芯　d）悬吊型芯　e）引伸型芯　f）外型芯

（四）主要工艺参数的确定

1. 铸件尺寸公差

铸件尺寸公差取决于铸件设计要求的精度、机械加工要求、铸件大小和生产批量，以及采用的铸造合金种类、铸造设备及工装、铸造工艺方法等。铸件尺寸公差（CT）等级分为16级，各级公差数值见 GB/T 6414—1999《铸件　尺寸公差与机械加工余量》。

铸件公差等级由低向高递增的方向为：

砂型手工造型→砂型机器造型及壳型铸造→金属型铸造→低压铸造→压力铸造→熔模铸造。

2. 铸件重量公差

铸件重量公差是以占铸件公称重量的百分率为单位的铸件重量变动的允许范围。它取决于铸件公称重量（包括机械加工余量和其他工艺余量）、生产批量、采用的铸造合金种类及铸造工艺方法等因素。铸件重量公差（MT）分为16级，各级公差数值见 GB/T 11351—1989《铸件重量公差》。

3. 铸件加工余量

铸件需要加工的表面都要留加工余量（RMA）。加工余量数值根据选择的铸造方法、合金种类、生产批量和铸件基本尺寸大小来确定，铸件顶面需要比底面、侧面的加工余量等级降级选用。铸件机械加工余量数值见 GB/T 6414—1999。标注方法为：

如对于轮廓最大尺寸在 400~630mm 范围内的铸件，要求的机械加工余量等级为 H，要求的机械加工余量值为 6mm（同时铸件的一般公差为 GB/T 6414—CT12），则可标为 GB/T 6414—CT12—RMA6（H）。

4. 铸造收缩率

铸件由于凝固、冷却后的体积收缩，其各部分尺寸均小于模样尺寸。为保证铸件尺寸要求，需在模样（芯盒）上加大一个收缩尺寸。加大的这部分尺寸称为收缩量，一般根据铸造收缩率来定。铸造收缩率 K 定义如下

$$K = \left[(L_模 - L_件)/L_件 \right] \times 100\%$$

式中　$L_模$——模样尺寸；

　　　$L_件$——铸件尺寸。

铸造收缩率主要取决于合金的种类，同时与铸件的结构、大小、壁厚及收缩时受阻碍情况有关。对于一些要求较高的铸件，如果收缩率选择不当，将会影响铸件尺寸精度，使某些部位偏移，影响切削加工和装配。

一般来说，灰铸铁的收缩量为 0.7%~1.0%，铸钢的收缩量为 1.5%~2.0%，铸造非铁合金的收缩率为 1.0%~1.5%。

5. 铸件模样起模斜度

为了起模方便又不损坏砂型，凡垂直于分型面的壁上应留有起模斜度，如图 1-2-18 所示。

6. 最小铸出孔（不铸孔）和槽

铸件中较大的孔、槽应当铸出，以减少切削量和热节，提高铸件力学性能。较小的孔和槽不必铸出，以后再加工更为经济。当孔的长径比大于4时，也可不铸孔。正方孔、矩形孔或气路孔的弯曲孔，当不能加工出来时，原则上必须铸出。正方孔、矩形孔的最短加工边必须大于30mm 才能铸出。

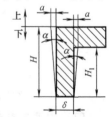

图 1-2-18　铸件模样
起模斜度

三、铸件图的绘制

反映铸件实际形状、尺寸和技术要求的图样，称为铸件图。它常

用彩色铅笔将浇注位置、分型面、加工余量、起模斜度、铸造圆角等绘制在零件图上，并在图旁注出收缩率（本书中用黑线和网纹表示）。图 1-2-19 所示为压盖的零件图、铸件图。

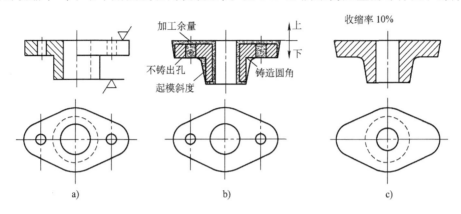

图 1-2-19　压盖的零件图、铸件图

a）压盖零件　b）铸件图　c）铸件

该图的绘制程序如下：

（1）浇注位置和分型面的确定　浇注位置和分型面的位置常在一起表示，在图上用 $\uparrow\frac{上}{下}\downarrow$ 表示，并注明上、下砂型。其中汉字和箭头表示浇注位置，横线表示分型面。浇注位置应保证零件上重要部位的质量；分型面的位置应使零件的形状尽量在一个砂型中，以保证铸件尺寸精度和减少铸件外形上的飞边、毛刺等。此外，还应考虑方便造型、下芯、合箱和清理。压盖零件中的轴孔是应保证的重要部位，使其浇注位置直立，浇注时让熔渣、气体上浮，从而获得光洁的内孔。从压盖的最大平面分型，并使零件轮廓在下型中，以利于保证尺寸精度，又方便造型操作。

（2）放加工余量　为了保证铸件加工面尺寸和零件精度，在铸件工艺设计时要预先增加在机械加工时要切去的金属层厚度，称为加工余量。其大小取决于铸造合金种类、铸件尺寸、生产批量、加工面与基准面的距离及加工面在浇注时的位置等。此外，铸件上待加工的孔和槽是否铸出，必须视孔和槽的尺寸、生产批量、铸造合金种类等因素而定。这些参数均可在相关的手册上查出。一般灰铸铁小件的加工余量为 3 ~ 5mm。加工余量在铸件图中用红色线条标出，剖面可用红色剖面线或全部涂红表示（本书中用网纹表示）。

（3）放起模斜度　为使模样容易从铸型中取出或型芯自芯盒中脱出，在平行于起模方向的模样或芯盒壁上，应做出斜度，称为起模斜度，通常为 15′ ~ 3°。模样高度越高，其斜度应越小，模样内壁的斜度应大于外壁的斜度。通常上型中模样内壁斜度取 1°，下型中内壁斜度取 1°30′ ~ 2°30′。起模斜度用红色线条表示（本书用网纹表示）。

（4）绘出铸造圆角　在零件图上凡两壁相交处的内角和转弯处均应设计成圆角，称为铸造圆角。一般中、小件的圆角半径可取 3 ~ 5mm。圆角也用红线表示。

（5）标注收缩率　由于铸造合金的收缩，铸件尺寸在冷却后要比铸型型腔小。为保证铸件应有的尺寸，制造模样时，必须使模样尺寸大于铸件尺寸。其放大的尺寸称为收缩量。收缩量的大小与金属的线收缩率有关，灰铸铁为 0.7% ~ 1.0%，铸钢为 1.5% ~ 2.0%，铸造非铁合金为 1.0% ~ 1.5%。

第四节 特种铸造

特种铸造是指有别于普通砂型铸造的其他铸造方法。特种铸造方法很多，各有其特点和适用范围，它们从各个不同的侧面来弥补普通砂型铸造的不足。常用的特种铸造有如下几种。

一、压力铸造

压力铸造（简称压铸）是将熔融金属在高压下（压射比压为 5 ~ 150MPa）高速（充型时间为 0.01 ~ 0.2s，压射速度为 0.5 ~ 50m/s）充填入金属型腔，并在压力下凝固而获得铸件的铸造方法。压铸需要使用专用的设备——压铸机，其铸型一般用耐热合金钢制成。压铸工艺过程如图 1-2-20 所示。

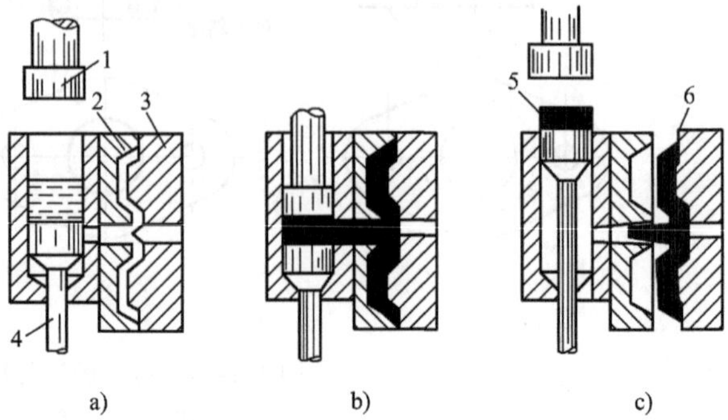

图 1-2-20　压力铸造工艺过程

a）浇注　b）压射　c）开型

1—压铸活塞　2、3—压型　4—下活塞

5—余料　6—铸件

（一）压型和压铸机

1. 压型

压型是指压铸零件所使用的铸型。压型采用优质合金钢为主体材料制成，具有较高的强度和耐热度，典型结构如图1-2-21所示。

压型一般由两个主要部分组成，即固定在压铸机定模座上的固定部分，称为定型；固定在压铸机动模座上的可动部分，称为动型。压型除定型和动型部分外，一般都装有顶出下料机构和抽芯机构，用以自动顶出铸件和抽型芯。由于压型是在高压、高温、高速条件下工作的，所以压型的型腔和型芯部分一般使用 3Cr2W8V 或 5CrMnMo 等优质合金钢，其余零件可选用优质碳钢。

在压型分型面上一般开有深 0.05 ~ 0.1mm、宽 50 ~ 20mm 的通气槽，死角地方开通气塞，以防止铸件上产生气泡。

2. 压铸机

压铸使用的设备称为压铸机。压铸机按压室的特征可分为热压室压铸机和冷压室压铸机两种类型。压铸机的规格都是以型号尾数乘以 10 表示压铸机的合型力。

图 1-2-22 所示为热压室活塞式压铸机的工作原理。这类压铸机的生产率高，金属消耗少，但压室和冲头长期在合金液体中工作，会影响其使用寿命。该压铸机一般压射比压较低，多用于低熔点合金材料的

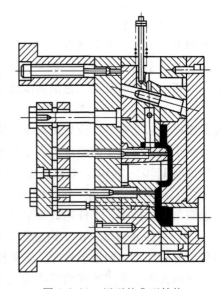

图 1-2-21　压型的典型结构

压铸。我国生产和使用较多的是 25t 的 JZ213 型压铸机。

冷压室压铸机按压力传递方向可分为立式和卧式两种。其工作原理如图 1-2-23、图 1-2-24 所示。

与热压室压铸机相比，冷压室压射比压大（热压室压铸机为气动、冷压室为液压传动），所以能适合铝、镁、锌、铜等多种合金的铸造。

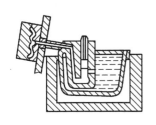

图 1-2-22 热压室活塞式压
铸机的工作原理

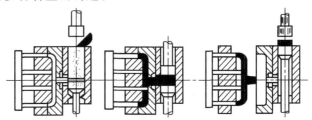

图 1-2-23 立式冷压室活塞
式压铸机工作原理

我国生产和使用的压铸机以卧式冷压室压铸机居多，此压铸机有 60t（J116） ~ 630t（J1163）的多种型号和规格可供选用。

（二）压铸的工艺过程

压铸是在几十兆帕的压力下，以 5 ~ 50m/s 的流速将液态或半液态金属压入金属型中，并在压力下凝固而获得铸件的一种铸造方法。

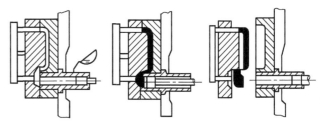

图 1-2-24 卧式冷压室活塞式
压铸机工作原理

压铸工艺过程一般由合型、压射、开型及顶出铸件四个工序组成。压铸过程由压铸机自动完成。目前使用的压铸机一般都使用液压驱动。

（三）压力铸造的特点及应用

1）生产率高，每小时可铸几百个铸件，而且易于实现自动化生产。

2）铸件的精度和表面质量较高（尺寸公差等级可达 IT11 ~ IT13，表面粗糙度 Ra 值可达 $0.8 ~ 3.2\mu m$），可铸出形状复杂的薄壁铸件，并可直接铸出小孔、螺纹、花纹等。

3）压铸件是在压力下结晶凝固的，故晶粒细密，强度高。如抗拉强度比砂型铸件要提高 25% ~ 40%。

4）压力铸造设备投资大，压铸型结构复杂，质量要求严格，制造周期长，成本高，仅适用于大批量生产。

5）不适合钢、铸铁等高熔点合金的铸造。

6）压铸件虽然表面质量好，但内部易产生气孔和缩孔，不宜进行机械加工，更不宜进行热处理或在高温下工作。

目前压铸主要用于铝、镁、锌、铜等非铁合金铸件的大批量生产。在汽车、拖拉机、仪器、仪表、医疗器械、航空及日用五金等生产中都得到了广泛的应用。随着真空压铸、加氧压铸、半液态压铸等技术的开发与利用，压铸的应用范围将日益扩大。

二、熔模铸造

熔模铸造是指用易熔材料（如蜡料）制成模样，在模样上包覆若干层耐火涂料，制成型壳，熔去模样后经高温焙烧即可浇注的铸造方法。

（一）熔模铸造的工艺过程

熔模铸造工艺过程如图1-2-25所示。首先用石蜡和硬脂酸各50%（质量分数）的易熔材料做成与铸件形状相同的蜡模及相应的浇注系统；把蜡模与浇注系统焊成蜡模组；在蜡模组上涂挂涂料和硅砂，放入硬化剂（如 NH_4Cl 水溶液等）中硬化；反复几次涂挂涂料和硅砂并硬化，形成厚度为 5~10mm 的型壳，将型壳浸泡在 85~95℃ 的热水中，熔去蜡模便获得无分型面的铸型；型壳再经烘干并高温焙烧；四周填砂后便可用于浇注而获得铸件。

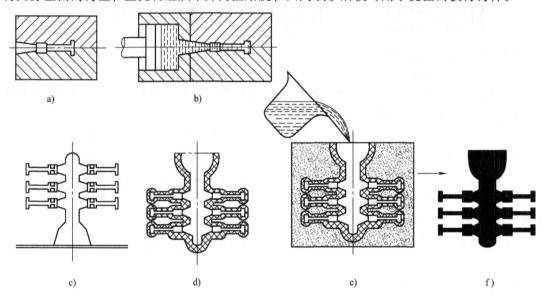

图 1-2-25　熔模铸造工艺过程

a）压型　b）压制蜡模　c）焊蜡模组　d）结壳　e）浇注　f）带浇口的铸件

（二）熔模铸造的特点及应用

1. 熔模铸造的特点

1）熔模铸造是一种精密的铸造方法，生产的铸件尺寸精度和表面质量均较高，尺寸公差等级一般可达 IT11~IT14，表面粗糙度值可达 $Ra1.6~12.5\mu m$，机械加工余量小，可实现少、无切削加工。

2）可铸出形状复杂的薄壁铸件，最小壁厚可达 0.3mm，最小铸出孔的直径可达 0.5mm。

3）能够生产各种合金铸件，尤其适用于生产高熔点合金及难以切削加工的合金铸件，如耐热合金、不锈钢、磁钢等。

4）生产批量不受限制，从单件、成批到大量生产均可。

5）熔模铸造工序繁多，生产周期长，原材料的价格高，铸件成本比砂型铸造高；而且铸件不能太大，一般限于 25kg 以下，以 1kg 以下的居多。

2. 熔模铸造的应用

熔模铸造主要用来生产形状复杂、精度要求高或难以切削加工的小型零件，如汽轮机、燃气轮机、水轮发动机等的叶片，切削刀具，以及汽车、拖拉机、风动工具和机床上的小型零件。其应用正在日益扩大。

三、金属型铸造

金属型铸造是依靠重力将熔融金属浇入金属铸型而获得铸件的方法，如图 1-2-26、图 1-2-27 所示。

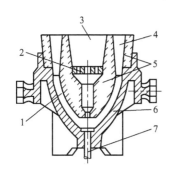

图 1-2-26 整体式金属型结构与示意图
1—型腔 2—滤网 3—外浇道 4—冒口
5—型芯 6—金属型 7—推杆

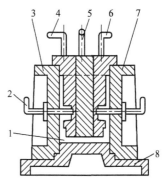

图 1-2-27 垂直分型式金属型结构示意图
1—型腔 2—销孔型芯 3—左半型 4—左侧型芯
5—中间型芯 6—右侧型芯 7—右半型 8—底板

金属铸型不同于砂型铸型，它可一型多铸，一般可浇注几百次到几万次，故也称为永久型铸造。与砂型相比，金属铸型没有透气性和退让性，散热快，对铸件有激冷作用。为此，须在金属型上开设排气槽，浇注前应将金属型预热，上涂料保护，并严格控制铸件在铸型中的停留时间，以防止铸件产生气孔、裂纹、白口和浇不到等缺陷。

1. 金属型铸造的特点

1）与砂型铸造相比，金属型铸造实现了一型多铸，生产率较高，成本低，便于机械化和自动化。

2）铸件精度较高，表面质量较好，尺寸公差等级可达 IT12 ~ IT14，表面粗糙度 Ra 值可达 $6.3 ~ 12.5 \mu m$，减少了铸件的机械加工余量。

3）由于铸件冷却速度快，晶粒细，故力学性能好。

4）金属铸型制造成本高、周期长，不适合单件、小批生产；铸件冷却快，不适于浇注薄壁铸件，铸件形状不宜太复杂。

2. 金属型铸造的应用

目前，金属型铸造主要用于中、小型非铁合金铸件的大批量生产，如铝活塞、气缸体、缸盖、液压泵壳体、轴瓦、衬套等，有时也用来生产一些铸铁件和铸钢件。

四、离心铸造

离心铸造是将液态金属浇入旋转的铸型中，并在离心力的作用下凝固成形而获得铸件的铸造方法。离心铸造的铸型可以是金属型，也可以是砂型。铸型在离心铸造机上可以绕垂直轴旋转，也可以绕水平轴旋转，如图 1-2-28 所示。

铸型绕垂直轴旋转时，铸件内表面呈抛物面状，因而铸造中空铸件时，其高度不能太高，否则铸件壁厚上下相差较大。铸型绕水平轴旋转时，可制得壁厚均匀的中空铸件。

1. 离心铸造的特点

1）离心铸造的铸件是在离心力的作用下结晶的，其内部晶粒组织致密，无缩孔、气孔

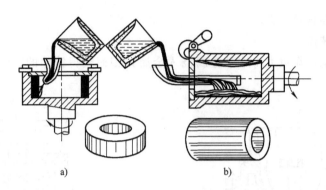

图 1-2-28 离心铸造

a）绕垂直轴旋转　b）绕水平轴旋转

及夹渣等缺陷，力学性能较好。

2）铸造管形铸件时，可省去型芯和浇注系统，提高了金属利用率并简化了铸造工艺。

3）可铸造"双金属"铸件，如钢套内镶铜轴瓦等。

4）铸件内表面较粗糙，内孔尺寸不准确，需采用较大的加工余量。

2. 离心铸造的应用

目前，离心铸造广泛应用于制造铸铁水管、气缸套、铜轴套，也可用来铸造成形铸件。

第五节　铸造新工艺、新技术简介

一、真空密封造型

真空密封造型又称真空薄膜造型、减压造型、负压造型或 V 法造型，适用于生产薄壁、面积大、形状不太复杂的扁平铸件。造型过程如图 1-2-29 所示。

二、气流冲击造型

气流冲击造型简称气冲造型，其原理是利用气流冲击，使预填在砂箱内的型砂在极短的时间内完成冲击紧实过程。

气冲造型是通过一种特殊的快开阀将低压空气（$p \leqslant 0.6MPa$）迅速引入填满型砂的砂箱上部，使型砂冲击紧实。其优点是砂型紧实度高且分布合理，透气性好、铸件精度高，表面光洁，工作噪声低，粉尘少，生产率高。图 1-2-30 所示为气冲造型机工作过程。

三、实型铸造

实型铸造又称气化模铸造、消失模铸造、无型腔铸造等。它是采用泡沫塑料模样，造型时模样不取出，形成无型腔铸型，浇注时高温金属液使泡沫塑料气化、消失，金属液取代原泡沫塑料模样，凝固冷却形成铸件的一种铸造方法（图 1-2-31）。

实型铸造与普通铸造的根本差异在于没有型腔和分型面，使铸造工艺发生了重大变革。其主要特点如下：

1）由于突破了分型、起模的铸造工艺的界限，使模样可以按照铸件使用要求设计，制造出理想结构的铸件，极大地扩充了铸造的工艺可行性和设计自由度。

2）大大简化了造型工序，取消了复杂的造型材料准备过程以及混砂、分型、起模、造芯、下芯、合型、配箱等繁杂工序，使造型效率提高 2~5 倍。

3）造型材料废弃少，混砂、砂处理、造型及清理设备的投资大为削减，生产率高，劳动环境好。

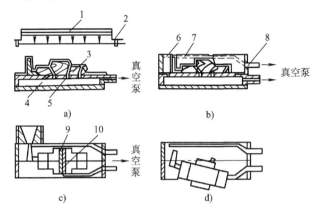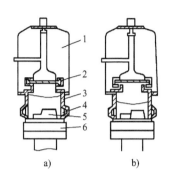

图 1-2-29 真空密封造型过程

a）覆膜成形 b）填砂、抽真空、紧实 c）下芯、
合型、浇注 d）去真空、落砂

1—发热元件 2—塑料薄膜 3—覆膜成形
4—抽气箱 5—抽气孔 6—砂箱
7—密封塑料薄膜 8—过滤抽气管
9—通气道 10—型芯

图 1-2-30 气冲造型机工
作过程

a）加砂后的砂箱、填砂框升至阀口处
b）打开阀门，冲击紧实

1—压力罐 2—圆盘阀 3—填砂框
4—砂箱 5—模板 6—工作台

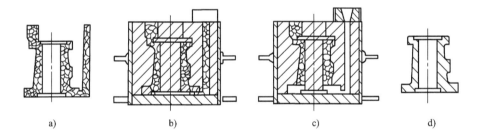

图 1-2-31 实型铸造原理

a）泡沫塑料模 b）造型 c）浇注 d）铸件

实型铸造主要适用于高精度、少余量、复杂铸件的批量及单件生产。

四、冷冻造型

冷冻造型又称低温硬化造型，采用普通硅砂加入少量的水，必要时还加入少量的粘土，按普通造型法制好铸型后送入冷冻室，使铸型冷冻，借助于包覆在砂粒表面的冷冻水分而实现砂粒的结合，使铸型具有很高的强度及硬度。浇注时，铸型温度升高，水分蒸发，铸型逐步解冻，稍加振动立即溃散，可方便地取出铸件。

第三章

锻　造

锻造是利用外力使坯料（金属）产生塑性变形，获得所需尺寸、形状及性能的毛坯或零件的加工方法，是机械制造中毛坯生产的主要方法之一。

锻造的生产方式如图 1-3-1 所示。锻造按成形方式分为自由锻造和模样锻造。

锻造与铸造生产方式相比，其区别在于：

1）锻造所用的金属材料应具有良好的塑性，以便在外力的作用下，能产生塑性变形而不破裂。常用的金属材料中，铸铁的塑性很差，属脆性材料，不能用于锻造。钢和有色金属中的铜、铝及其合金等塑性好，可用于锻造。

2）通过锻造加工能消除锭料的气孔、缩松等铸造组织缺陷，压合微裂纹，并能获得较致密的结晶组织，可改善金属的力学性能。

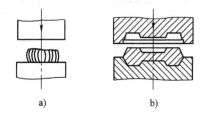

图 1-3-1　锻造生产方式

a）自由锻造　b）模样锻造

3）锻造加工是固态成形，对制造形状复杂的零件，特别是具有复杂内腔的零件较困难。

金属材料经锻造后，内部组织更加致密、均匀，可用于加工承受载荷大、转速高的重要零件。

第一节　金属的加热与锻件的冷却

一、金属的加热

金属坯料锻造前，为提高其塑性，降低变形抗力，使金属在较小的外力作用下产生较大的变形，必须对金属坯料加热。锻造前对金属坯料进行加热是锻造工艺过程中的一个重要环节。

1. 锻造温度范围

金属锻造时，要有一定的温度范围。

允许加热到的最高温度称为始锻温度。始锻温度过高会使坯料产生过热、过烧、氧化、脱碳等缺陷，造成废品。

锻造过程中，坯料温度不断下降，塑性也随之下降，变形抗力增大，当降到一定温度时，不仅变形困难，而且容易开裂，此时必须停止锻造，或重新加热后再锻。停止锻造的温度称为终锻温度。

金属的始锻温度和终锻温度之间的一段温度间隔，称为金属的锻造温度范围。金属的锻造温度范围大，可以减少加热次数，提高生产率，降低成本。锻造温度范围取决于坯料金属的种类和化学成分，几种常用钢材的锻造温度范围见表 1-3-1。

2. 加热设备

锻造加热炉种类很多，按所用热源不同，锻造加热炉可分为火焰加热炉和电加热炉。一般中、小型工厂常用反射炉和电阻炉加热金属坯料。

表 1-3-1　常用钢材的锻造温度范围

序号	钢材种类	始锻温度/℃	终锻温度/℃	序号	钢材种类	始锻温度/℃	终锻温度/℃
1	低碳钢 Q235、15	1250	750	3	高碳钢 T7、T8	1150	850
2	中碳钢 45	1200	780	4	合金钢 40Cr	1200	800

（1）反射炉　反射炉是采用固体燃料（如煤）燃烧产生火焰来加热坯料的，称为火焰加热炉。图 1-3-2 所示为反射炉结构示意图。燃料在燃烧室内燃烧，生成的炉气经火墙进入炉膛加热坯料。这种加热炉炉膛面积大，温度均匀，一般可达 1350℃ 左右，故加热质量好，生产率高，适用于中、小批量生产。

（2）电阻炉　电阻炉的核心元件是电阻发热体，电阻加热是利用电流通过电热元件时产生的电阻热间接加热坯料的。炉子通常制成箱形，如图 1-3-3 所示，一般分为：①中温电炉，其电热元件为电阻丝，最高使用温度为 950℃，用于加热有色金属及其合金的小型锻件；②高温电炉，其电热元件为硅碳棒，最高使用温度为 1350℃，用于加热高温合金及高合金钢的小型锻件。

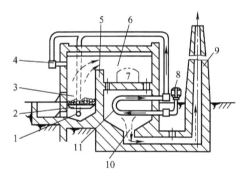

图 1-3-2　反射炉结构示意图

1——次送风管　2—水平炉箅　3—燃烧室　4—二次送
风管　5—火墙　6—加热室（炉膛）　7—装出料炉门
8—鼓风机　9—烟囱　10—烟道　11—换热器

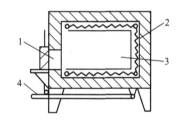

图 1-3-3　箱式电阻炉
结构示意图

1—装出料炉口　2—电热体　3—加
热室　4—脚踏传动装置

电阻炉结构简单，炉温及炉内气氛容易控制，氧化性较小，但电能消耗大，成本较高。

二、锻件的冷却方法

冷却对锻件质量有重要的影响。为使锻件各部分的冷却收缩较为均匀，防止表面硬化、变形和裂纹，锻件不宜冷却太快。其冷却方式有三种：

1. 空冷

锻件锻后置于无风的空气中，放在干燥的地面上冷却。此方法适用于中、小型的低、中碳钢及合金结构钢的锻件。

2. 坑冷

锻件锻后置于充填有石棉灰、砂子或炉灰等绝热材料的坑中冷却。此方法适用于合金工具钢锻件。碳素工具钢锻件应先空冷至 650～700℃ 后再坑冷。

3. 炉冷

锻件锻后放入 500~700℃ 的加热炉中，随炉缓慢冷却。此方法适用于高合金钢及厚截面的大型锻件。

第二节 自 由 锻 造

自由锻造是利用冲击力或压力，使加热的金属坯料在上、下砧块之间产生塑性变形，以获得所需锻件的加工方法。由于金属坯料在砧块平面之间能够自由移动，故称为自由锻造。

自由锻造分为手工自由锻造和机器自由锻造两种。手工自由锻造只能生产小型锻件，效率低。机器自由锻造能生产各种尺寸的锻件，效率较高，是目前工厂普遍采用的自由锻造方法。我国自行设计制造的 15000t 水压机，可生产出 600t 重的大型锻件。

一、自由锻造设备——空气锤

空气锤是生产中、小型锻件的通用锻造设备，在生产中应用最为广泛。

空气锤的外形结构及工作原理如图 1-3-4 所示。电动机 7 经齿轮减速机构 6 带动曲柄转动；连杆 16 推动压缩活塞 15 在压缩缸 2 内作上下往复运动，将空气压缩；控制上、下旋阀 17、18，可使压缩空气交替进入工作气缸 1 的上部或下部空间，推动工作气缸内的工作活塞 14 连同锤杆 8 和上砧块 9 一起上下运动，以实现对金属坯料的锻打。

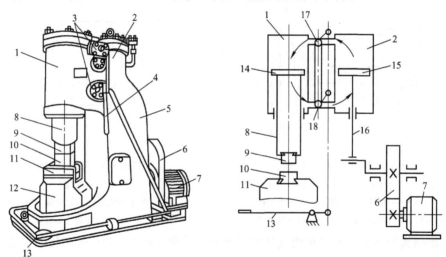

图 1-3-4　空气锤的外形结构及工作原理

1—工作气缸　2—压缩缸　3—旋阀　4—手柄　5—锤身　6—齿轮减速机构　7—电动机　8—锤杆
9—上砧块　10—下砧块　11—砧垫　12—砧座　13—脚踏杆　14—工作活塞
15—压缩活塞　16—连杆　17—上旋阀　18—下旋阀

通过操纵手柄 4 或脚踏杆 13 控制旋阀 3 的位置，可使锤头实现上悬、连续打击、单击、下压及空转等动作。锤头的行程和锤击力的大小可通过改变旋阀转角的大小来控制。

空气锤的下砧块 10 通过砧垫 11 固定在砧座 12 上。

空气锤的规格以落下部分即工作活塞、锤杆、上砧块的质量表示，也可称为锻锤的吨位。国产空气锤的规格为 40~750kg，空气锤产生的打击力约为落下部分质量的 1000 倍，可以锻造的质量范围为 2.5～84kg 的小型锻件。

二、自由锻造的基本工序

自由锻造时，锻件的形状是通过一些基本变形工序将坯料逐渐锻造而形成的。自由锻造的基本工序有镦粗、拔长、冲孔、弯曲、扭转、错移、切断等，其中以前三种工序应用最多。

1. 镦粗

镦粗是使坯料高度减小、横截面增大的锻造工序，用于锻制齿轮坯、法兰等圆盘工件，也可作为冲孔前的预备工序，以减小冲孔深度。

镦粗分为完全镦粗和局部镦粗两种，局部镦粗又分为端部局部镦粗和中间局部镦粗两种，如图 1-3-5 所示。

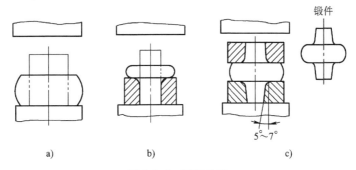

图 1-3-5　镦粗种类

a）完全镦粗　b）端部局部镦粗　c）中间局部镦粗

为了保证镦粗的顺利进行，应注意以下几点：

1）坯料必须是圆形截面，否则易使锻件表面形成夹层，如图 1-3-6 所示。

2）坯料不能太长，坯料高度与直径之比应小于 2.5，否则容易镦弯，如图 1-3-7 所示。

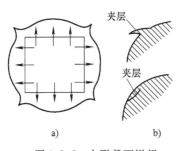

图 1-3-6　方形截面镦粗

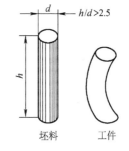

图 1-3-7　镦弯

3）锤击力要足够，为此除选择足够吨位的锻锤外，还应使坯料的高度不大于锤头最大行程的 0.7～0.8 倍，否则锻件容易产生细腰形、夹层，如图 1-3-8 所示。

4）坯料表面不得有凹孔、裂纹等缺陷。

5）坯料加热温度要高且均匀，其端部要平整并与轴线垂直，镦粗时要不断地绕中心线转动，以便获得均匀的变形，而不致镦偏或镦歪。

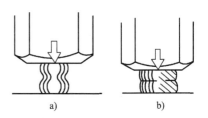

图 1-3-8　细腰形和夹层

a）细腰形　b）夹层

2. 拔长

拔长是使坯料横截面减小、长度增加的锻造工序。它用于锻制轴类或长筒形等工件。拔长和镦粗两工序相结合，可作为改善坯料内部组织、改善锻件力学性能的预备工序。

拔长时应注意以下几点：

1）应不断翻转坯料，使坯料截面经常保持近于方形，如图 1-3-9 所示。

2）应控制适当的送进量和压下量。送进量不得小于单面压下量的 1/2，如图 1-3-10 所示。

3）每次拔长后，锻件的宽度与高度之比应小于 2.5，以保证下次拔长。

4）局部拔长时，必须先压肩，然后再拔长，以获得平整的过渡部分。

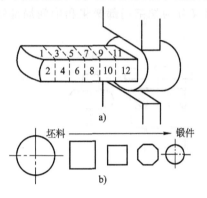

图 1-3-9　拔长过程

a）锻件的翻转方法　b）圆料拔长方法

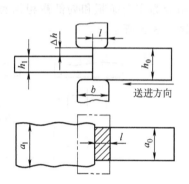

图 1-3-10　拔长中的送进量和压下量

3. 冲孔

冲孔是用冲头在坯料上冲出通孔或不通孔的锻造工序。冲孔的基本方法有：

1）实心冲头冲孔，用于长度小于 450mm 的通孔。实心冲头冲孔可分为单面冲孔和双面冲孔，如图1-3-11所示。

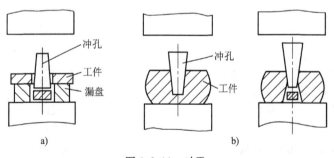

图 1-3-11　冲孔

a）单面冲孔　b）双面冲孔

2）空心冲头冲孔，用于长度大于 450mm 的通孔。冲孔时，冲孔头部要不断蘸水冷却，以免受热变软。

冲孔常用于生产齿轮、套筒和圆环等锻件。

三、自由锻造锻件结构工艺性及锻件图

1. 自由锻造锻件结构工艺性

设计自由锻造锻件时，除应满足使用性能要求之外，还须考虑锻件成形的特点。由于受

设备工具的限制，锻件结构不宜复杂。许多在铸造时是合理的零件结构，在自由锻造时则不一定合理，因此在设计自由锻造锻件时，应考虑结构工艺性的要求，使锻件结构合理，达到方便锻造、节约金属、保证锻件质量和提高生产率的目的。具体要求见表 1-3-2。

表 1-3-2 零件的自由锻造结构工艺性要求

要　　求	举　　例	
	不合理的结构	合理的结构
避免锥面或斜面		
避免圆柱面与圆柱面相交		
避免非规则截面与非规则外形		
避免肋板和凸台等结构		
截面有急剧变化或形状复杂的零件，可分段锻造，再用焊接或机械连接组成整体		

2. 锻件图的绘制

零件图不能直接用于锻造生产，必须按照自由锻造工艺特点绘制锻件图。锻件图是根据零件图并考虑敷料、机械加工余量和锻造公差等因素绘制而成的，如图 1-3-12 所示。

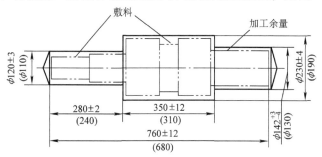

图 1-3-12 锻件图

（1）敷料　为了便于锻造，需要简化锻件形状。零件上某些难以锻出或虽能锻出但经济上不合理的部位（如凹台、台阶、凸肩、法兰和内孔等），可增加一部分金属而不予锻出，这部分金属称为敷料或余块。

（2）确定加工余量和锻件公差　由于自由锻造的精度和表面质量较差，一般均需进一步切削加工，故表面应留有加工余量。锻件的公差是指锻件公称尺寸的允许误差。锻件的加工余量和公差的大小及零件的形状、尺寸等因素有关，其具体数值可根据经验或查表确定。

锻件图的画法如图1-3-12所示。锻件的外表用粗实线表示，零件和外形用双点画线表示。锻件的公称尺寸与公差标注在尺寸线的上面，零件的公称尺寸标注在尺寸线下面的括号内。

3. 自由锻造锻件工艺实例

锻件的自由锻造工艺应根据锻件的形状、尺寸等要求，结合生产实践经验来安排工序。表1-3-3列出了典型的阶梯轴自由锻造工艺过程，表中压肩位置尺寸需经过计算确定。

表1-3-3　阶梯轴的自由锻造工艺

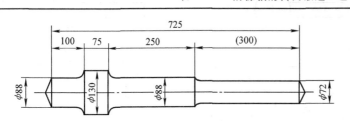

锻件名称：轴
坝料质量：40kg
坝料规格：φ140mm×740mm
锻件材料：45钢
锻造设备：750kg空气锤

序号	操作方法	简　图	序号	操作方法	简　图
1	压肩		4	拔长、倒棱、滚圆	
2	拔长一端切去余料		5	端部拔长，切去料头	
3	调头压肩		6	全部滚圆并校直	

四、自由锻造锻件常见缺陷

在自由锻造锻件的生产中，若原材料合格，则锻件的常见缺陷主要由于工艺不合理、加热和冷却不当、操作不慎而产生，现归纳总结见表1-3-4。

表1-3-4　自由锻造锻件的常见缺陷及其产生原因

缺陷名称	特　征　说　明	产　生　原　因
过热	晶粒局部过大	加热温度过高，保温时间过长
过烧	晶界严重氧化，一锻则碎	长时间在过高的炉温中加热
氧化	表面产生过多的氧化皮	1）加热温度过高，加热次数过多 2）加热炉中送风量过大
脱碳	表层含碳量减小	加热温度过高，加热时间过长

（续）

缺陷名称	特 征 说 明	产 生 原 因
裂纹	锻件表面或内部有横向或纵向裂纹	1）锻前坯料加热速度和锻后锻件冷却速度过快 2）坯料中心加热时未热透 3）锻造时送进量太大等操作不当
折叠	锻件表面产生重叠现象	1）拔长时送进量小，压下量大 2）镦粗时压弯或产生双鼓形而未及时纠正
力学性能偏低	锻件的强度、硬度、塑性等指标不合格	1）锻后热处理不当 2）锻造比不足
冷硬现象	锻件硬度偏高或表层很硬	1）变形温度偏低，变形速度过快 2）终锻温度过高，锻后冷却速度过快

第三节 锤上模锻和胎模锻

一、锤上模锻

模锻是将加热后的坯料放入具有一定形状和尺寸的锻模模腔内，施加冲击力或压力，使其在有限制的空间内产生塑性变形，从而获得与锻模形状相同的锻件的加工方法。

模锻按使用设备的不同，可分为锤上模锻和压力机模锻两种。在模锻锤上进行模锻生产锻件的方法称为锤上模锻。锤上模锻因其工艺适应性较强，且模锻锤的价格低于其他模锻设备，是目前应用最为广泛的模锻工艺。

锤上模锻使用的主要设备是蒸汽-空气模锻锤，如图 1-3-13 所示。

模锻锤的工作原理与蒸汽-空气自由锻锤基本相同，主要区别是模锻锤的锤身直接与砧座连接，锤头与导轨间的间隙较小，保证了锤头上下运动准确，使上、下模对准。

锻模由带燕尾的上、下模组成，通过紧固楔铁分别固定在锤头和模垫上。上、下模之间为模腔，如图 1-3-14 所示。

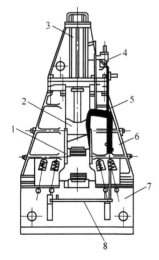

图 1-3-13 蒸汽-空气模锻锤

1—导轨 2—锤头 3—气缸 4—配气机构
5—操纵杆 6—锤身 7—砧座 8—踏板

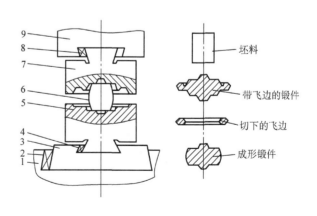

图 1-3-14 单模腔锻模及锻件成形过程

1—砧座 2、8—楔铁 3—模座 4—楔块
5—下模 6—坯料 7—上模 9—锤头

模膛内与分型面垂直的面都有 5°～10°的斜度，其作用是有利于锻件出模。面与面之间的交角都是圆角，以利于金属充满模膛以及防止应力集中使模膛开裂。

锻制形状简单的锻件时，锻模上只开一个模膛，称为终锻模膛。终锻模膛四周设有飞边槽，它的作用是在保证金属充满模膛的基础上容纳多余的金属，防止金属溢出模膛。由于存在飞边槽，因而锻件沿分模面周围形成一圈飞边（图 1-3-14）。飞边可用切边压力机切去。

同样，带孔的锻件不可能将孔直接锻出，而是留有一定厚度的冲孔连皮，锻后再将连皮冲掉。

复杂锻件则需要在开设有多个模膛的锻模中完成。多个模膛分制坯模膛、预锻模膛和终锻模膛。图 1-3-15 所示的延伸、滚压、弯曲模膛均属制坯模膛，坯料依次在这三个模膛内锻打，使其逐步接近锻件的基本形状，然后再放入预锻和终锻模膛内进行预锻和终锻，最后切除飞边，得到所需形状和尺寸的锻件。

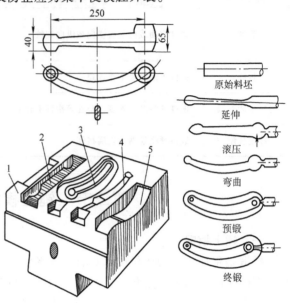

图 1-3-15 多模膛锻模
1—延伸模膛 2—滚压模膛 3—终锻模膛 4—预锻模膛 5—弯曲模膛

模锻与自由锻相比，具有生产率高，锻件尺寸精确，加工余量小，材料利用率高，以及可使锻件的金属纤维组织分布更为合理，进一步提高零件的使用寿命等优点。但模锻设备投资大，锻模成本高，生产准备周期长，且受设备吨位的限制，因而模锻仅适用于大批量生产锻件质量在 150kg 以下的中、小型锻件。

二、胎模锻

胎模锻造是介于自由锻和模锻之间的一种锻造方法，它是在自由锻锤上使用简单模具（称为胎模）生产锻件的一种常用锻造方法。胎模锻造时，胎模自由地放在锤头和上砧块之间，先采用自由锻造方法将坯料预锻成近似锻件的形状，然后放入胎模膛中，用锻锤打至上、下模紧密接触时，坯料便会在模膛内压成与模膛形状一致的锻件。图 1-3-16 所示为锔头锻件的胎模锻造过程。图 1-3-17 为锔头的胎模结构图。

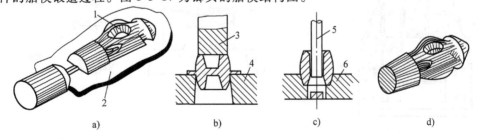

a)   b)   c)   d)

图 1-3-16 锔头锻件的胎模锻造过程
a）用胎模锻出的锻件有飞边和连皮 b）用切边模切边 c）用冲头冲掉连皮 d）锻件
1—连皮 2—飞边 3、5—冲头 4、6—凹模

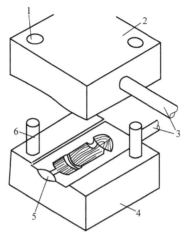

图 1-3-17 胎模结构

1—销孔 2—上模块 3—手柄 4—下模块 5—模膛 6—导销

胎模锻造生产的锻件，其精度和形状的复杂程度较自由锻件高，加工余量小，生产率较高，而且胎模结构简单，制造方便，无需昂贵的模锻设备，因此胎模锻造是一种既经济又简便的锻造方法，广泛用于小型锻件的中、小批量生产。

第四节 轧制、挤压、拉拔和旋压工艺

一、轧制

轧制是坯料在旋转轧辊的压力作用下，产生连续塑性变形，从而获得要求的截面形状并改变其性能的方法（图 1-3-18）。

轧制生产所用坯料主要是金属锭。轧制过程中，坯料靠摩擦力得以连续通过轧辊缝隙，在压力作用下变形，使坯料的截面减小，长度增加。

按轧辊轴线与坯料轴线间的相对空间位置和轧辊的转向不同，轧制可分为纵轧、斜轧和横轧三种。轧辊轴线相互平行而转向相反的轧制方法称为纵轧，图 1-3-18 所示为纵轧示意图。轧辊相互交叉成一定角度配置，以相同方向旋转，轧件在轧辊的作用下绕自身轴线反向旋转，同时作轴向运动向前送进，这种轧制称为斜轧，也称为螺旋轧制或横向螺旋轧制（图 1-3-19）。轧辊轴线与轧件轴线平行且轧辊与轧件作相对转动的轧制方法称为横轧（1-3-20）。

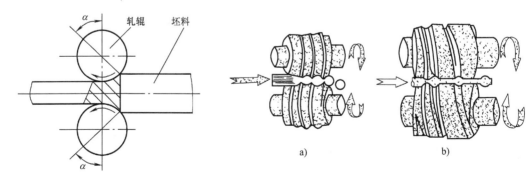

图 1-3-18 轧制（纵轧）示意图

图 1-3-19 斜轧示意图

a）钢球轧制 b）周期截面轧制

根据需要合理设计轧辊形状（与产品截面轮廓相对应），不仅可以轧制出不同截面的钢板、型材和无缝管材，还可能直接轧制出毛坯或零件。

由轧制工艺发展起来的一种锻造工艺——辊锻工艺（图1-3-21），是一种用一对相向旋转的扇形模具使坯料产生塑性变形，从而获得所需锻件或锻坯的锻造工艺。它不同于一般轧制。一般轧制时，轧辊上与轧件截面相对应的形状直接刻在轧辊上，而辊锻的扇形模具可以从轧辊上装拆更换；一般轧制送进的是长坯料，而辊锻常用的坯料较短。因为辊锻变形过程是一个连续的静压过程，其工作平稳性好，金属的连续变形使纤维方向按锻件的轮廓分布，因而产品质量好。此外，与其他模锻方法相比，它还具有许多突出的特点，如生产率高、节约金属材料、劳动条件好、设备结构简单、易于实现机械化和自动化等。因此，近年来辊锻工艺发展迅速。辊锻成形的制件多种多样，如各种扳手、呆扳手、剪刀、犁刀、麻花钻、柴油机连杆、涡轮叶片、步枪刺刀、炮弹尾翼、铁路道岔等。

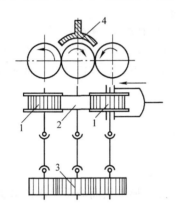

图 1-3-20　横轧（热轧齿轮）示意图

1—带齿的轧辊　2—坯料　3—齿轮　4—电热感应圈

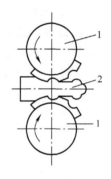

图 1-3-21　辊锻示意图

1—轧辊　2—轧件（锻件或锻坯）

二、挤压

挤压是坯料在挤压模内受压变形而获得所需制件的压力加工方法。

按坯料流动方向和凸模运动方向的不同，挤压可分为以下四种方式：

（1）正挤压　如图1-3-22a所示，挤压时，坯料流动方向与凸模运动方向相同。该方法可用于制造各种截面形状的实心件、各种型材和管材。

（2）反挤压　如图1-3-22b所示，挤压时，坯料流动方向与凸模运动方向相反。该方法一般用于制造不同截面形状的杯形件。

（3）复合挤压　如图1-3-22c所示，挤压时，坯料一部分顺凸模运动方向流动，一部分则向相反方向流动，即同时兼有正挤压和反挤压时坯料的流动特征。该方法常用于制造带有凸起部分的复杂形状空心件。

（4）径向挤压　如图1-3-22d所示，挤压时坯料流动方向与凸模运动方向垂直。该方法一般用于制造径向有凸起部分的零件。

按坯料的加热温度不同，挤压又可分为以下三种：

（1）热挤压　挤压时，坯料的加热温度与锻造温度相同。这种方法的变形抗力小，允许每次的变形量大，但表面质量差（表面粗糙，有氧化皮、脱碳层），精度低。热挤压广泛用于生产多种管材、型材及各种零件和毛坯。

（2）冷挤压　挤压时，坯料不加热，在室温下进行。这种方法的变形抗力大，但制品的精度高，表面光滑，且由于加工硬化使制件的强度得到提高。冷挤压广泛应用于挤制零件及半成品毛坯。

（3）温挤压　介于热挤压与冷挤压之间的一种挤压方法。一般是把金属加热到再结晶温度以下的合适温度范围进行挤压。该方法与热挤压比较，其氧化皮少，脱碳较少，零件的尺寸精度提高、表面粗糙度 Ra 值降低。与冷挤压比较，其变形抗力减小，每道工序的允许变形量增加，并可提高模具寿命。

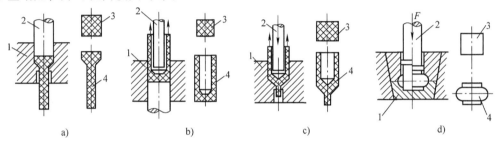

图 1-3-22　挤压方式
1—凹模　2—冲头　3—坯料　4—零件

三、拉拔

拉拔是使坯料在牵引力的作用下通过模孔而变形，获得所需制件的压力加工方法（图1-3-23）。

拉拔时所用模具模孔的截面形状及使用性能对制件影响极大。模孔在工作中受着强烈的摩擦作用。为了保持其几何形状的准确性，提高模具使用寿命，应选用耐磨性好的材料（如硬质合金等）来制造。

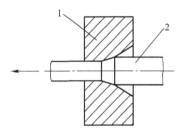

图 1-3-23　拉拔示意图
1—拉拔模　2—坯料

拉拔主要用于各种细线材、薄壁管及各种特殊截面形状型材的生产。拉拔常在冷态下进行，产品精度较高，表面粗糙度 Ra 值较小，因而常用来对轧制件进行再加工，以进一步提高产品质量。拉拔成形适用于低碳钢、大多数有色金属及其合金。

四、旋压

1. 旋压工艺的原理

金属旋压工艺的原理是将被加工的金属毛坯套在芯模上，芯模随主轴旋转，旋轮沿芯模移动。在旋轮的压力下，利用金属的可塑性，逐点将金属加工成所需要的空心回转体制件。

金属旋压一般可以分为普通旋压和强力旋压两种。在旋压过程中，改变形状而基本不改变壁厚者称为普通旋压；在旋压过程中，既改变形状又改变壁厚者称为强力旋压。普通旋压局限于加工塑性较好和较薄的材料，尺寸精度不易控制，要求操作者具有较高的技术水平。强力旋压与普通旋压相比，其坯料凸缘部分在加工时不产生收缩变形，因而不会产生起皱现象。旋压机床功率较大，对厚度大的材料也能加工，同时制件的厚度沿母线有规律地变薄，较易控制。

2. 旋压工艺的特点及应用

（1）金属旋压工艺的特点

1）金属变形条件好，旋压时由于旋轮与金属近乎线或点接触，因此使用的压力小，从而能够集中很大的单位压力使金属发生变形，得到薄壁制件。旋压机床的吨位只有压力机吨位的1/20。

2）制品范围广，根据旋压机的能力可以制作大直径薄壁管材、特殊管材及变断面管材、球形、半球形、椭圆形以及带有阶梯和变化壁厚的几乎所有回转体制件。

3）材料利用率高，生产成本低。旋压加工与机械加工相比，可节约材料20%～50%，最高可达80%，使成本降低30%～70%。

4）制品性能显著提高，在旋压之后材料的组织结构与力学性能均发生变化，晶粒度细小并具有纤维状的特征。强度、屈服强度和硬度都有提高，强度提高60%～90%，而伸长率降低。

5）制品表面粗糙度 Ra 值小，尺寸公差小。旋压加工制品的表面粗糙度 Ra 值可达 $1.6～3.2\mu m$，最好的可达 $0.2～0.4\mu m$，经过多次旋压可达 $0.1\mu m$。旋压产品可能达到较小的壁厚误差（直径为300mm时，误差为0.05mm；直径为300～1600mm时，误差为0.12mm）。

6）金属旋压的一个重要特点是可以制作整体无缝的回转体空心件，从根本上消除了与焊缝有关的不连续性、强度降低、脆裂和拉应力集中等弊病。

7）金属旋压与板材冲压相比较，能大大简化工艺所使用的装备，一些需要6～7次冲压的制件，旋压一次即可制造出来，而且金属旋压机床比功能相同的冲压机床的价格便宜一半。

8）通过金属旋压法能制作超宽板材，其方法是将旋压的筒形件沿母线方向切开展平。

9）可以加工用其他方法很难成形的钛、锆、钨、钼、铍等稀有金属材料。

10）金属旋压有自检作用。在旋压过程中，毛坯中的夹渣、裂纹等缺陷会自己暴露出来。

（2）旋压工艺的应用　旋压工艺广泛应用于日用品、民用工业产品及航空航天、兵器工业等产品的制造中。在日用品和民用工业产品生产方面有：水壶、餐杯、量杯、啤酒桶与漏斗、洗衣机鼓桶、气瓶、卡车轴圆盘、液压缸、灭火器筒、压力容器、理化器具、医疗容器、照明器具、送风机零件、大型反射器外壳等；在航空航天工业生产方面有：涡轮轴、压气机轴、进气道头锥、喷管的尾锥、燃烧室衬套、轴承支座、压气机机匣以及75型喷气发动机燃烧室的管材等；在兵器工业生产方面有：旋压反坦克火箭枪榴弹、破甲弹、炮弹的药形罩、风帽、炮弹弹头和药筒等。

第五节　锻造新工艺、新技术简介

随着工业生产的发展和科学技术的进步，古老的锻造加工方法也有了突破性的进展，涌现出许多新工艺、新技术，如超塑性成形、粉末锻造、液态模锻、高能率成形等，一方面极大地提高了制件的精度和复杂程度，突破了传统锻造只能成形毛坯的局限，而直接锻造成形各种复杂形状的精密零件，实现了少切削、无切削加工；另一方面，又使过去难以锻造或不能锻造的材料以及新型复合材料的塑性成形加工成为现实，从而为塑性成形提供了更为宽广的应用前景。

一、超塑性成形

超塑性（微细晶粒超塑性）是指当材料具有晶粒度为 $0.5 \sim 5\mu m$ 的超细等轴晶粒，并在 $T = (0.5 \sim 0.7)T_{熔}$ 的成形温度范围和 $\varepsilon = (10^{-2} \sim 10^{-4})/s$ 的低应变速率下变形时，某些金属或合金呈现出超高的塑性和极低的变形抗力的现象。

超塑性成形就是对超塑性状态的坯料进行锻造、冲压、挤压等加工，以制造高质量、高精度复杂零件的方法。

目前常用的超塑性成形材料主要有锌合金、铝合金、铜合金、钛合金、镁合金、不锈钢及高温合金等。

1. 塑性模锻

塑性模锻是将已具备超塑性的毛坯加热到超塑性变形温度，以超塑性变形允许的应变速率在液压机上进行等温模锻，最后对锻件进行热处理以恢复强度的方法。超塑性模锻需要在成形过程中保持模具和坯料恒温，因而在其锻模中设置有加热和隔热装置（图 1-3-24 中的感应加热圈、隔热板等），这是与普通锻模最大的不同之处。

2. 板料深冲

如图 1-3-25 所示，在拉深模中对超塑性板料的法兰部分加热，并在外圈加油压，就能一次拉深出高深的薄壁容器，且制件的壁厚均匀、无凸耳，力学性能具有各向同性。

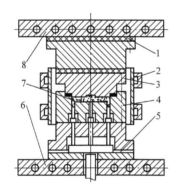 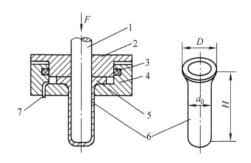

图 1-3-24　超塑性模锻　　　　　　　　图 1-3-25　板料超塑性深冲
1—隔热垫　2—感应加热圈　3—凸模　4—凹模　　　　1—凸模　2—压板　3—加热元件　4—凹模
5—隔热板　6、8—水冷板　7—工件　　　　　　　5—板坯　6—制件　7—高压油孔

3. 板料的真空成形和吹塑成形

如图 1-3-26 所示，将超塑性板料放在模具中，并与模具一起加热到超塑性温度后，将模具内的空气抽出（真空成形）或向模具内吹入压缩空气（吹塑成形），利用气压差使板坯紧贴在模具上，从而获得所需形状的工件。

这种方法主要适合于成形钛合金、铝合金、锌合金等形状复杂的壳体零件。厚度为 $0.4 \sim 4mm$ 的薄板用真空成形法，厚度较大、强度较高的板料用吹塑成形法。

二、粉末锻造

粉末锻造是将各种粉末压制成预成形坯经加热烧结后再进行模锻，从而得到尺寸精度高、表面质量好、内部组织致密的锻件的方法。它是传统的粉末冶金与精密模锻相结合的一

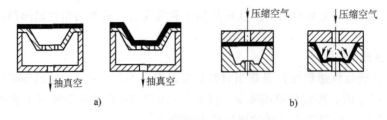

图 1-3-26　真空成形和吹塑成形

a）真空成形　b）吹塑成形

种新工艺。粉末锻造既保持了冶金粉末少、无屑工艺的优点，又发挥了锻造成形的特点，使粉末冶金件的力学性能达到甚至超过普通锻件的水平，因此在现代工业尤其是汽车制造业中得到了广泛的应用。

粉末锻造的工艺流程为：制粉→混粉→冷压制坯→烧结加热→模锻→机械加工→热处理→成品，如图 1-3-27 所示。

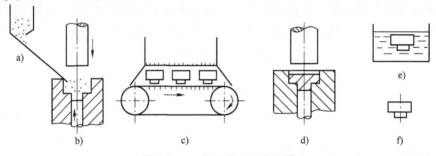

图 1-3-27　粉末锻造的流程图

a）粉末　b）液压制坯　c）烧结加热　d）模锻　e）热处理　f）成品

三、液态模锻

将熔融金属直接浇注进金属模腔内，然后以一定的压力作用于液态或半固态的金属上，使之在压力下流动充型和结晶产生一定程度的塑性变形，从而获得锻件的方法称为液态模锻。其工艺流程如图 1-3-28 所示。

液态模锻适用于大批量生产各种金属、非金属以及复合材料的形状复杂且要求强度高、致密性好的中小型零件，如泵壳、仪表壳、衬套、柴油机活塞等。

四、高能率成形

高能率成形是利用炸药或电装置在极短时间内释放出化学能、电能、电磁能等，通过空气或水等传压介质产生的高压冲击波使板坯迅速变形和贴模而获得制件的成形方法。

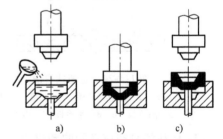

图 1-3-28　液态模锻

a）浇注　b）加压　c）脱模

常用的高能率成形方法有爆炸成形、电液成形、电磁成形等。

1. 爆炸成形

爆炸成形是利用炸药在爆炸瞬间释放出的巨大化学能对金属毛坯进行加工的一种高能率成形方法，如图 1-3-29 所示。

爆炸成形主要用于板材的拉深、胀形、弯曲、压花纹等成形工艺，如生产锅炉管板、货舱底板、波纹板、汽车后桥壳体等零件。此外，还可用于爆炸焊接、表面强化、粉末压制等。

2. 电液成形

电液成形是利用液体中强电流脉冲放电所产生的强大冲击波对金属进行加工的一种高能率成形方法，如图 1-3-30 所示。

电液成形主要用于板料的拉深、胀形、翻边及冲裁等，尤其适用于管子的胀形加工。

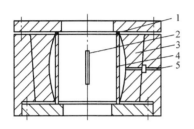

图 1-3-29　爆炸成形

1—密封圈　2—炸药　3—凹模

4—坯料　5—抽真空孔

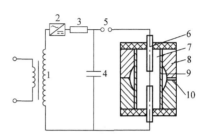

图 1-3-30　电液成形

1—升压变压器　2—整流器　3—充电电阻

4—电容器　5—辅助间隙　6—电极　7—水

8—凹模　9—坯料　10—抽气孔

3. 电磁成形

电磁成形是利用电容器放电在工作线圈中产生脉冲电流所形成的放电脉冲磁场与毛坯中感应电流所产生的感应脉冲磁场的相互作用，使坯料迅速贴模成形的方法，如图 1-3-31 所示。

五、铸轧

铸轧是使金属液通过铸轧辊的辊缝，使之凝固并产生塑性变形，从而获得所需制品的加工方法，如图 1-3-32 所示。铸轧主要用于生产各种金属板带坯。

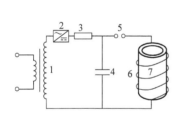

图 1-3-31　电磁成形

1—升压变压器　2—整流器　3—电阻

4—电容器　5—辅助间隙

6—工作线圈　7—毛坯

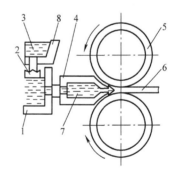

图 1-3-32　铸轧示意图

1—前箱　2—浮漂　3、7—金属液　4—铸轧嘴

5—铸轧辊　6—铸轧带坯　8—流槽

第四章

焊接与粘结

焊接是通过加热或加压，或两者并用（用或不用填充材料）使两部分分离的金属形成原子结合的一种永久性连接方法。与铆接比较，焊接具有节省材料，减轻重量，连接质量好，接头的密封性好，可承受高压，简化加工与装配工序，缩短生产周期，易于实现机械化和自动化生产等优点。但它不可拆卸，还会产生变形、裂纹等缺陷。

在工业生产中，常用的焊接方法如下：

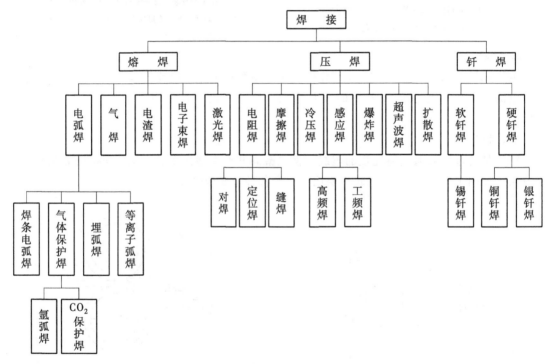

焊接在现代工业生产中具有十分重要的作用，广泛应用于机械制造中的毛坯生产和制造各种金属结构件，如高炉炉壳、建筑构架、锅炉与承压容器、汽车车身、桥梁、矿山机械、大型转子轴、缸体等。此外，焊接还用于零件的修复焊补等。

第一节 焊条电弧焊

一、焊接过程

利用电弧作为焊接热源的熔焊方法，称为电弧焊。用手工操纵焊条进行焊接的电弧焊方法，称为焊条电弧焊。其焊接过程如图 1-4-1 所示。

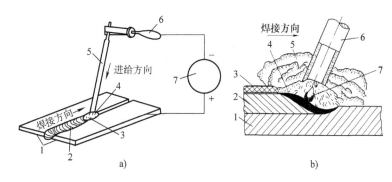

图 1-4-1　焊条电弧焊的焊接过程

1—焊件　2—焊缝　3—熔池　4—电弧　5—焊条　6—焊钳　7—弧焊机

焊接前将电焊机的两个输出端分别用电缆线与焊钳和焊件相连接，用焊钳夹牢焊条后，使焊条和焊件瞬时接触（短路），随即提起一定的距离（2~4mm），即可引燃电弧。利用电弧高达 5700℃ 的高温使母材（焊件）和焊条同时熔化，形成金属熔池。随着母材和焊条的熔化，焊条应向下和向焊接方向同时前移，保证电弧的连续燃烧并同时形成焊缝。焊条上的药皮形成熔渣覆盖熔池表面，对熔池和焊缝起保护作用。

焊条电弧焊设备简单便宜，操作灵活方便，适应性强；但生产率低，焊接质量不够稳定，对焊工操作技术要求较高，劳动条件较差。焊条电弧焊多用于单件小批生产和修复，一般适用于 2mm 以上各种常用金属的各种焊接位置的、短的、不规则的焊缝。

二、焊条电弧焊设备

焊条电弧焊机是供给焊接电弧燃烧的电源。根据焊接电流性质的不同，分为交流弧焊机和直流弧焊机两大类。

1. 交流弧焊机

交流弧焊机是一种电弧焊专用的降压变压器，也称弧焊变压器。弧焊机的输出电压随输出电流的变化而变化。空载时，弧焊机的输出电压为 60~80V，既能满足顺利起弧的需要，对操作者也较安全。起弧时，焊条与焊件接触形成瞬时短路，弧焊机的输出电压会自动降低至趋近于零，使短路电流不致过大而烧毁电路或弧焊机。起弧后，弧焊机的输出电压会自动维持在电弧正常燃烧所需的范围内（20~30V）。弧焊机能供给焊接时所需的电流，一般为几十安至几百安，并可根据焊件的厚度和焊条直径的大小调节所需电流值。电流调节一般分为两级：一级是粗调，常用改变输出线头的接法实现电流的大范围调节；另一级是细调，通过摇动调节手柄改变焊机内可动铁心或可动线圈的位置，实现焊接电流的小范围调节。

常用的交流手弧焊机有 BX1-300 型和 BX3-300 型两种。BX3-300 型交流手弧焊机的外形如图 1-4-2 所示。在型号 BX3-300 中，"B"表示弧焊变压器；"X"表示下降外特性（所谓电源外特性是指电源稳态输出电压与输出电流之间的关系，下降外特性是指电源输出电压随输出电流的增大而下降的外特性）；"3"为系列品种序号；"300"表示弧焊机的额定焊接电流为 300A。BX1-300 型交流弧焊机是 20 世纪 50 年代仿前苏联的老产品，耗电量大，综合技术经济指标低，现已属国家指令淘汰的产品。

2. 直流弧焊机

直流弧焊机一般分为发电机式和整流式两类。

发电机式直流弧焊机由三相感应电动机和直流弧焊发电机组成，发电机由电动机带动。常用的有 AX5-500 型旋转式直流弧焊机，在国内已属淘汰产品。

整流式直流弧焊机的结构相当于在交流弧焊机上加上整流器，从而将交流电变为直流电，故又称弧焊整流器。整流方式有：硅整流桥整流、晶闸管整流、IGBT 整流，现在广泛应用的直流弧焊机有晶闸管控制直流弧焊机和 IGBT 控制直流弧焊机。ZX5-400 型晶闸管控制直流弧焊机的外形如图 1-4-3 所示，AT-400 型IGBT 控制直流弧焊机的外形如图 1-4-4 所示。与交流

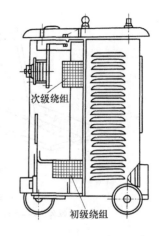

图 1-4-2　交流手弧焊机的外形

弧焊机比较，整流弧焊机的电弧稳定性好。与旋转式直流弧焊机比较，整流弧焊机的结构简单，使用时噪声小。因此，整流弧焊机的应用日益增多，已成为我国弧焊机的发展方向。

图 1-4-3　ZX5-400 型晶闸管控制直流弧焊机的外形　　图 1-4-4　AT-400 型 IGBT 控制直流弧焊机的外形

直流弧焊机的输出端有正、负极之分，焊接时电弧两端的极性不变。因此，直流弧焊机的输出端有两种不同的接线方法：①正接，即焊件接弧焊机的正极，焊条接其负极；②反接，即焊件接弧焊机的负极，焊条接弧焊机的正极，如图 1-4-5 所示。正接用于较厚或高熔点金属的焊接，反接用于较薄或低熔点金属的焊接。当采用碱性焊条焊接时，应采用直流反接，以保证电弧稳定燃烧；采用酸性焊条焊接时，一般采用交流弧焊机。

三、焊条

1. 焊条的组成和作用

焊条是焊条电弧焊用的焊接材料。焊条由金属焊芯和药皮两部分组成，如图 1-4-6 所示。

焊芯在焊接时有两方面的作用：①作为电极，传导电流，并与焊件一起引燃电弧；②熔化后作为填充金属与母材一起组成焊缝金属。因此，焊芯都采用焊接专用的金属丝。结构钢

焊条的焊芯常用 H08A，其中"H"表示焊接用钢丝（称钢焊丝）；"08"表示碳的平均质量分数为 0.08%；"A"表示高级优质钢。焊芯的直径称为焊条直径，焊芯的长度就是焊条的长度。常用的焊条直径有 2.0mm、2.5mm、3.2mm、4.0mm 和 5.0mm 等，焊条长度在 250～450mm。

药皮是压涂在焊芯表面上的涂料层，由多种矿石粉、铁合金粉和粘结剂等原料按一定比例配制而成。它的主要作用是：①改善焊条工艺性，如易于引弧，保持电弧稳定燃烧，利于焊缝成形，防止飞溅等；②机械保护作用，药皮分解产生大量气体并形成熔渣，对熔化金属起保护作用；③冶金处理作用，即通过冶金反应除去有害杂质并补充有益的合金元素，改善焊缝质量。

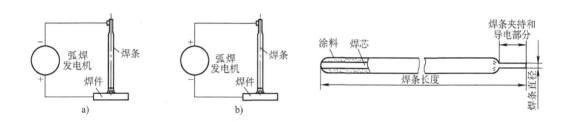

图 1-4-5　直流弧焊机的不同接线法
a）正接　b）反接

图 1-4-6　焊条

2. 焊条的分类和型号

国产焊条按其用途分为结构钢焊条、耐热钢焊条、不锈钢焊条、堆焊焊条、镍及镍合金焊条、铸铁焊条、低温钢焊条、铜及铜合金焊条、铝及铝合金焊条和特殊用途焊条十类。其中，结构钢焊条应用最广泛。

按熔渣化学性质的不同，焊条又分为酸性焊条和碱性焊条两大类。熔渣以酸性氧化物为主的焊条，称为酸性焊条；熔渣以碱性氧化物为主的焊条，称为碱性焊条。酸性焊条的氧化性强，焊接时合金元素烧损较大，焊缝的力学性能较差，但焊接工艺性好，对铁锈、油污和水分等容易导致气孔的有害物质敏感性较低。碱性焊条有较强的脱氧、去氢、除硫和抗裂纹的能力，焊缝的力学性能好，但焊接工艺性不如酸性焊条，如引弧较困难，电弧稳定性较差等，一般要求采用直流电源。

根据 GB/T 5117—2012《非合金钢及细晶粒钢焊条》和 GB/T 5118—2012《热强钢焊条》，非合金钢及细晶粒钢焊条、热强钢焊条型号的形式和含义如下：

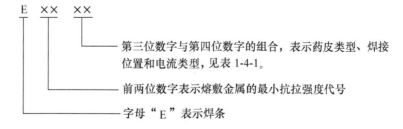

例如，E4315 所表示的焊条，熔敷金属抗拉强度的最低值为 420MPa，适用于全位置焊接；药皮类型为低氢钠型，应采用直流反接焊接。

表 1-4-1　部分焊条药皮类型、焊接位置和焊接电流类型

焊条型号	药皮类型	焊接位置	电流类型
E××03	钛型	全位置	交流和直流正、反接
E××10	纤维素	全位置	直流反接
E××11	纤维素	全位置	交流和直流反接
E××13	金红石	全位置	交流和直流正、反接
E××15	碱性	全位置	直流反接
E××16	碱性	全位置	交流和直流反接
E××18	碱性＋铁粉	全位置	交流和直流反接
E××19	钛铁矿	全位置	交流和直流正、反接
E××20	氧化铁	平焊、平角焊	交流和直流正接
E××24	金红石＋铁粉	平焊、平角焊	交流和直流正、反接
E××27	氧化铁＋铁粉	平焊、平角焊	交流和直流正、反接
E××28	碱性＋铁粉	平焊、平角焊、横焊	交流和直流反接
E××40	不作规定	由制造商确定	

3. 焊条的选用原则

焊条的种类很多，选用是否得当，会直接影响焊接质量、生产率和生产成本。生产中选用焊条的基本原则是保证焊缝金属与母材具有同等水平的性能。具体选用时，应遵循以下原则：

（1）根据母材的化学成分和力学性能选用　焊接低碳钢和低合金高强度钢时，一般根据母材的抗拉强度按"等强度原则"选择与母材有相同强度等级，且成分相近的焊条，异种钢焊接时，应按其中强度较低的钢材选用焊条。焊接耐热钢和不锈钢时，一般根据母材的化学成分类型按"等成分原则"选用与母材成分类型相同的焊条。若母材中碳、硫、磷含量较高，则应选用抗裂性能好的碱性焊条。

（2）根据焊件的工作条件与结构特点选用　对于承受交变载荷、冲击载荷的焊接结构，或者形状复杂、厚度大、刚性大的焊件，应选用碱性焊条。

（3）按焊接设备、施工条件和焊接工艺性选用　当焊接现场没有直流弧焊机时，应选用交、直流两用的焊条；当焊件接头附近污物、锈皮过多时，应选用酸性焊条，在保证焊缝质量的前提下，应尽量选用成本低、劳动条件好的焊条；无特殊要求时应尽量选用焊接工艺性好的酸性焊条。

四、焊接工艺参数

焊接参数是指焊接时为了保证焊接质量，提高生产率而选定的物理量的总称。焊条电弧焊的焊接参数主要包括焊条直径、焊接电流、焊接速度、电弧长度和焊接层数等。

1. 焊条直径

焊条电弧焊焊接参数的选择，一般先根据焊件的厚度选择焊条直径，见表 1-4-2。焊条直径的选择还与焊接层数、接头形式、焊接位置等有关。立焊、横焊、开坡口多层焊的第一层施焊时应选用直径小一点的焊条。

表 1-4-2 焊条直径的选择 （单位：mm）

工件厚度	2	3	4~7	8~12	≥13
焊条直径	1.6~2.0	2.5~3.2	3.2~4.0	4.0~5.0	4.0~5.8

2. 焊接电流

焊接电流与焊条直径有关。焊条电弧焊焊接电流与焊条直径有关，可参考下列经验公式或按表 1-4-3 进行选择

$$I = (30 \sim 60)d$$

式中　　I——焊接电流（A）；

　　　　d——焊条直径（mm）。

焊条直径小时，系数选下限；焊条直径大时，系数选上限。

表 1-4-3 焊条电弧焊焊接电流的选择

焊条直径/mm	2.0	2.5	3.2	4.0	5.0	5.8
焊接电流/A	50~60	70~90	100~130	160~200	200~250	250~300

对于低、中碳钢，可用下式精确计算焊接电流

$$I = 43r^3$$

式中　　I——焊接电流（A）；

　　　　r——焊条半径（mm）。

3. 焊接速度

焊接速度是指焊条沿焊缝方向向前移动的速度。焊接速度太快，会导致焊道窄小，焊接波纹粗糙；焊接速度太慢，会导致焊道过宽，且工件易被烧穿。在保证焊缝质量的前提下，应尽量快速施焊，以提高生产率。一般当焊道的熔宽为焊条直径的两倍时，焊速较适当。

4. 电弧长度

电弧长度是指焊条末端与起弧处工作表面间的距离。由于电弧的高温使焊条不断熔化，因此必须均匀地将焊条向下送进，保持电弧长度约等于焊条直径，并尽量不发生变化。

5. 焊接层数

当工件厚度较大时，需要采用多层焊接，以保证焊缝的力学性能。一般每层厚度为焊条直径的 0.8~1.2 倍时，比较合适，生产率高且易控制。焊接层数可按下式近似计算

$$n = \delta / d$$

式中　　n——焊接层数；

　　　　δ——工件厚度（mm）；

　　　　d——焊条直径（mm）。

五、焊条电弧焊基本操作要领

1. 引弧

引弧就是使焊条与焊件间引燃并保持稳定的电弧。引弧方法有两种，即敲击法和摩擦法，如图 1-4-7 所示。这两种方法都是使焊条末端与工件表面接触形成短路，然后迅速将焊条向上提起一段距离（2~4mm），即可引燃并保持稳定的电弧。应当注意，焊条不能提得太高，否则电弧易熄灭。焊条末端与工件接触时间不能太长，以免焊条粘连在焊件上。当发生粘连时，应迅速左右摆动焊条，以使焊条脱离工件。

2. 运条

焊条电弧焊焊接时，焊条除了沿其轴向向熔池送进和沿焊缝方向向前移动外，为了获得一定宽度的焊缝，焊条还应沿垂直于焊缝的方向横向摆动，如图1-4-8所示。焊条沿其轴向均匀向下送进时，其速度应与焊条的熔化速度相同，否则会引起电弧长度发生变化。电弧长度过大，会导致电弧飘浮不定，熔滴飞溅；电弧长度过小，则容易发生粘连。

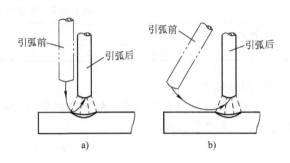

图1-4-7　引弧方法

a）敲击法　b）摩擦法

运条时还应注意控制焊条与焊件间的角度，平焊时焊条的基本角度如图1-4-9所示。

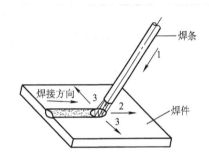

图1-4-8　运条基本动作

1—轴向送进　2—焊条前移方向　3—焊条横向摆动

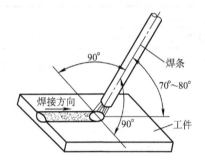

图1-4-9　平焊时的焊条角度

3. 熄弧

熄弧是指焊缝结束，或一根焊条用完准备连接后一根焊条时的收尾动作。焊缝结束时的熄弧，应在熄弧前让焊条在熔池处作短暂停顿或作几次环形运条，使熔池填满，然后将焊条逐渐向焊缝前方斜拉，同时抬高焊条，使电弧自动熄灭；连续熄弧，应在熄弧前减小焊条与焊件间的夹角，将熔池中的金属和上面的熔渣向后赶，形成弧坑后再熄弧。连接时的引弧应在弧坑前面，然后拉回弧坑，再进行正常焊接。

熄弧和连接操作正确，可避免裂纹、气孔、夹渣等缺陷，使焊缝连接平滑美观，从而保证焊缝质量。

六、常见焊接缺陷

在焊接生产过程中，由于焊接参数选择不当、焊前准备工作不充分，焊工技术水平不高或操作不当等原因，均可能造成各种焊接缺陷。常见的焊接缺陷如图1-4-10所示。常见焊接缺陷产生的主要原因见表1-4-4。

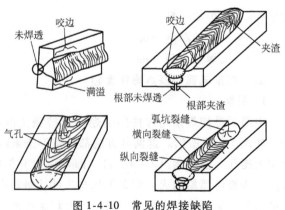

图1-4-10　常见的焊接缺陷

表 1-4-4　常见焊接缺陷产生的主要原因

缺陷名称	产 生 的 主 要 原 因
咬边	焊接电流太大，焊条角度不合适，电弧过长，焊条横向摆动的速度过快
气孔	焊接材料表面有油污、铁锈、水分、灰尘等；焊接材料成分选择不当；焊接电弧太长或太短，焊接电流太大或太小
夹渣	电流过小，熔渣不能充分上浮；运条方式不当；焊缝金属凝固太快，焊缝周围不干净，冶金反应生成的杂质浮不到熔池表面
未焊透	焊接电流太小，焊接速度太快，焊件装配不当，焊条角度不正确，电弧未焊透工件
裂纹	焊接材料化学成分选择不当，造成焊缝金属硬、脆，在焊缝冷凝后期和继续冷却过程中形成裂纹；金属液冷却太快，导致热应力过大而形成裂纹；焊接结构设计不合理，造成焊接应力过大而产生裂纹

第二节　焊接结构件的工艺性

一、焊缝布置

焊接结构件的焊缝布置是否合理，对焊接质量和生产率有很大影响。对具体焊接结构件进行焊缝布置时，应便于焊接操作，有利于减小焊接应力和变形，焊缝尽可能设置在能实现平焊位置施焊的部位。表 1-4-5 列举了焊条电弧焊对焊件结构、焊缝布置的一般要求。

表 1-4-5　焊条电弧焊对焊件结构、焊缝布置的一般要求

序号	设 计 原 则	不合理的设计	合理的设计
1	要考虑焊条操作空间	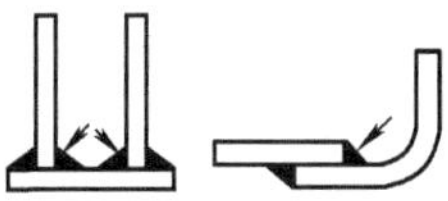	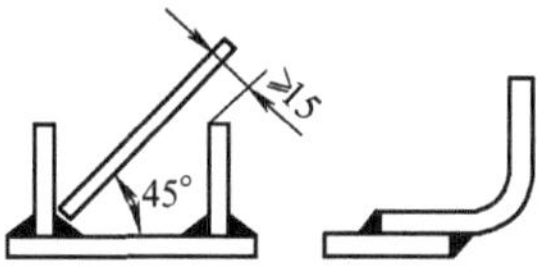
2	焊缝应避免过分集中或交叉，以减小应力与变形	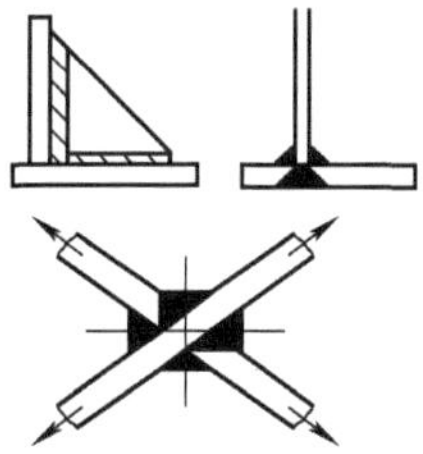	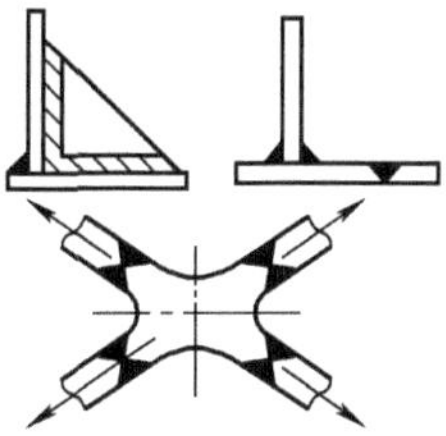
3	尽量减少焊缝数量（适当采用型钢和冲压件），以减小应力与变形	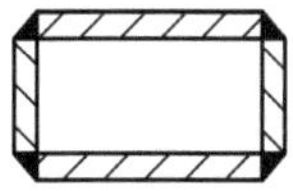	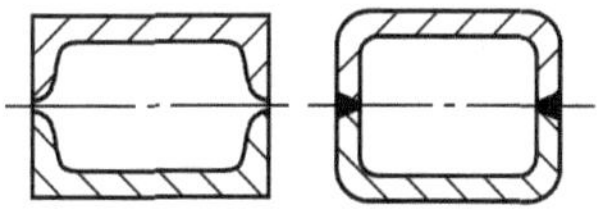
4	焊缝应尽量对称布置，以减小应力与变形	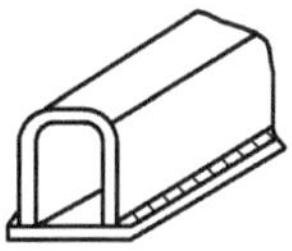	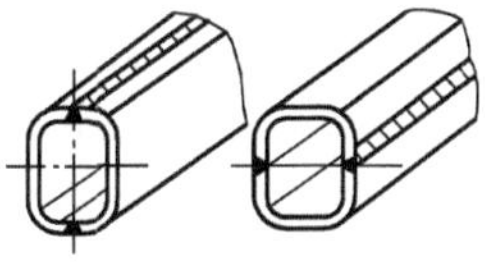

（续）

序号	设 计 原 则	不合理的设计	合理的设计
5	焊缝端部的锐角处应去掉，以减小应力与变形		
6	焊缝应尽力避开最大应力或应力集中处		
7	不同厚度焊件焊接时，接头处应平滑过渡		
8	焊缝应避开加工表面		

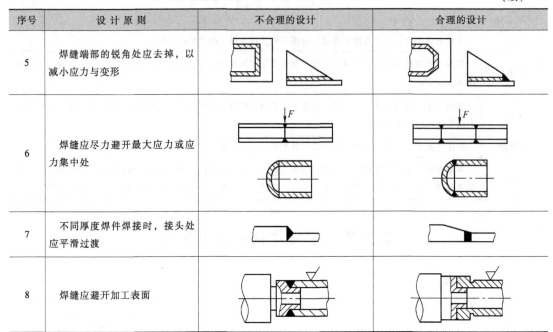

二、焊接接头及坡口形式的选择

1. 焊接接头形式的选择

焊接接头形式主要根据结构形状、使用要求和焊接生产工艺确定，并应考虑保证焊接质量和尽可能降低成本。

焊条电弧焊焊接接头形式分为对接接头、角接接头、T 形接头和搭接接头四种，如图 1-4-11 所示。

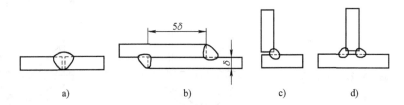

图 1-4-11　焊接接头形式

a）对接　b）搭接　c）角接　d）T 形接

（1）对接接头　对接接头受力比较均匀，接头质量容易保证，各种重要的受力焊缝应尽量选用此种接头。

（2）搭接接头　搭接接头因两焊件不在同一平面，受力时焊缝处易产生应力集中和附加弯曲应力，降低了接头强度，而且金属消耗量大，一般应避免采用。但搭接接头不需要开坡口，对焊前准备和装配尺寸要求不高，因而在桥梁、屋架等桁架结构中经常采用。

（3）角接接头和 T 形接头　角接接头和 T 形接头受力情况比较复杂，承载能力比对接接头低，当接头成直角或一定角度连接时，常采用这类接头形式。

2. 坡口形式的选择

为了保证焊透，焊条电弧焊焊接板厚在 6mm 以上的焊件时，应在焊件边缘处加工出坡口。各种接头的坡口形式及尺寸已标准化，对接接头的坡口形式及尺寸如图 1-4-12 所示。

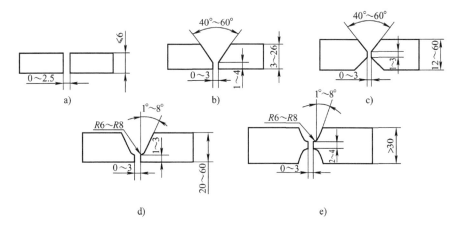

图 1-4-12 对接接口的坡口形式及尺寸

a) I 形坡口 b) Y 形坡口 c) 双 Y 形坡口 d) 带钝边的 U 形坡口 e) 带钝边的双 U 形坡口

坡口形式的选择应考虑在施焊和坡口加工可能的条件下，尽可能减小焊接变形，节省焊接材料，提高生产率和降低成本，通常主要根据板厚选择。焊条电弧焊焊件板厚在 6mm 以下对接时，一般可采用 I 形坡口直接焊成。厚度较大时，为了保证焊透，接头处应根据工件厚度预制各种坡口，坡口角度和装配尺寸应按标准选用。厚度相同的工件往往有几种坡口形式供选用。Y 形坡口和带钝边的 U 形坡口只需一面焊，焊接性较好，但焊后角变形较大，焊条消耗量也较大。双 Y 形坡口和带钝边的双 U 形坡口两面施焊，受热均匀，变形较小，焊条消耗量较小。通常要求熔透的受力焊缝应尽量采用双面焊，以利于保证焊接质量，但两面焊有时会受到结构形状限制而不能采用。不能采用双面焊时可采用单面焊双面成形技术，并设计相应的坡口形式。带钝边的 U 形坡口和带钝边的双 U 形坡口根部较宽，允许焊条深入与运条，容易焊透，且焊条消耗量也较小，但由于坡口形状复杂，需要用机械加工制备，成本较高，一般只在重要的受动载的厚板结构中采用。

三、焊接位置及工艺特点

焊缝在焊接构件上的空间位置不同，会直接影响焊接的难易程度，对焊接质量和生产率也都有影响。一般按焊缝空间位置的不同，将其分为平焊、立焊、横焊、仰焊四种。对接接头的各种焊接位置如图 1-4-13 所示。

平焊操作方便、劳动条件好、生产率高，焊缝质量容易保证。立焊因熔池金属有滴落趋

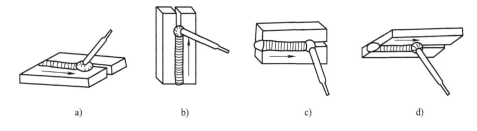

图 1-4-13 对接接头的各种焊接位置

a) 平焊 b) 立焊 c) 横焊 d) 仰焊

势，操作难度较大，焊缝成形较困难，生产率较低。横焊因熔化的金属液体在重力作用下向下流，容易导致焊缝上部出现咬边，下部出现焊瘤。仰焊操作极不方便，熔滴极易流失，焊缝成形非常困难，不但生产率低，焊接质量也很难保证。因此，应尽量采用平焊位置施焊。必须采用立焊、横焊、仰焊位置施焊时，应采用较小的焊接电流和短弧焊接，控制好焊条角度，采取适宜的运条方法，以利于获得较好的焊接质量。

四、对接平焊的操作步骤

对接平焊在生产中最为常用。厚度为 4~6mm 的钢板对接平焊的操作步骤见表 1-4-6。

表 1-4-6　厚度为 4~6mm 的钢板对接平焊的操作步骤

序号	操作步骤	操作要点	操作简图
1	备料	划线，用剪切或气割方法下料，并调直钢板	
2	坡口准备	板厚为 4~6mm 时，可采用 I 形坡口双面焊，接口必须平整	
3	焊前清理	清除铁锈、油污等	
4	装配	将两板水平放置，对齐，两板间留 1~2mm 间隔	
5	点固	用焊条点固，固定两焊件的相对位置，点固后应除渣。若焊件较长，可每隔 300mm 左右点固一次，点固长度为 10~15mm	
6	焊接	1）选择合适的焊接工艺参数 2）先焊点固面的反面，使熔深大于板厚的一半，焊后除渣 3）翻转焊件焊另一面，注意事项同上	
7	焊后清理	用钢丝刷等工具把焊件表面的飞溅清理干净	
8	检验	对焊缝进行外观质量检查，若有缺陷，应尽可能修补	

第三节　气焊、氧气切割和等离子弧切割

一、气焊

气焊是利用可燃气体乙炔（C_2H_2）和氧气（O_2）混合燃烧时所产生的高温火焰使焊件

和焊丝局部熔化并填充金属的一种焊接方法。其示意图如图 1-4-14 所示。

乙炔和氧气在焊炬中混合均匀后，从焊嘴喷出燃烧，将焊件和焊丝熔化形成熔池并填充金属，冷却凝固后形成焊缝。乙炔燃烧时产生大量的 CO_2 和 CO 气体包围熔池，排开空气，对熔池有保护作用。

与电弧焊相比，气焊热源的温度较低，热量分散，加热缓慢，生产率低，工件变形严重，接头质量较低，但气焊火焰容易控制，操作简便，灵活性好，不需要电源，可在野外作业。

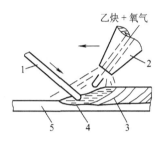

图 1-4-14　气焊示意图
1—焊丝　2—焊嘴　3—焊缝
4—熔池　5—焊件

气焊适于焊接厚度在 3mm 以下的低碳钢薄板、高碳钢、铸铁以及铜、铝等有色金属及其合金，也可用作焊前预热、焊后缓冷及小型零件热处理的热源。

1. 气焊设备

气焊设备包括乙炔气瓶、氧气瓶、减压器、焊炬等，如图 1-4-15 所示。

（1）乙炔气瓶　乙炔气瓶是储存乙炔的容器。因乙炔是易燃易爆气体，故乙炔气瓶为无缝钢瓶，外表面漆成白色。瓶内装有能吸附丙酮的多孔性填充物，如活性炭、木屑、硅藻土等，并加入丙酮。丙酮的作用是溶解乙炔气体。在瓶内的压力下，一个体积的丙酮可溶解 400 个体积的乙炔。乙炔气瓶的容积为 40L，限压为 1.47MPa。

（2）乙炔减压器　焊炬所需压力为 0.117MPa 以下，因此，瓶内乙炔须经乙炔减压器减压后方可使用。

（3）氧气瓶　氧气瓶是用来储存氧气的高压容器，外表面涂天蓝色漆，容积为 40L，工作压力为 1.74MPa，储气量为 6000L。氧气瓶内的高压氧气须经减压器减压后才可供焊炬使用。

（4）减压器　减压器是将氧气瓶中的高压氧气减压，使之变为压力为 $(2.9 \sim 3.9) \times 10^5 Pa$ 的低压氧气供工作时使用，并保持压力稳定以保证火焰稳定燃烧的一种减压阀。

（5）焊炬　焊炬又称焊枪，如图 1-4-16 所示。焊炬的作用是将乙炔和氧气按一定的比例均匀混合，由焊嘴喷出后，点火燃烧。利用焊炬可以调节乙炔和氧气的比例，以获得适合不同焊接需要的各种稳定燃烧的火焰。

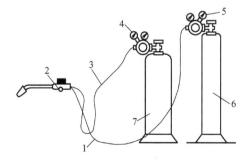

图 1-4-15　气焊设备及其连接
1—氧气管　2—焊炬　3—乙炔气管　4—乙炔减
压器　5—减压器　6—氧气瓶　7—乙炔气瓶

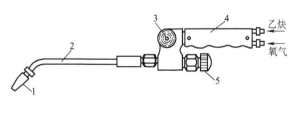

图 1-4-16　焊炬
1—焊嘴　2—混合管　3—乙炔阀门　4—手柄
5—氧气阀门

2. 焊丝和焊剂

（1）焊丝 气焊丝一般是光金属丝，作为填充金属与熔化的焊件金属一起形成焊缝。焊丝直径在2~4mm之间。焊丝成分对焊缝性能有直接影响，按化学成分不同，可将其分为低碳钢焊丝、铸铁焊丝、不锈钢焊丝、黄铜焊丝等。选择焊丝时，通常应选与所焊工件的化学成分相同或相近的焊丝。

（2）焊剂 焊剂的作用是去除熔池中形成的氧化物等杂质，保护熔池金属，并增加液态金属的流动性。焊接低碳钢时一般不用焊剂。焊补铸铁或焊接铜、铝及其合金时，应使用相应的焊剂。例如，焊补铸铁时可选用粉301；焊接铝及铝合金时可选用粉401。

3. 气焊火焰

通过调整混合气体中乙炔与氧气的比例，可获得三种不同性质的气焊火焰，如图1-4-17所示。它们的应用也有明显的区别。

（1）中性焰 中性焰又称正常焰，其氧气和乙炔混合的体积比为1.0~1.2。中心焰由焰心、内焰和外焰三部分组成（图1-4-17a），火焰各部分的温度分布如图1-4-18所示。焰心呈尖锥状，由于有炽热的碳，呈明亮白色，轮廓清楚，温度不太高；内焰区是焰心外边颜色较暗的一层，其温度最高可达3000~3200℃，故焊接时应使熔池及焊丝末端处于焰心前2~4mm的最高温度区；火焰外层的淡蓝色部分称为外焰区，其温度较低。

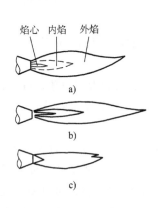

图1-4-17 气焊火焰

a）中性焰 b）碳化焰 c）氧化焰

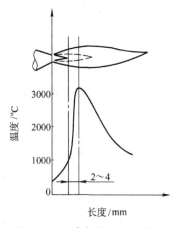

图1-4-18 中性焰的温度分布

中性焰适用于焊接低碳钢、中碳钢、合金钢、纯铜和铝合金等材料。

（2）碳化焰 碳化焰的氧气和乙炔混合的体积比小于1.0。由于氧气较少，燃烧不完全，整个火焰比中性焰长，温度较低，最高温度为2700~3000℃。由于有乙炔过剩，故适用于焊接高碳钢、硬质合金，焊补铸铁等。焊接其他材料时，会使焊缝金属增碳，变得硬而脆。

（3）氧化焰 氧化焰的氧气与乙炔混合的体积比大于1.2。由于燃烧时有过剩氧气，故燃烧比中性焰剧烈。火焰各部分的长度均较中性焰缩短，焰心变尖，响声较大，温度比中性焰高，可达3100~3300℃。由于对金属熔池有氧化作用，降低了焊缝质量，故只适用于焊接黄铜，一般不宜采用。

4. 气焊（平焊）操作要领

（1）点火、调节火焰与灭火

1）点火。点火时，先微开氧气阀门，再开乙炔阀门，随后用明火点燃。这时的火焰是碳化焰。

2）调节火焰。先根据焊件材料确定应采用哪种氧乙炔焰，并调整到所需的那种火焰，再根据焊件厚度，调节火焰大小。由于点火时得到的是碳化焰，这时可逐渐开大氧气阀门，将其调整成中性焰。

3）灭火。应先关乙炔，再关氧气。若灭火时火焰较小，还可先开大一点氧气再关乙炔阀门，最后关氧气阀门。

（2）堆平焊波　气焊时，通常用左手拿焊丝，右手持焊炬，两手动作应协调，沿焊缝向左或向右焊接。焊接时，应注意保持焊嘴轴线的投影与焊缝重合，并注意掌握好焊炬与焊件的夹角（即焊嘴轴线与焊件平面间的夹角）。焊件越厚，夹角应越大；开始焊接时，为了较快地加热焊件和迅速形成熔池，夹角应大一些；正常焊接时，应保持该夹角在30°~50°范围内；焊接结束时，应适当减小夹角，以利于更好地填满弧坑和避免焊穿。

焊炬前移的速度应能保证焊件熔化，并保持熔池具有一定的大小。此后再将焊丝适量地点入熔池内熔化，以填充焊缝。焊接过程中，应注意控制熔池温度，以免熔池下塌。

二、氧气切割

氧气切割简称气割，是利用某些金属（如铁）在纯氧气流中能够剧烈氧化（即燃烧）的原理进行金属切割的方法。

气割时用割炬代替焊炬，其余设备与气焊相同。割炬的结构如图1-4-19所示，它除比焊炬多一根切割氧气管和一个切割氧气阀门外，其割嘴结构（图1-4-20）在混合气体环形喷口内还有一个切割氧气的喷口，两者互不相通。

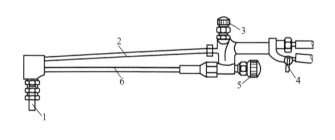

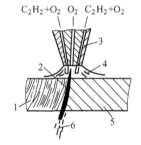

图1-4-19　割炬
1—割嘴　2—切割氧气管　3—切割氧气阀门　4—乙炔
阀门　5—预热氧气阀门　6—预热焰混合气体管

图1-4-20　割嘴结构
1—割口　2—氧流　3—割嘴　4—预热
火焰　5—待切割金属　6—氧化物

1. 氧气切割过程

氧气切割的过程如图1-4-20所示。开始时，先用氧乙炔焰（预热火焰）将割口始端附近的金属（低碳钢）预热至燃点（约1350℃，呈黄白色），然后打开切割氧气阀门，高速氧气射流使高温金属立即燃烧，所生成的氧化物（氧化铁，呈熔融状）同时被氧气流吹走，而金属燃烧时释放的大量燃烧热和氧乙炔焰一起又将邻近的金属预热到燃点，因此，沿切割线以一定的速度移动割炬，即可形成一条整齐的割口。在整个金属气割过程中，割件金属并没有熔化，其实质是金属在纯氧中的燃烧过程。

2. 金属氧气切割的条件

金属材料必须满足下列条件才能采用氧气切割：

1）金属材料的燃点必须低于其熔点。这样才能保证金属气割过程是燃烧过程，而不是熔化过程。否则，切割时金属先熔化而变为熔割过程，使割口过宽，且不整齐。

2）燃烧生成的金属氧化物的熔点应低于金属本身的熔点，而且流动性要好，使之呈熔融状被吹走时，割口处金属仍未熔化。否则就会在割口表面形成固态氧化物，阻碍氧气流与下层金属接触，使切割过程难以进行。

3）金属燃烧时释放出大量的热，而且其本身的导热性要低。这样才能保证下层金属预热到足够高的温度（燃点），使切割过程能继续进行。

满足上述金属氧气切割条件的金属材料有纯铁、低碳钢、中碳钢和普通低合金钢。高碳钢、铸铁、高合金钢及铜、铝等有色金属及其合金则难以进行氧气切割。

三、等离子弧切割

1. 等离子弧切割原理

等离子弧切割的工作原理是以高温高速的等离子弧为热源，将被切割的金属局部熔化，并同时用高速气流将已熔化的金属吹走，形成狭窄切缝，达到切割金属的目的。

等离子弧切割原理示意图如图1-4-21所示。

2. 等离子弧切割的种类

（1）普通等离子弧切割　根据所使用的主要工作气体，分为氩等离子弧切割、氧等离子弧切割和空气等离子弧切割等几类，切割电流一般在100A以下，切割厚度小于30mm。

（2）再约束等离子弧切割　根据等离子弧切割的再约束方式，分为水再压缩等离子弧切割、磁场再约束等离子弧切割等。由于等离子弧切割受到再次压缩，其电流密度、切割弧的能量进一步集中，从而提高了切割速度和加工质量。

（3）精细等离子弧切割　等离子弧电流密度很高，通常是普通等离子弧电流密度的数倍，由于引进了诸如旋转磁场等技术，其电弧的稳定性也得以提高，因此，其切割精度相当高。

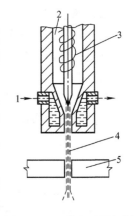

图 1-4-21　等离子弧切割
原理示意图
1—冷却水　2—等离子气
3—电极　4—等离子弧
5—工件

3. 等离子弧切割的特点

等离子弧切割具有以下特点：切割范围宽，可切割一切金属板材和许多非金属材料；切割速度快，最高切割速度可达10m/min，是火焰切割的10倍；切缝狭窄；切口平整，热影响区小，工件变形度低；操作简单；具有显著的节能效果；在水下切割能消除切割时产生的噪声、粉尘、有害气体和弧光，有利于环境的保护。

等离子弧切割存在以下缺点：一般等离子弧切割（除水下切割外）温度高达15700～22700℃，由于高温和强烈的弧光辐射作用而产生的臭气、氮氧化物等有害气体及金属粉尘的浓度均比氩弧焊高得多；等离子弧流速度很高，当它以1000m/min的速度从喷嘴喷射出时，就会产生噪声。此外，还有高频电磁场、热辐射、放射线等有害因素，操作人员要按操作规程做好安全防护和环境卫生工作。

等离子弧切割与气割相比，其切割范围更广，效率更高。而精细等离子弧切割在材料的切割表面质量方面已接近了激光切割，但成本却远低于激光切割，目前随着大功率等离子弧切割技术的成熟，切割厚度已达130mm，采用水射技术的大功率等离子弧切割已使切割质量接近激光切割的下限（±0.2mm）。

在工业发达国家已出现以数控等离子弧切割机取代火焰切割机和激光切割机的发展趋势。

4. 等离子弧切割技术的应用

该技术不但常用于不锈钢、碳钢、铜、铸铁等各种金属材料的切割，而且还可用于岩石等高熔点的非金属材料的切割。

第四节　其他焊接方法

一、埋弧焊

埋弧焊是使电弧在较厚的焊剂层（或称熔剂层）下燃烧，利用机械（埋弧焊机）自动控制引弧、焊丝送进、电弧移动和焊缝收尾的一种电弧焊方法。

埋弧焊使用的焊接材料是焊丝和焊剂，其作用分别相当于焊芯与药皮。常用焊丝牌号有H08A、H08MnA 和 H10Mn2 等。我国目前使用的焊剂多是熔炼焊剂。焊接不同材料应选配不同成分的焊丝和焊剂。例如，焊接低碳钢构件时常选用高锰高硅型焊剂（如 HJ430、HJ431 等），配用焊丝 H08A、H08 MnA 等，以获得符合要求的焊缝。

埋弧焊焊缝的形成过程如图 1-4-22 所示。焊丝末端与焊件之间产生电弧后，电弧的热量使焊丝、焊件及电弧周围的焊剂熔化。熔化的金属形成熔池，焊剂及金属的蒸气将电弧周围已熔化的焊剂（即熔渣）排开，形成一个封闭空间，使熔池和电弧与外界空气隔绝。随着电弧前移，不断熔化前方的焊件、焊丝和焊剂，熔池后方边缘的液态金属则不断冷却凝固形成焊缝。熔渣则浮在熔池表面，凝固后形成渣壳覆盖在焊缝表面。焊接后，未被熔化的焊剂可以回收。

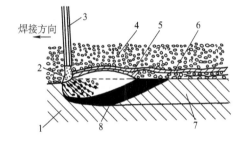

图 1-4-22　埋弧焊焊缝的形成过程
1—基本金属　2—电弧　3—焊丝
4—焊剂　5—熔化了的焊剂
6—渣壳　7—焊缝　8—熔池

埋弧焊的工作情况如图 1-4-23 所示。

与焊条电弧焊比较，埋弧焊焊接质量好，生产率高，节省金属材料，劳动条件好，适用于中、厚板焊件的长直焊缝和具有较大直径的环状焊缝的平焊，尤其适用于成批生产。

二、气体保护电弧焊

气体保护电弧焊简称气体保护焊，是利用外加气体作为电弧介质并保护电弧与焊接区的电弧焊方法。常用的保护气体有氩气和二氧化碳等。

（1）氩弧焊　氩弧焊是以氩气为保护气体的一种电弧焊方法。按照电极的不同，氩弧焊可分为熔化极氩弧焊和非熔化极氩弧焊两种，如图 1-4-24 所示。熔化极氩弧焊也称直接电弧法，其焊丝直接作为电极，并在焊接过程中熔化为填充金属；非熔化极氩弧焊也称间接电弧法，其电极为不熔化的钨极，填充金属由另外的焊丝提供，故又称为钨极氩弧焊。

从喷嘴喷出的氩气在电弧及熔池的周围形成连续封闭的气流。氩气是惰性气体，既不与熔化金属发生任何化学反应，又不溶于金属，因而能非常有效地保护熔池，获得高质量的焊缝。此外，氩弧焊是一种明弧焊，便于观察，操作灵活，适用于全位置焊接。但是氩弧焊也有其明显的缺点，主要是氩气价格昂贵，焊接成本高，焊前清理要求严格，而且设备复杂，

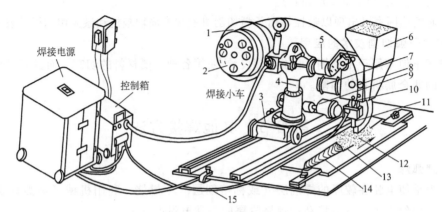

图 1-4-23 埋弧焊示意图

1—焊线盘 2—操纵盘 3—车架 4—立柱 5—横梁 6—焊剂漏斗 7—焊丝送进电动机 8—焊丝送进滚轮
9—小车电动机 10—机头 11—导电嘴 12—焊剂 13—渣壳 14—焊缝 15—焊接电缆

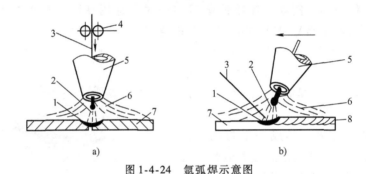

图 1-4-24 氩弧焊示意图

a）熔化极氩弧焊 b）非熔化极氩弧焊

1—熔池 2—电弧 3—焊丝 4—送丝轮 5—喷嘴 6—氩气 7—焊件 8—焊缝

维修不便。

目前氩弧焊主要用于焊接易氧化的有色金属（如铝、镁、铜、钛及其合金）和稀有金属（如锆、钽、钼及其合金），以及高强度合金钢、不锈钢、耐热钢等。

（2）二氧化碳气体保护焊 二氧化碳气体保护焊是以二氧化碳（CO_2）为保护气体的电弧焊方法，简称 CO_2 焊。它用焊丝作电极并兼作填充金属，可以半自动或自动方式进行焊接。

CO_2 焊的优点是生产率高，CO_2 气体来源广、价格便宜，焊接成本低，可全位置焊接，明弧操作，焊后不需清渣，易于实现机械化和自动化。其缺点是焊缝成形差，飞溅大，焊接电源需采用直流反接。

CO_2 焊主要适用于低碳钢和低合金结构钢构件的焊接，在一定条件下也可用于焊接不锈钢，还可用于耐磨零件的堆焊、铸钢件的补焊等。但是，CO_2 焊不适于焊接易氧化的有色金属及其合金。

三、电阻焊

电阻焊是利用电流通过焊件的接触面时产生的电阻热对焊件局部迅速加热，使之达到塑性状态或局部熔化状态，并加压而实现连接的一种压焊方法。

按照接头形式不同，电阻焊可分为定位焊、缝焊和对焊等，如图 1-4-25 所示。

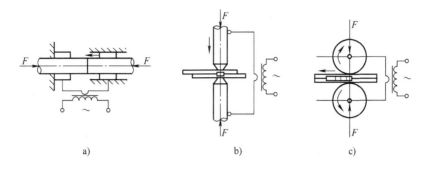

图 1-4-25 电阻焊主要方法

a) 对焊 b) 定位焊 c) 缝焊

1. 对焊

对焊是利用电阻热使对接接头的焊件在整个接触面上形成焊接接头的电阻焊方法，可分为电阻对焊和闪光对焊两种。

电阻对焊是将焊件置于电极夹钳中夹紧后，加预压力使焊件端面互相压紧，再通电加热，待两焊件接触面及其附近加热至高温塑性状态时，断电并加压顶锻（或保持原压力不变），接触处产生一定塑性变形而形成接头。它适用于形状简单、断面小的金属型材（如直径在 20mm 以下的钢棒和钢管）的对接。

闪光对焊时，焊件装好后不接触，先通电，再移动焊件使之接触。强电流通过时使接触点金属迅速熔化、蒸发、爆破，高温金属颗粒向外飞射而形成火花（闪光）。经多次闪光加热后，焊件端面达到所要求的高温，立即断电并加压顶锻。闪光对焊的焊接接头质量高，焊前清理工作要求低，目前应用比电阻对焊广泛。它适用于受力要求高的重要对焊件。焊件可以是同种金属，也可以是异种金属；焊件截面可以小至 0.01mm^2（如金属丝），也可以大至 $1 \times 10^5 \text{mm}^2$（如金属棒和金属板）。

2. 定位焊

定位焊时，待焊的薄板被压紧在两柱状电极之间，通电后使接触处温度迅速升高，将两焊件接触处的金属熔化而形成熔核。熔核周围的金属则处于塑性状态，然后切断电流，保持或增大电极压力，使熔核金属在压力下冷却结晶，形成组织致密的焊点。整个焊缝由若干个焊点组成，每两个焊点之间应有足够的距离，以减小分流的影响。

定位焊主要用于厚度在 4mm 以下薄板与薄板的焊接，也可用于圆棒与圆棒（如钢筋网）、圆棒与薄板（如螺母与薄板）的焊接。焊件材料可以是低碳钢、不锈钢、铜合金、铝合金、镁合金等。

3. 缝焊

缝焊的焊接过程与点焊相似，只是用转动的圆盘状电极取代点焊时所用的柱状电极。焊接时，圆盘状电极压紧焊件并转动，依靠摩擦力带动焊件向前移动，配合断续通电（或连续通电），形成许多连续并彼此重叠的焊点，称为缝焊焊缝。

缝焊主要用于有密封要求的薄壁容器（如水箱）和管道的焊接，焊件厚度一般在 2mm 以下，低碳钢可达 3mm，焊件材料可以是低碳钢、合金钢、铝及其合金等。

四、钎焊

钎焊是采用熔点比母材低的金属材料作钎料，将焊件和钎料加热至高于钎料熔点、低于焊件熔点的温度，利用钎料润湿母材，填充接头间间隙并与母材相互扩散而实现连接的焊接方法。根据钎料的熔点不同，钎焊分为硬钎焊与软钎焊两种。

钎料熔点高于450℃的钎焊称为硬钎焊。硬钎焊常用的钎料有铜基钎料和银基钎料。其接头强度较高（$R_m > 200\text{MPa}$），适用于钎焊受力较大、工作温度较高的焊件，如工具、刀具等。硬钎焊所用加热方法有氧乙炔焰加热、电阻加热、感应加热、焊接炉加热、盐浴加热、金属浴加热等。

钎料熔点低于450℃的钎焊称为软钎焊。软钎焊常用的钎料有锡铅钎料等。其接头强度较低（$R_m < 70\text{MPa}$），适用于钎焊受力不大、工作温度较低的焊件，如各种电子元器件和导线的连接。软钎焊所用加热方法有烙铁加热、火焰加热等。

钎焊时一般要用钎剂。钎剂和钎料配合使用，是保证钎焊过程顺利进行和获得致密接头的重要措施。软钎焊常用的钎剂有松香、焊锡膏、氯化锌溶液等；硬钎焊常用的钎剂由硼砂、硼酸等混合组成。

第五节　焊接新技术、新工艺简介

一、电子束焊

电子束焊（图1-4-26）属于高能密度焊接方法。其特点是焊接时的能量密度大，可以焊出宽度小、深度大的焊缝，热影响区及焊接变形很小。电子束焊在真空中进行，焊缝受到充分保护，能保证焊缝金属的高纯度。

电子束焊以前多用于航空航天、核工业等部门，焊接活性材料及难熔材料。现已应用在汽车制造、工具制造等工业。

二、激光焊

激光焊（图1-4-27）也属于高能密度焊接方法，焊接时的能量密度很高，热影响区以及焊接变形小。激光束可以用反射镜、偏转棱镜或光导纤维引到一般焊炬难以到达的部位进行焊接，甚至可以透过玻璃进行焊接。

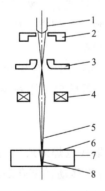

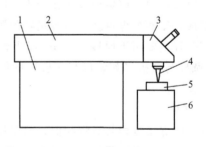

图1-4-26　电子束焊　　　　　　　　　　图1-4-27　激光焊示意图

1—阴极　2—控制极　3—阳极　4—电磁透镜　　　1—激励电源　2—激光器　3—聚焦系统、观

5—电子束　6—束焦点　7—工作　8—焊缝　　　　察器　4—聚焦光束　5—工件　6—工作台

激光焊常用于微电子工业与仪器仪表工业，如焊接集成电路的内外引线等。激光焊在其他部门的应用也日益广泛，如焊接汽车底板与外壳，焊接食品罐等。使用激光焊焊接汽车齿

轮，焊后无需机械加工，可直接装配。

三、扩散焊

扩散焊的焊接过程如下：首先使工件紧密接触，然后在一定的温度和压力下保持一段时间，使接触面之间的原子相互扩散完成焊接。扩散焊不影响工件材料原有的组织和性能，接头经过扩散以后，其组织和性能与母材基本一致。所以，扩散焊接头的力学性能很好。扩散焊可以焊接异种材料，也可以焊接陶瓷和金属。对于结构复杂的工件，可同时完成成形连接，即所谓超塑成形——扩散连接工艺。

四、窄间隙焊

焊接厚板的传统方法为电渣焊。窄间隙焊是新发展的一种焊接厚板的方法。窄间隙焊属于气体保护焊，其工作原理如图1-4-28所示，与熔化极氩弧焊类似。窄间隙焊的接头形式为I形对接接头。焊丝由特定的装置送入接头的底部，并在焊丝与工件之间产生电弧。电弧摆动装置使电弧在沿着焊缝纵向移动的同时产生横向摆动，以便熔化I形接头两侧的工件。在经过由下而上的多层焊接以后，最终形成焊缝。窄间隙焊具有较高的生产率，较好的接头质量。

五、螺柱焊

螺柱焊是一种加压熔焊方法，可以将螺柱或类似螺柱的紧固件焊在不同位置的工件上，目前获得了广泛的应用。螺柱焊枪的结构如图1-4-29所示，螺柱本身充当电极。焊接时螺柱被电弧快速熔化并快速挤压形成接头。引弧、燃弧时间与挤压时间是自动控制的。螺柱焊允许工件表面有污染和涂层，接头质量良好，是一种高效的焊接方法。

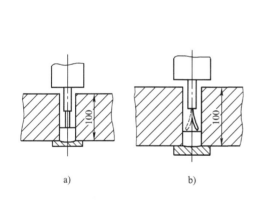

图 1-4-28 窄间隙焊示意图
a）焊丝不摆动 b）焊丝摆动

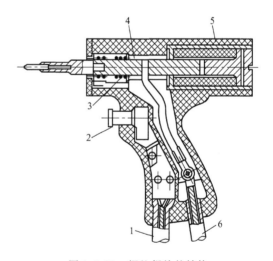

图 1-4-29 螺柱焊枪的结构
1—控制电缆 2—开关 3—主弹簧 4—铁心
5—电磁线圈外壳 6—焊接电缆

六、波峰焊

波峰焊是借助于钎料泵使熔融钎料不断垂直向上朝狭长出口涌出，形成较高的波峰，钎料波以一定的速度和压力作用于印制电路板上，充分渗入到待钎焊的器件引线和电路板之间，使之完全润湿而实现焊点焊接的过程（图1-4-30）。由于钎料波峰的柔性，即使印制电路板不够平整，只要翘曲度在3%以下，仍可得到良好的钎焊质量。

波峰焊的焊接过程是：熔化的焊料从焊料池中向上喷射而形成一个竖直向上的波形。先在一块插有元件的 PCB（印制电路板）上涂敷焊剂，经过预热再通过熔化了的焊锡的波峰，从而使 PCB 底面与波的顶部接触而将元件和 PCB 焊盘的连接处焊接起来。

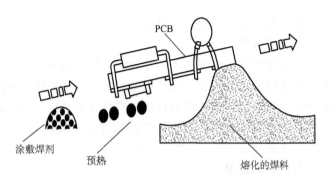

图 1-4-30　波峰焊示意图

波峰焊是适用于连接插装件和一些小外形表面贴装件的有效方法，不适用于精密引线间器件的连接，所以随着传统插装器件的减少，以及表面贴装元件的小型化和精细化，波峰焊的应用逐渐减少。

七、激光切割

激光切割已日益得到广泛的应用。激光切割的特点是割缝宽度一般小于1mm，切割质量高。被切割的零件往往无需机械加工即可直接使用。激光切割可以切割金属、陶瓷、塑料等多种材料。

第六节　粘　　结

一、粘结的基本原理

目前对粘结机理尚无定论，但人们通过长期实践，不断积累经验，已从不同的角度提出了多种不同的理论。综合分析这些理论，可得到这样一个共识：粘结能把两个物体牢固地粘结在一起，其根本原因在于粘结剂与被粘物表面之间发生了机械、物理或化学的作用。这些作用概括起来，有下列几种：

（1）机械作用　任何固体的表面都不可能是绝对的平滑和无缺陷。进行粘结时由于粘结剂具有一定的流动性，能渗入被粘结物表面的微小凹穴和孔隙内，当粘结剂固化后，它就"镶嵌"在孔隙内，像无数微小的"销钉"把接头连接在一起。

（2）扩散作用　当用有机高分子粘结剂粘结橡胶、塑料等高分子材料时，由于分子的热运动、高分子链链节的屈挠性、粘结剂分子与被粘结物体表面分子间的链段扩散运动，引起分子间的扩散作用，从而形成相互"交织"结合。

（3）吸附作用　任何物质的分子只要紧密地靠近距离到小于5×10^{-10}m，分子间的相互作用力——一次价力引起的吸附作用就能使它们彼此粘结在一起。

（4）化学作用　在某些粘结连接中，粘结剂分子能与被粘结物表面形成牢固的化学键，从而把它们牢固地结合在一起。

对于不同的粘结剂、不同的被粘结材料以及不同的粘结工艺，上述各种作用对粘结强度的作用大小是不一样的。一般情况下，吸附作用对粘结强度起着主要作用；机械作用对多孔材料（如陶瓷、木材）的粘结起着重要影响；扩散作用对于热塑性高分子材料（如橡胶、玻璃及聚氯乙烯塑料等）的粘结能起到较大作用；化学作用只有在一定条件下（如添加偶联剂、在高分子链上具有活性团）才能发挥作用。

二、粘结剂

粘结剂又称胶粘剂、胶合剂，是能把相同或不同的材料牢固地连接在一起的物质。粘结剂可分成天然和合成两大类。合成粘结剂使用较广泛；天然粘结剂组分简单，难以满足使用上的多种要求。

（一）粘结剂的分类

1. 按粘结剂的主要用途分类

（1）结构粘结剂　结构粘结剂用于受力部件的粘结，能够承受较大的载荷，经高温、低温以及化学药品的侵蚀后不降低其性能，不产生变形。结构粘结剂的主要品种有环氧-丁腈胶、酚醛-缩醛胶、酚醛-丁腈胶等。

（2）修补粘结剂　修补粘结剂主要用于机电设备、汽车、拖拉机部件的修复。其主要品种是环氧树脂胶。

（3）密封粘结剂　密封粘结剂主要用于密封机械连接接头，防止泄漏或松动。其品种主要有厌氧密封胶、尼龙密封胶、聚醚聚氨酯密封胶等。

（4）软质材料用粘结剂　软质材料用粘结剂主要用于橡胶、塑料和纤维组织物等软质材料的粘结。其品种有有机玻璃胶、聚氯乙烯胶和氯丁橡胶等。

（5）特种粘结剂　特种粘结剂既具有一定的粘结强度，又具有某些特殊性能，如导电、导磁、耐高温、耐超低温和适于粘结点焊等。目前常用的有酚醛树脂型导电胶、聚酰亚胺类高温胶、超低温聚氨脂胶及环氧树脂点焊胶等。

2. 按粘结剂形成接头的特点分类

（1）化学反应固化粘结剂　如环氧树脂胶、酚酣-丁腈胶等。

（2）热熔粘结剂　如聚酰亚胺热熔胶、EVA 热熔胶等。

（3）热塑性树脂溶液胶　如聚氯乙烯溶液胶、有机玻璃溶液胶等。

（4）压敏粘结剂　如聚异丁烯压敏胶等。

采用这种分类方法，能够明确各类粘结剂形成接头过程的特点，有利于实际应用。在现代化工业应用中，特别是对于金属结构件的粘结，化学反应固化粘结剂占主要地位。

（二）粘结剂的组成

粘结剂通常是以基料（一般是具有黏性或弹性体的天然产物和合成高分子材料）为主，加入固化剂和各种添加剂（包括填充剂、增韧剂、稀释剂、防老化剂等）组成的混合物。

1. 基料

基料是构成粘结剂的骨架，也是赋于其黏附特性的主要成分。基料通常是由一种或几种具有黏附特性的高分子材料组成的混合物，常用作基料的材料有天然黏附材料、合成橡胶、合成树脂等。

2. 固化剂

固化剂又称为硬化剂。其作用是通过使基料的线型链分子交联成体形结构，从而使粘结剂固化。同一种基料可以有多种固化剂，一般根据基料固化反应的特点，对胶膜性能（硬度、韧性等）的要求和使用情况等因素来进行选择。

3. 添加剂

（1）填充剂　填充剂的主要作用是提高粘结强度，减小热胀冷缩。按形状不同可分为粉末状、纤维状与片状三类。

（2）增韧剂　增韧剂的主要作用是提高韧性、降低脆性，提高粘结接头结构的抗剥离与抗冲击能力。按其是否参与固化反应，可分为惰性增韧剂与活性增韧剂两类。

（3）稀释剂　稀释剂的主要作用是稀释粘结剂，并使之具有适当的黏度，以利于涂胶施工。按其是否参加固化反应，可分为惰性稀释剂和活性稀释剂两类。

常用的添加剂还有防老化剂（防止粘结接头老化变质）、固化促进剂（加快或减慢固化反应速度）和着色剂（使粘结接头具有所要求的颜色）等。

三、粘结工艺

在粘结技术中，除了应根据使用要求选择粘结剂外，还必须严格遵守粘结工艺规范，才能获得良好的粘结接头。粘结工艺包括：粘结件表面处理、粘结剂的准备、涂胶、合拢和固化。

1. 粘结件表面处理

粘结强度不仅取决于粘结剂本身的强度，而且还取决于粘结剂与被粘结件表面之间所发生的相互作用。因此，粘结件表面的物理及化学性质也是决定粘结质量的重要因素。为了保证粘结强度，粘结件表面必须清洁、无油污且具有一定的表面粗糙度，以形成有利于增加界面作用力的表面层。目前常用的表面处理方法有机械处理和化学处理等。

（1）机械处理　对被粘结件表面进行机械处理，是为了除掉金属表面的锈蚀层及油污，也是为了使粘结件表面有一定的表面粗糙度以利粘结。常用的机械处理方法有：粗车、钳工刮削、锉削、粗刨，或用砂轮、砂布打磨以及喷砂等。表面粗糙度值对有机胶以 $Ra = 3.5 \sim 12.5\,\mu m$ 为宜，对无机胶以 $Ra = 12.5 \sim 50\,\mu m$ 为宜。

喷砂适用于形状复杂、大批量生产的粘结件表面处理，效率高、效果好。但喷砂所用的砂粒及压缩空气应该经过除油和干燥。

对于非金属材料，必须用机械方法打毛，使其表面有一定的表面粗糙度以利粘结。

（2）化学处理　金属被粘结表面用化学处理后形成一层结构坚实、均匀、有适宜表面粗糙度的活性表面层，能很大程度地提高其粘结强度，一般可提高 50% ~ 100%。特别是某些惰性的非金属材料，如聚四氟乙烯和聚乙烯，往往很难进行粘结，如果将其表面进行化学处理，粘结性能就可显著改善。常用材料的化学处理方法可查有关手册。

表面处理方法除上述两种外，还有电化学处理法、辐照法等。

在粘结件的表面处理中，值得提出的是，不管经何种方法处理后，都不得再用手接触被粘结面，以免被粘结面被重新沾污。

2. 涂胶与合拢

（1）涂胶　为避免再次污染，粘结接头经表面处理后，最好立即涂胶，最迟也不应超过 8h。涂胶时，要保持胶层均匀，避免在胶层中出现空气泡。胶层厚度原则上是在保证两个贴合面不缺胶的情况下胶层越薄越好。这是因为，胶层越薄，产生缺陷的可能性越小，在固化时产生内应力的可能性也越小，所以粘结强度就越高。在一般情况下，有机胶粘剂胶层厚度为 0.08 ~ 0.1mm，无机胶粘剂胶层厚度为 0.1 ~ 0.2mm。

根据粘结剂以及被粘结件结构形状的不同，应采用不同的涂胶方法。液态或糊状的粘结剂，常采用刷胶、喷胶、浸胶和注胶等方法。固态粘结剂常采用的涂胶方法有：①将工件加热到一定温度后，用胶棒直接涂敷，趁热合拢，然后再进行固化工序；②采用热熔胶时，在被粘结件加热到一定温度后，用专用设备喷胶粉或滚贴胶膜，当胶热熔时施加几秒到几分钟的压力于粘结部位，冷却后即完成全部粘结过程。

注意：材料用处理剂处理后，均经水洗和干燥。

（2）合拢 合拢工序与粘结剂的类型有关。无溶剂胶，在涂后可立即合拢；含溶剂的粘结剂，在涂胶后必须在室温条件下、在清洁的环境中使溶剂挥发干净，然后再进行合拢。

3. 固化

粘结剂的固化工序对粘结质量有很大的影响，特别是由化学反应引起固化的粘结剂，固化工序就更为重要。粘结剂的固化与温度、压力和时间三个因素有关。

（1）固化温度和时间 每种粘结剂都有一定的固化温度和固化时间，在一定范围内，它们是两个相互依赖的工艺参数。一般来说，在固化温度较高时，充分固化所需要的时间就短；反之，充分固化时间就长些。因此在选定粘结剂后，必须按照该粘结剂所规定的固化条件进行固化，才能获得良好的粘结接头。

（2）压力 粘结剂在固化时，根据粘结剂品种的不同及流动性的差别，应在不同程度上施加一定的压力。施加压力的作用是：①有利于排除胶液中的溶剂和在粘结剂固化时产生的低分子挥发物，限制低分子挥发物和溶剂逸出时产生气泡，以免形成气孔；②使涂胶表面接触紧密，有利于粘结剂对被粘结件表面的浸润；③控制胶层厚度，形成均匀胶层并起到工艺定位作用。

四、粘结的特点与应用

目前粘结技术已和其他传统的连接工艺一样，成为工程技术上不可缺少的一种工艺方法，在造船、机械制造、电子、水力发电设备和建筑工业方面均得到了广泛应用，特别在机械设备维修方面，粘结技术已被大量采用，获得了良好效果。

与其他传统连接方法相比较，粘结技术具有以下特点：

1）不受被粘结件材料类型的限制，可用于各种不同材料和多种不同形状接头的连接。

2）与焊接、铆接和螺栓联接相比较，粘结接头的应力分布均匀，理论应力集中系数比较低。因此，粘结接头耐疲劳性能好。

3）可取消机械紧固件，不需连接孔，不会减小材料的有效截面积，能利用薄件的全部强度。因而可大大减轻整体结构质量，并且粘结表面光滑平整，可保证良好的外形。

4）粘结的密封性能好，并具有耐蚀和绝缘等性能。

5）粘结工艺简便，可避免焊接高温，便于流水作业，可实现大面积连接。

第五章

板料冲压

板料冲压是利用模具，借助冲床的冲击力使板料产生分离或变形，获得所需形状和尺寸的制件的加工方法。这种方法通常是在冷态下进行的，所以又称为冷冲压。所用板料厚度一般不超过 6mm。

用于冲压加工的材料应具有较高的塑性。常用的有低碳钢、铜、铝及其合金，此外非金属板料也常用于冲压加工，如胶木、云母、石棉板和皮革等。

冲压件尺寸精确、表面光洁、重量轻、刚性好，一般不再进行机械加工。而且冲压工作容易实现自动化，生产率很高。

第一节　冲压设备

一、冲床

冲床是冲压加工的基本设备，如图 1-5-1 所示。

冲床的主要技术参数是冲床的公称压力、滑块行程和封闭高度。

（1）公称压力　即冲床的吨位，它是滑块运行至最下位置时所产生的最大压力。

（2）滑块行程　曲轴旋转时，滑块从最上位置到最下位置所移动的距离，它等于曲柄回转半径的两倍。

（3）封闭高度　滑块在行程达到最下位置时，其下表面到工作台间的距离。冲床的封闭高度应与冲模的高度相适应。冲床连杆的长度一般都是可调的，调节连杆的长度即可对冲床的封闭高度进行调整。

二、剪板机

剪板机是下料用的基本设备。其主要参数是所能剪切的最大板厚和宽度。其传动机构和剪切示意图如图 1-5-2 所示。

三、数控冲床

随着计算机技术的飞速发展，计算机控制软件型数控压力机（CNC 压力机）已

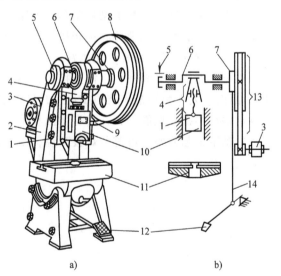

a)　　　　　　　　　b)

图 1-5-1　开式双柱冲床

a）外观图　b）传动简图

1—导轨　2—床身　3—电动机　4—连杆　5—制动器
6—曲轴　7—离合器　8—带轮　9—V 带　10—滑块
11—工作台　12—踏板　13—V 带减速系统　14—拉杆

逐渐取代老式的硬件型数控压力机（NC 压力机）。在 CNC 压力机上，只要改变冲压零件的软件程序，即可冲制新的零件，改变加工对象的灵活性很大，而所需调整的时间却很少，因此，CNC 压力机适合于多品种的中、小批量制件及大尺寸板料零件实现冲压自动化。现对数控快速换模步冲压力机予以简单介绍。

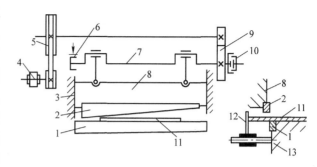

图 1-5-2　剪板机结构及剪切示意图

1—下刀刃　2—上刀刃　3—导轨　4—电动机　5—带轮
6—制动器　7—曲轴　8—滑块　9—齿轮　10—离合器
11—板料　12—挡铁　13—工作台

数控快速换模步冲压力机是利用数控技术对板类工件进行自动单冲或步冲的压力机之一，其工作台可按规定的程序通过伺服电动机驱动作前后或左右移动，使之能在板料的各个位置上完成冲裁加工。压力机上使用规格较小的通用模具，能按冲裁要求用手工快速更换，通过模具与工作台的相互配合能冲出各种形状和尺寸的工件。

1. 数控快速换模步冲压力机的组成

图 1-5-3 所示为数控快速换模步冲压力机的结构简图。其传动系统采用机械驱动，机身为开式，移动工作台内置。压力机工作时由主电动机 7 通过传动系统 6、曲轴及连杆带动滑块 5 作上下冲压运动。滑块的下面安装凸模配接器 4 及凸模 2，机身 8 上的固定工作台上面则安装凹模配接器 13 及凹模。

安装在 X 向导轨 11 上的三个夹钳 10 将板料夹在移动工作台 12 的上表面上，通过移动支架上的 X 向伺服电动机 9 及相应的减速箱与齿轮齿条机构驱动 X 向导轨 11 作 X 向运动（左右运动），夹钳 10 上的板料也随之移动。移动工作台 12 和移动支架一起安装在 Y 向导轨 3 上。同理，当固接在机身上的 Y 向伺服电动机（图中未示出）转动时，将通过相应的减速箱和齿轮齿条机构使工作台和移动支架一起作 Y 向运动（前后运动），通过移动工作台和夹钳的 X、Y 双向运动时配合，可使板料在水平面上的任意方向移动，并在任意位置进行冲孔。如果使板料在 X、Y 向按一定的步距移动，并与各种通用小规格模具相配合，可步冲各种形状的轮廓和孔。

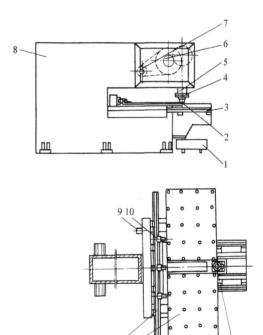

图 1-5-3　数控快速换模步冲压力机的结构简图

1—废料箱　2—凸模　3—Y 向导轨　4—凸模配接器
5—滑块　6—传动系统　7—主电动机　8—机身
9—X 向伺服电动机　10—夹钳　11—X 向
导轨　12—移动工作台　13—凹模配接器

压力机换模时借助一个手携式快速换模器，如图1-5-4所示。换模器上同时放置凸模、凹模和卸料圈。装模时，用换模器将模具推入压力机的锁紧缸上，模具自动被锁紧缸夹紧，模具间隙与相对位置不需再调整即可开始工作。卸模时，换模器可一次将全套模具退出。由于模具的三部分同时更换，模具在机外调整，所以换模时间极短，一次只需6～12s就可完成。

近几年来，数控快速换模步冲压力机本身的构造也有较大的改进和完善，从而使换模时间和换模次数更趋精减。

加工图1-5-5所示的工件，改进前的数控快速换模步冲压力机使用固定模具，矩形凸模每次只能冲裁某一固定角度的矩形孔，冲完后需改变孔的角度时就要重新退下模具，并重新在机外调整凸模和凹模的方向（角度），再装夹加工。同一副模具需装夹八次。改进后的数控快速换模步冲压力机带有旋转模具。旋转模具的上模和下模在一个直流伺服电动机带动下通过齿轮齿条传动产生同步旋转。在360°范围内，模具可在任意角度上定位，定位精度为0.001°。模具每旋转90°仅需0.5s。如利用旋转模具加工

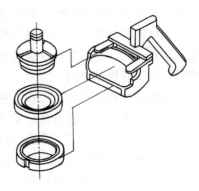

图1-5-4　手携式快速换模器

图1-5-6所示的工件，只需一次装夹矩形模具即可完成多个孔的冲裁加工。换模时间及次数大大减少。

2. 数控快速换模步冲压力机的数控系统

数控快速换模步冲压力机的数控系统大都采用德国西门子（Siemens）公司生产的SINUMER-IK3N系统或日本法那科（Fanuc）公司生产的FANUC 6 MB系统，可进行图形编程、手工编程。

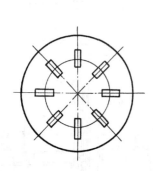

图1-5-5　旋转模具的加工工件

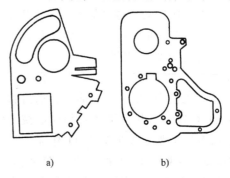

a)　　　　　　　　　b)

图1-5-6　步冲组合压力机的加工工件
a）数控激光步冲组合压力机的加工工件　b）数控
等离子步冲组合压力机的加工工件

第二节　冲压的基本工序

一、切断

切断是使板料沿不封闭轮廓分离的冲压工序。通常是在剪板机上将大板料或带料切断成适合生产的小板料、条料。

二、冲裁

冲裁是使板料沿封闭轮廓分离的冲压工序。冲裁包括落料和冲孔，如图 1-5-7 所示。它们的操作方法和板料分离过程是完全一样的，只是用途不同。落料时，被分离的部分是成品，周边是废料。冲孔则是为了获得孔，周边是成品，被分离的部分是废料。

三、弯曲

弯曲是将板料弯成具有一定曲率和角度的冲压变形工序，如图 1-5-8 所示。弯曲时，板被弯曲部分内侧被压缩，外侧被拉伸，弯曲半径越小，拉伸和压缩变形就越大，故过小的弯曲半径有可能造成外层材料被拉裂，因此，对弯曲半径有所规定（弯曲的最小半径 $r_{min} = 0.25 \sim 1$ 倍的板厚）。另外弯曲模冲头的端部与凹模的边缘，必须加工出一定的圆角，以防止工件弯裂。

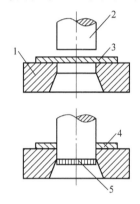

图 1-5-7 冲裁
1—凹模 2—冲头 3—板料 4—废料或成品 5—成品或废料

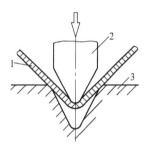

图 1-5-8 弯曲
1—工件 2—冲头 3—凹模

由于塑性变形过程中伴随着弹性变形，因此弯曲后冲头回程时，弯曲件有回弹现象，回弹角度的大小与板料的材质、厚度及弯曲角等因素有关（一般回弹角度为 0° ~ 10°），故弯曲件的角度比弯曲模的角度略有增大。

四、拉深

拉深是将平直板料加工成空心件的冲压成形工序，如图 1-5-9 所示。平直板料在冲头的作用下被拉成杯形或盒形工件。为避免零件被拉裂，冲头和凹模的工作部分应加工成圆角。冲头和凹模间要留有 $1.1 \sim 1.2$ 倍板厚的间隙，以减小拉深时的摩擦阻力。为防止板料起皱，必须用压板将板料压紧。每次拉深时，板料的变形程

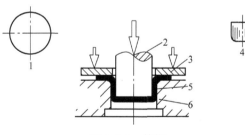

图 1-5-9 拉深
1—板料 2—冲头 3—压板 4—成品 5—工件 6—凹模

度都有一定的限制，通常是拉深后圆筒的直径不应小于板料直径的一半左右（1/2 ~ 4/5）。对于要求拉深变形量较大的零件，必须采用多次拉深。

第三节 冲压模具

冲压模具（简称冲模）是使坯料分离或变形的工艺装备。冲模有简单冲模、连续冲模

和复合冲模三类。

一、简单冲模

简单冲模指在冲床滑块一次行程中只完成一道工序的冲模，其结构如图 1-5-10 所示。冲模分上模（凸模4）和下模（凹模11）两部分。上模借助模柄 7 固定在冲床滑块上，随滑块上下移动；下模通过下模板由凹模压板和螺栓安装紧固在冲床工作台上。

凸模也称冲头，与凹模配合使坯料产生分离式变形，是冲模的主要工作部分。

导套 9 和导柱 10 分别固定在上、下模板上，保证冲头 4 与凹模 11 对准。导板 2 控制坯料的进给方向，定位销 1 控制坯料的进给长度。当冲头回程时，卸料板 3 使冲头从工件或坯料中脱出，实现卸料。

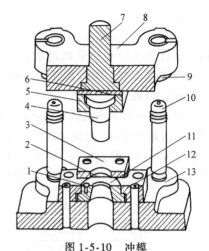

图 1-5-10 冲模

1—定位销 2—导板 3—卸料板 4—凸模
（冲头） 5—冲头压板 6—模垫 7—模柄
8—上模板 9—导套 10—导柱 11—凹模
12—凹模压板 13—下模板

二、连续冲模

在滑块一次行程中，能够同时在模具的不同部位完成数道冲压工序的冲模称为连续冲模。这种冲模生产率高，但冲压件精度不够高。

三、复合冲模

在滑块一次行程中，可在模具的同一部位同时完成若干冲压工序的冲模称为复合冲模。复合冲模冲制的零件精度高、平整、生产率高。但复合冲模的结构复杂，成本高，只适于大批量、生产精度要求高的冲压件。

第四节　板料冲压件结构的工艺性

冲压件一般都是大量生产的。因此，其结构设计不仅应保证具有良好的使用性能，还应充分考虑具有良好的工艺性能和较高的材料利用率以及模具制造方便。

一、冲压件的形状与尺寸

1. 落料、冲孔件的形状与尺寸

设计时，应尽可能使落料件的外形和冲孔件的形状简单、对称，尽量采用圆形、矩形等规则形状；尽量避免长槽和细长臂结构；尽量考虑排样时能最大限度地利用材料。图1-5-11所示的落料件工艺性很差。图 1-5-12 所示零件，采用图 1-5-12b 所示方案时，材料利用率可明显提高。

对冲孔件的孔及有关尺寸的要求（图 1-5-13）：圆孔的直径不小于材料的厚度 δ，方孔的边长不小于 0.9δ；孔的间距、孔与工件边缘之间的距离不小于 δ；外缘凸出或凹进的尺寸不小于 1.5δ。

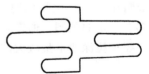

图 1-5-11　不合理的落料件外形

冲孔、落料件上直线与直线、直线与曲线、曲线与曲线的交接处，均应用圆弧连接，以避免尖角处应力集中而被冲裂。表 1-5-1 列出了一些材料的最小圆角半径。

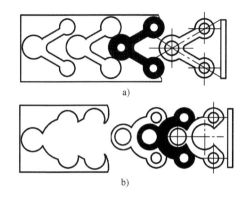

图 1-5-12　零件形状与节约材料的关系

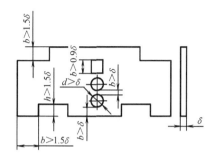

图 1-5-13　冲孔件尺寸与厚度的关系

2. 弯曲件的形状与尺寸

弯曲件的形状要尽量对称，内弯曲半径不得小于材料的最小允许值，并应使弯曲线与材料纤维方向垂直。

表 1-5-1　落料件、冲孔件的最小圆角半径　　　　　（单位：mm）

工序	圆弧角	最小圆角半径		
		黄铜、纯铜、铝	低碳钢	合金钢
落料	$\alpha \geqslant 90°$	0.24δ	0.30δ	0.45δ
	$\alpha < 90°$	0.35δ	0.50δ	0.70δ
冲孔	$\alpha \geqslant 90°$	0.20δ	0.35δ	0.50δ
	$\alpha < 90°$	0.45δ	0.60δ	0.90δ

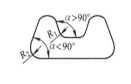

弯曲边过短难以成形（图 1-5-14）时，一般应使弯曲边的平直部分高度 $H > 2\delta$。如果要求 H 很短，工艺设计时应先取较大的 H，待弯曲成形后再切去多余材料。

弯曲带孔件时，应保证孔的位置，图 1-5-15 中的 L 须大于 1.5δ，以避免孔发生变形。

图 1-5-14　弯曲边

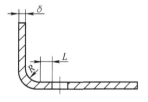

图 1-5-15　带孔的弯曲件

3. 拉深件的形状与尺寸

拉深件的形状应尽可能简单、对称，且不宜过高，这样可以减少拉深次数，容易成形。

在不增加工序的前提下，拉深件圆角半径的最小允许值如图 1-5-16 所示。如果圆角半径太小，必然会增加拉深次数和整形工件，增加模具数量，容易产生废品，使生产成本提高。

4. 冲压件的厚度

只要能保证要求的强度和刚度，就应尽可

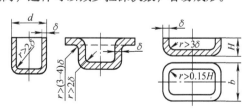

图 1-5-16　拉深件圆角半径的最小允许值

能采用较薄的板材来制作冲压件，以减少材料消耗。在局部刚度不够的部位，可设计成加强肋结构（图1-5-17），从而实现用薄材料代替厚材料。

二、冲压件的精度和表面质量

冲压件的精度要求不应超过冲压工艺所能达到的一般精度，而应该在满足使用要求的前提下尽量降低精度要求，否则将增加工序，降低生产率，提高产品成本。

冲压工艺的一般尺寸公差等级如下：

落料件不高于IT10，冲孔件不高于IT9，弯曲件不高于IT10。

拉深件直径的尺寸公差等级为IT9~IT10，拉深

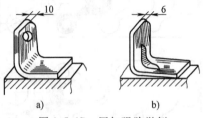

图1-5-17　用加强肋举例
a）无加强肋　b）有加强肋

件高度的尺寸公差等级为IT8~IT10，经过整形工序后的尺寸公差等级则可达IT6~IT7。

冲压件的表面质量要求一般不应高于原材料本身所具有的表面质量，否则会因需增加切削加工等工序而大大提高产品成本。

三、冲压件结构设计改进实例

1. 采用冲焊结构

形状复杂的冲压件可以先分别冲制成几个容易成形的简单件，然后再组焊成整体零件（图1-5-18）。

2. 采用冲口工艺

图1-5-19所示的零件，原设计采用三个简单件铆接或焊接组合制作，改进后采用冲口工艺（包括冲口和弯曲）制成整体零件，减少了组合件数量，简化了工艺过程，减少了材料消耗。

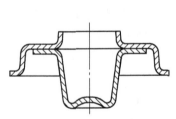

图1-5-18　冲焊结构零件

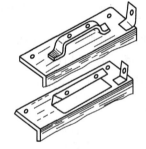

图1-5-19　冲口工艺的应用

3. 尽量简化拉深件的结构

在不改变使用性能的前提下，应尽量简化拉深件的结构，以减少工序、节省材料、降低产品成本。如图1-5-20所示，消声器后盖结构改进后，冲压加工由八道工序减少至两道，材料消耗也减少至原来的50%。

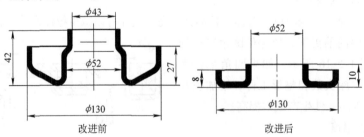

改进前　　　　　　　　　　　改进后

图1-5-20　消声器后盖零件结构

第五节 钣金成形

一、概述

钣金有时也称作板金，这个词来源于英文"plate metal"。一般是将各种类型的板材和型钢等通过手工或模具冲压使其产生塑性变形，并进一步通过焊接或机械加工形成金属结构件和容器设备等。

它的特点是：钣金具有重量轻、强度高、导电（能够用于电磁屏蔽）、成本低、性能好、大规模量产等特点，目前在电子电器、通信、汽车工业、医疗器械、航天航空、石油化工、轻工业及日用五金等制造加工方面，钣金加工技术已成为行业的主流。在现代制造业的迅速发展中占据了很重要的地位。

二、钣金成形工艺

钣金成形加工一般分为钣金展开放样工艺和钣金成形制造工艺。

（一）钣金展开放样工艺

1. 钣金展开基础

钣金展开是钣金技术中十分重要的部分，其目的是根据图样上构件的图形求取构件表面上展开后的实际形状来保证材料的下料。因此，根据设计图样求取线段实长和构件表面的平面实形是绘制展开图的基础。这整个工艺过程一般称为展开放样。

展开放样有两种方法：图解法和计算法。不论用什么方法，展开放样工序都要求根据施工图样在施工材料上画出1:1的实际展开图形。

2. 钣金展开的工艺处理

（1）各种形体及组合件的板厚处理 画展开图是按放样图大小绘制，因此放样图绘制的精确度直接影响到制件的精度。由于展开图是按制件的板厚为零时绘制的，而实际制件都有一定的板厚，所以按放样图绘制的展开图成形后都会有一定误差。

工程上薄板的板厚为 0.35 ~ 4mm，对薄板制件绘制放样图和展开图可忽略板厚误差，制造出的制件误差很小，在所允许的误差范围内。但对厚板制件，若略去板厚会直接影响制件的尺寸和形状，因此对厚板制件绘制放样图和展开图必须考虑板厚，以保证制作出的制件符合设计要求。

（2）薄板制件的咬缝 板厚在 1.5mm 以下的薄板制件，两块板料的交接处常采用咬缝连接。咬缝连接就是把两块（或一块）板料的边缘折转扣合而彼此压紧的连接方法。

表 1-5-2 所列为常见的几种咬缝的名称、余量及适用板厚。表中 A 点是两薄板的接口或接缝分界点，咬口宽度 L 与薄板厚度 t 有关，一般由经验公式 $L = (8 ~ 12) t$ 确定，B 一般取 5 ~ 10mm。

表 1-5-2 常见的几种咬缝的名称、余量及适用板厚

名 称	余 量		适用板厚/mm
单平咬缝	件1 件2	件1：L 件2：$2L$	0.5 ~ 1.0

（续）

名　称	余　量		适用板厚/mm
单角咬缝		件1：L 件2：2L	0.5 ~ 1.0
匹茨堡缝		件1：L 件2：2L + B	0.6 ~ 1.0 1.0 ~ 1.25
嵌底角缝		件1：L + B 件2：2L + B	0.6 ~ 1.0

（3）展开图的合理排料　把各个展开图的形状和大小排列在金属平板上，称为排料。排料应力求紧凑，以达到最大限度地利用板料，使下料减少剩余边角料，节省工时，提高工作效率。排料应根据展开图形状特征灵活地应用。

排料方法有：错开排列、穿插排列、颠倒搭配排列、拼和排列。

（4）厚板制件接口的形状　厚板制件在接触处，有的铲坡口直接对接，有的铲坡口后对接。对铲坡口的也有不同形状，它要根据钣金制件的形状、大小、施工条件和要求而定。对铲有坡口相接的制件，它可提高焊接强度，调整好接口部位，有利焊接时施工。现用直角弯管加以说明。

坡口形状有直角坡口、V 形坡口、X 形坡口。

（二）钣金成形制造工艺

钣金成形制造工艺可分为下料、制件成形、连接、校正四个步骤。在钣金成形中又可分为手工成形、板料的公模具成形和管件的工具成形。

1. 下料方法

钣金下料的方法很多，按机床的类型和工作原理可分为剪切、铣切、冲切、氧气切割和激光切割等，见表 1-5-3。

表 1-5-3　下料方法及特点

下料方法	特　点
剪切	剪切下料是利用上下切削刃为直线的刀片或旋转滚刀片的剪切运动来剪裁板料毛坯，通常是在剪切机或滚剪机上完成的。剪切机常用来剪裁直线边缘的板料毛坯
铣切	铣切下料是利用高速旋转的铣刀对成叠的板料进行铣切，其工艺方法简单，生产率高，是制造零件的首要工序。在航空工业生产中，许多飞机的蒙皮、中型结构零件的展开件、某些套裁的零件都是采用铣切下料方法
冲切	冲压主要是利用安装在压力机上的冲模对板料实现塑性变形加工。从板料上冲下所需形状的零件（或毛坯）称为落料。冲压加工效率高，材料消耗少，零件尺寸稳定，成本低，是一种先进的加工工艺
氧气切割	金属的氧气切割（简称气割），由于其具有设备简单、操作方便、生产率高、切割质量较好、成本较低等一系列优点，特别是可以切割厚度大、形状复杂的零件，因而成为金属加工中一种极为重要和有效的工艺方法，并已得到广泛应用

（续）

下料方法	特　点
激光切割	激光——"Laser"这个词是光受激辐射放大（light amplification by stimulated emission of radiation）的英文首字母缩写词。由于有专门技术对其分子或原子进行激励，所产生的光是单色的（单波长）和相干的，它们可以用透镜或反射镜高度聚焦，以提供焊接、切割和热处理所需的高能量密度
薄壁管料的冲切下料	冲切法是冲压剪切法的简称，即在压力机上利用模具将管料切断。该方法适用于管料相对厚度 $t/D < 0.1$（其中 D 为管料外径，t 为管料壁厚）的薄壁管

2. 钣金制件成形

（1）手工成形　随着生产的不断发展和技术的进步，绝大多数成形工艺是在机器上完成的，手工方法往往作为补充加工或修整工作。但在单件生产情况下，或对于一些形状比较复杂的零件，仍离不开手工操作和加工。表 1-5-4 所列为手工成形方式。

表 1-5-4　手工成形方式

成形方式	定　义	简　图
弯曲	手工弯曲时采用必要的工具夹通过手工操作来弯曲板料	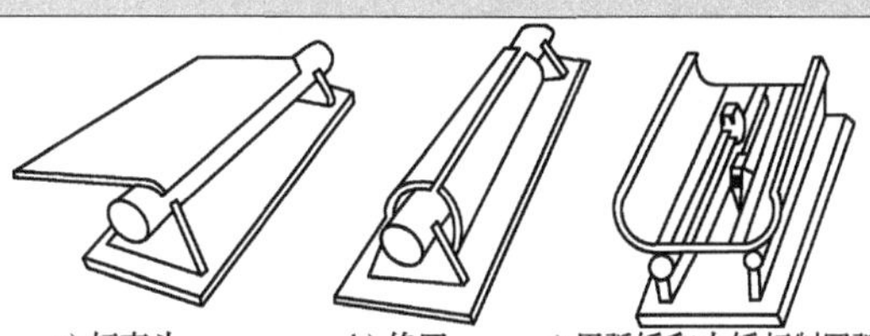 a) 打直头　　b) 修圆　　c) 用弧锤和大锤打制圆弧
放边	放边是指使零件某一边变薄伸长来制造曲线弯边	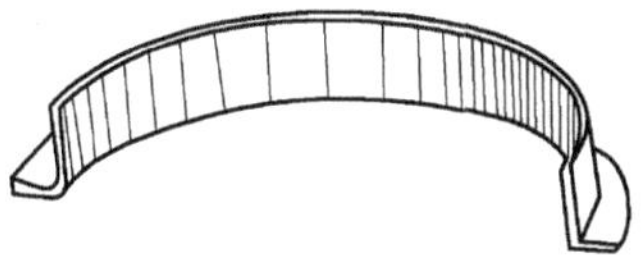
收边	收边是指使角形件某一边材料收缩、长度减小、厚度增大来制造凸曲线弯边	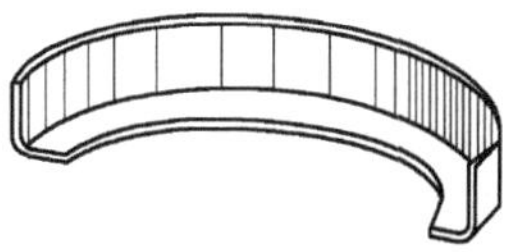
拔缘	拔缘是指在板料的边缘，利用手工捶击的方法弯曲成弯边	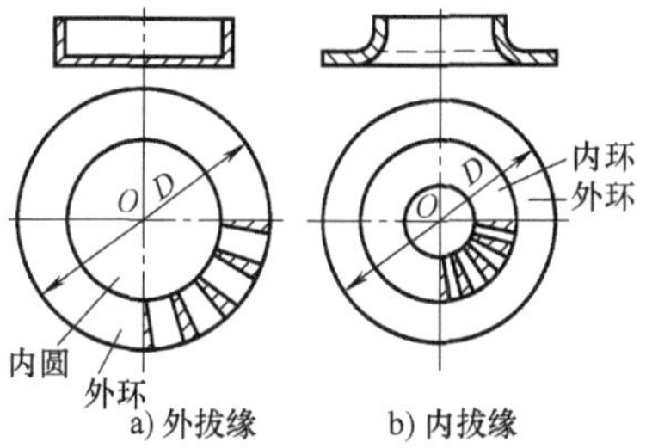 a) 外拔缘　　b) 内拔缘
拱曲	拱曲是指将板料用手工捶击成凹凸曲面形状的零件	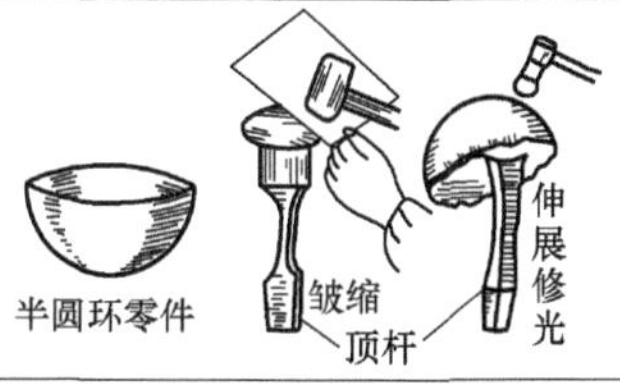 半圆环零件
卷边	卷边是指将板件的边缘卷过来的操作。通常是在折边或拔缘的基础上进行的	 夹丝卷边　　空心卷边

（2）板料的工模具成形 板料的工模具成形和手工成形的区别是，后者是利用一系列机械设备和模具的配合而完成制件的成形工艺。此工艺方法有很多，表1-5-5所列为常用的几种。

表1-5-5 板料的工模具成形

成形方法	特　点	简　图
弯曲	通过旋转的辊轴，使坯料弯曲的方法	 对称三辊卷扳机　　不对称三辊卷扳机
拉延	拉延成形（又称拉深成形）是将平板毛坯或空心半成品，利用拉延模拉延成一个开口的空心零件。利用拉延方法生产的零件种类很多，大体可以分为三类：旋转体（轴对称）零件、矩形（盒形）零件、复杂形状零件	 旋转体零件　　矩形零件　　复杂形状零件
局部成形和翻边	局部成形是使板料在凸模和凹模作用下主要通过板料变薄伸长而压出某些形状，如压肋、压包、压字、压花等，以达到零件的要求。 翻边是将零件的孔边缘或外边缘在模具的作用下，翻出竖立的边缘	
拉弯成形	用普通的弯曲方法制造长度大、相对弯曲半径很大的工件时，由于毛坯大部分处于弹性变形状态，产生非常大的回弹，有的根本无法成形，这时可采用拉弯成形，即拉弯或拉形工艺	 拉形原理
旋压成形	旋压用以制造各种不同形状的旋转体零件。由于主轴旋转和旋棒向前运动，毛坯在旋棒的作用下，产生由点到线、由线到面的变形，逐渐地被赶向模胎，直到最后与模胎贴合为止	 主轴　模胎　毛坯　尾顶针　压块　旋棒　支架　助力臂

（3）管件的工模具成形 管件的工模具成形，就是通过弯管机、液压机或专用设备将管件材料进行塑性成形，从而获得所需管件。其成形方法有很多，表1-5-6所列是其中的几种。

表 1-5-6　管件的工模具成形

成形方法	说　明	简　图
管端冲裁与管壁冲孔	利用模具和冲压设备对管端和管壁进行冲裁	端口圆弧　端口开槽
管料缩口与缩径	管料的缩口与缩径是将管坯或预先拉深好的圆筒件,通过模具将其口部直径缩小的成形工艺	缩口　缩径
管料扩口与翻边	管料扩口与缩口相反,它是将管坯口部直径扩大的一种成形工艺。将管壁上预制孔的边缘弯曲成一定角度(大多是90°)的直壁的加工工艺,称为翻边加工	外翻边管件　内翻边管件；常见管端扩口形成 a) b) c) d) e)
管料弯曲	管料弯曲的方法有很多,分有芯弯管、无芯弯管、推弯和加热弯管等	弯曲胎模 夹持块 A—A旋转 管料 芯棒 压块 防皱块
管料的胀形	胀形工艺使用很广泛,尤其是在化工业,其工艺方法也很多	压力头 组合凹模 聚氨酯橡胶棒 凹模座 胀形过程 零件

3. 连接方式

连接方式是钣金成形制造工艺中的一个重要环节。在现代机械制造业中,把两个或两个以上的零件或部件连接在一起的方法有很多,其中铆接和螺纹连接为可拆卸的机械性连接;焊接和金属粘接为不可拆卸的永久性连接。在实际生产中选用何种连接方法,需要熟悉各种连接方法的特点,同时还要考虑其连接的可靠性和经济性。

(1) 焊接　钣金连接中用得最多的一种方法。它是通过加热或加压(或两者兼用),使用填充(或不用填充)材料,使被分离工件之间形成原子间永久结合的一种连接方法。其特点是接头质量好、经济成本低、易于实现机械化和自动化、生产率高,广泛用于造船、车辆、桥梁、钢结构、航天航空、电力、重型机械、石油化工等。如油轮船体、汽轮机转子、叶轮、化工压力容器、压力轧辊等。其工艺方法和工艺分类将在焊接章节中作详细介绍。

（2）铆接　用铆钉将金属结构件和组合件连接在一起的方法。其特点是具有好的韧性和塑性，传力均匀、可靠，易于质量检查和检修，某些重型和经常承受动载荷作用的钢结构仍然采用铆接工艺。

（3）螺纹连接　利用螺栓和螺母或螺钉等连接件将两个分离体连接起来的方法。其特点是安装容易、拆卸方便、操作简单等，常用于可拆卸的钢结构连接。

（4）金属粘接　利用粘接剂通过表面作用将两个分离的金属零件或构件连接起来的方法。可连接不同材料和形状各异的零件，接头成形光滑、平整，可实现特殊性能的接头连接，如导电、密封、透光等。

4. 矫正

矫正是钣金成形中的一个必要工序。尤其是在焊接成形过程中，由于金属的性能结构而引起的热变形使得产品无法达到设计要求，只有通过矫正来解决。

（1）矫正内容　矫正内容一般包括下料前对原材料的矫正、对钢结构零件的矫正、对焊接变形的矫正和钢结构制件在使用一段时期后对所有变形部位进行修理矫正等几方面。

（2）矫正要领　工件变形的原因一般有两种情况，一种是受外力后产生的变形；另一种是内应力引起的变形。对受外力而产生塑性变形的工件，一般是针对变形部位采取矫正措施。对凡属由于内应力引起变形的工件，一般不是针对变形部位采取矫正措施，而是针对产生应力的部位采取措施，消除其内应力，或使内应力达到平衡，工件就能平直。

分析钢结构的内在联系：有些钢结构是由许多梁柱组成的，这些梁柱相互联系，相互制约，形成一个有机的整体。矫正时，既要看到它们的表面联系，又要分析它们相互制约的内在因素，这样才能得到较好的矫正效果。

正确找出弯曲点的位置。目测与实际经验有关，应尽可能采用检测工具进行测量，按照实际情况采用相应的矫正方法。

（3）矫正方法　矫正的方法有机械矫正、火焰矫正、手工矫正三种。而在机械矫正和手工矫正中，依据材料性质、工件变形程度和生产实际情况，又有冷矫正和热矫正之分。

三、钣金常用机械设备

钣金成形的加工设备分下料设备和成形设备两种。随着工业自动化程度的不断提高和柔性制造的大量运用，钣金加工设备在加工工艺和加工精度方面都有了很大的提高。在下料过程中常用的设备有剪板机、激光切割、等离子切割、铣切切割等；在成形加工方面常用设备有液压机、辊板机、弯管机、冲床等。下面介绍两种常用设备。

1. 等离子切割机

等离子切割又称为等离子弧切割，是一种新的加工工艺，它是利用气体介质通过电弧产生"等离子体"来进行切割的。等离子弧可以通过极大的电流，具有极高的温度，因其喷嘴的截面很小，能量高度集中，喷嘴出口处的温度可达20000℃，由此可以进行高速切割。等离子弧发生装置如图1-5-21所示。由于等离子弧中的正离子和电子等各种带电粒子所带正、负电荷的数量相等，所以整个等离子弧呈中性。常用等离子弧的工作气体有氮、氩氢以及它们的混合体，由于氮气的价格低廉和化学性能稳定，所

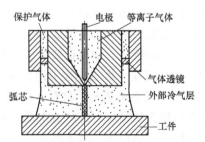

图 1-5-21　等离子弧发生装置

以用得最多的是氮气。

等离子弧的切割范围很广泛，如转移型的等离子弧可以切割不锈钢、钛、钼、铜、铝和铸铁等各种金属；非转移型的等离子弧则可以切割各种非导电材料，如耐火砖、混凝土、花岗岩等。

2. 辊板机

辊板机又称为三辊卷板机，是目前国内普遍使用的板材弯卷设备。不对称三辊卷板机有手动和机动两种。手动不对称三辊卷板机工作时，转动手轮，通过齿轮便可以带动上辊轴和一个下辊轴旋转，而另一个下辊轴随动卷制零件。两下辊轴通过手柄可以上下移动，以适应板料的厚度和卷弯的曲度。上辊轴的一端可以拆开，沿另一端抬起便可取出滚弯好的封闭形零件。机动不对称三辊卷板机，其主机转动及两下辊轴的上下移动分别通过主电动机和调节电动机带动。机动三辊卷板机如图 1-5-22 所示。

四、钣金成形加工的发展趋势

随着计算机在制造业中的应用越来越广泛，计算机辅助设计与制造已成为制造业中的主流。尤其是在 20 世纪七八十年代，板材柔性制造系统已在国外开始应用。目前，国外著名的钣金加工设备制造商如德国 TRUMPF、意大利 SALVAGNINI、芬兰 FINN-POWER、日本 AMADA 等，均开发出了其最先进

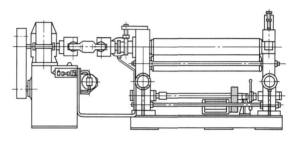

图 1-5-22　机动三辊卷板机

的、代表不同技术特点的钣材柔性制造系统，充分表明了钣金制造技术正朝着数字化、集成化和智能信息化的方向发展，体现为钣金加工设备由单机型向数控多机复合型转化，由多工序加工、人工辅助操作型向全过程一体化加工方式转化，由一般的过程自动化控制向网络化、智能化的自治管理方向发展。目前，国内钣金制造业运用计算机辅助设计和制造（CAD/CAE/CAM）进行钣金构件的制作已非常普遍，各种软件的应用为钣金展开、派料、制作提供了很大的便利。表 1-5-7 所列为几种钣金 CAD/CAE/CAM 软件简介。

表 1-5-7　几种钣金 CAD/CAE/CAM 软件简介

软件名称	特　点
Unigraphics（UG）	UG 是美国 Unigraphics Solutions 公司发布的 CAD/CAE/CAM 一体化软件，它广泛应用于航天、汽车、通用机械及模具等领域。在 UG 的众多模块中关于钣金的有：钣金件设计、钣金件制造、钣金件排样、高级钣金设计、钣金冲模工程等，其中钣金件设计模块可以提供钣金件定义和仿真、几何模型的展开、折弯等功能。钣金件制造模块可以对 UG 设计的钣金件提供从转塔式多工位冲压到激光切割，以及对带有孔、槽特征的钣金件冲压自动编程的功能。钣金件排样模块可以在一张毛坯板材上对若干品种的零件进行多种优化排样
Pro/E	Pro/E 是美国参数技术公司（Parametric Technology Corporation，简称 PTC）开发的 CAD/CAM 软件。利用 Pro/E 的 Pro/SHEETMETAL 模块，用户可以建立参数化的钣金造型和组装，包括生成金属板设计模型以及将它们展平成平面图形。Pro/E 提供了通过参照弯板库模型实现弯曲和放平的功能
开目钣金系统 KMSM	KMSM 以开目 CAD 为图形平台，以基于钣金制件库的参数化和基于面融合的面生长两种方式设计钣金件，可直接展开所设计的制件，以可视化方式对带有孔的制件图形编制数控冲压程序。基于钣金制件库的参数化设计已经能以 ASP 方式提供远程设计服务，钣金件设计量较小的用户不必购买软件，可以通过互联网运行 KMSM 钣金设计模块，在系统引导下输入钣金件特征参数，得到钣金件展开图的数据

第六章

常用非金属材料的成型

第一节　塑料的成型

一、工程塑料的一般工艺性能

1. 吸湿性

塑料的吸湿性是指其吸湿或黏附水分的性能。将塑料按照其对水分的亲疏程度来分类，可分为两类：具有明显的吸湿或黏附水分倾向的塑料，如有机玻璃、ABS 等；基本不吸湿也不黏附水分的塑料，如聚乙烯、聚氯乙烯等。

水分的存在对吸湿性塑料的成型有很大影响：当塑化温度高于 100°C 时，水分将汽化，从而导致制品内产生气泡，外观出现水迹，制品强度也因此而降低；有些塑料在高温下会发生水解反应，从而影响制品的外观质量，降低机械强度，或者因树脂起泡、黏度下降而使成型过程变得困难。因而，在对吸湿性塑料进行成型加工前，必须进行干燥处理，将其含水量控制在允许的范围内。

2. 流动性

塑料的流动性是指在一定的温度和压力作用下，能够充满模腔各个部分的性能。塑料的流动性不好，充型就差，所需施加的成型压力就大。例如，流动性差的塑料在注射成型时就难以充满模腔，需施加的注射压力也较大；但流动性过大会导致注射成型时的"溢边"现象，对制品产生挤压而使之变形。因此，在成型过程中，必须适当地控制塑料的流动性。

塑料的流动性受以下因素的影响：树脂分子的大小与结构、填料增塑剂和润滑剂。具有线型分子结构、没有或很少有交联结构的树脂的流动性最好。加大填料，会使塑料的流动性变差；加入增塑剂和润滑剂，可以提高塑料的流动性。

3. 结晶性

塑料的结晶性是指结晶型塑料具有结晶现象的性质。结晶型塑料（如聚乙烯、聚甲醛等）是相对于无定型塑料（如有机玻璃、ABS 等）而言的。塑料的结晶性常用其结晶度的大小来表征，它是确定塑料成型工艺条件时必须考虑的因素之一。结晶型塑料成型时，如果温度高，熔融体的冷却速度慢，制品的结晶度大，则其密度大，硬度高、刚性好，抗拉和抗弯等性能好，耐磨性及耐蚀性等均能提高；反之，如果熔融体的冷却速度快，制品的结晶度小，则可使其获得较好的柔软性、透明性及较高的伸长率和冲击强度等性能。

4. 热敏性

有些塑料，如聚氯乙烯、聚甲醛等，对热较为敏感。当将其较长时间置于较高温度下时，就会发生解聚、分解、变色等现象。塑料的这种性质称为热敏性。为了避免出现这类缺陷，在对热敏性塑料进行成型加工时，必须正确控制温度和受热时间，恰当选用加工设备，或在塑料配方中加入稳定剂。

5. 收缩性

塑料在成型及冷却过程中发生体积收缩现象的性质称为收缩性。塑料的收缩性不仅取决于塑料的品种，还与其成型方法、工艺条件、添加剂的种类与数量、制品厚度、是否有金属嵌件等因素密切相关。

二、热塑性塑料和热固性塑料的工艺特性

按受热后表现的性能不同，塑料可分为热塑性塑料和热固性塑料两类。前者加热时软化并熔融，成为可流动的黏稠液体，冷却后成型且保持既得形状；当重新加热后，又可软化、熔融，如此可反复多次，其塑化过程仅是物理过程，且是可逆的。后者则先受热熔融软化，转变成黏流状态，随后逐渐固化成最终制品；固化后不能再加热软化，其过程是不可逆的。当温度升高至分解温度时，将会发生分解，而不能再软化。

1. 热塑性塑料的工艺特性

热塑性塑料的稠度随着温度的变化将发生明显的变化：当温度低于玻璃态转变温度时，塑料呈玻璃态或固态；温度升高，便呈热弹性态或革状态；温度进一步升高，便呈橡胶态或液态。由于热塑性塑料在不同的温度下以不同的状态存在，故有可能采用各种不同的方法对其进行加工：

1）以玻璃态或固态存在时，可以采用机械加工方法（如车削、铣削、钻削、刨削等）进行加工。

2）以热弹性态或革状态存在时，可以采用各种不同的成型工艺进行加工，如吹塑法、真空成型法等。

3）以橡胶态或液态存在时，常采用挤压或注射成型法加工。

大多数热塑性塑料的成型是在橡胶态或液态下进行的。

2. 热固性塑料的工艺特性

热固性塑料的稠度与性能不因温度的升高而发生明显变化，只有当温度很高时，它才发生化学分解而破坏。

热固性塑料的成型一般在非固化态或半固化态下进行，也可以在固态下通过机械加工方法进行。

三、塑料制品的成型与连接

塑料的成型工艺种类繁多，常用的有注射、挤压、压制、吹塑、真空、浇注等方法。用成型方法所得塑料制品的表面光滑、平整、美观，尺寸较准确，一般不需要大量的修饰加工。

同一品种的塑料往往可以采用多种不同的成型工艺来制造塑料制品。设计成型工艺时，应根据塑料的性能、生产类型及现场条件等进行选择。热塑性塑料大多采用注射、挤压等工艺成型；也有采用浇铸工艺成型的（如单体尼龙等）。热固性塑料则多采用压制、浇注等工艺成型。但是，近年来国内外的一些厂家也采用注射工艺成型热固性塑料制品。

1. 注射成型

注射成型的工艺过程和金属压铸工艺相类似。粒状材料被送至注射机的料筒里加热熔化至流动状态，在高压下注入闭合的模具里固化成型。这一过程由加料、塑料熔融、注射、制件冷却和制件脱模五个步骤组成。

注射成型生产率高，成本低。根据零件尺寸的大小不同，其尺寸精度可达 ± （0.1 ～ 0.5）mm。这种工艺广泛应用于制造热塑性塑料制品，如玩具、罐头盒、包装箱、泵、螺旋桨、盖子、仪表壳等。近年来，在热固性塑料的成型中，也有采用注射成型的。

2. 挤压成型

将粉状或粒状的塑料送至挤压机的料筒中，使其加热和压缩，并通过预热的挤压模固化成型。产品在脱离挤压模时，用空气或水冷却，使其获得足够的强度。

挤压是一种既经济又高效的成型工艺，广泛用于生产管材、棒材、片材、板材、薄膜、单丝、电线与电缆外面的绝缘层等。当对产品公差要求严格时，可在其刚刚挤好脱离挤压模时增加校准加工工序（即精成型），以提高制品的尺寸精度。

挤压主要用于热塑性塑料的成型。通过采取一些特殊措施，热固性塑料也可挤压成型。挤压还可用于粉末造粒、塑料染色、树脂掺和、填充混料等场合。

3. 压制成型

压制成型方法分为模压法和层压法两种：模压法是将树脂与添加剂混合料置于金属模具中加热、加压一定时间，以得到所要求形状的塑料制品的工艺方法；层压法是将玻璃布、棉布等材料浸上树脂，一层一层叠放，经过一定时间的加热、加压后，使树脂固化，互相粘接而成制品的工艺方法。

压制成型工艺主要用于加工热固性塑料制品，如电气设备材料、绝缘零件、滑轮、手柄、杆等。

4. 吹塑成型

将用挤压法或注射法得到的熔融状塑料型坯切断后置于模具中，吹入压缩空气使材料膨胀贴在模腔内壁上，冷却后即成为所需的中空制品。

吹塑成型仅适用于利用热塑性塑料生产薄壁空心制品。

5. 真空成型

真空成型是利用热塑性塑料在受热后可以软化的特性，通过真空作用，将软化塑料片或板吸附于模具上，冷却后即得到成型制品的工艺方法。

真空成型工艺的优点是设备（包括模具）比较简单，可以生产大型制品。其缺点是制品厚度不太均匀，不能制造复杂形状的制品。

真空成型是热塑性塑料最简单的成型方法之一，主要用于生产杯、盘、箱壳、盒、罩、盖等薄壁敞口制品。

6. 浇注成型

将液态塑料浇注至预先制好的模样中，使之在常温或加热条件下逐渐固化，成为具有所要求形状的塑料制品的工艺方法称为塑料的浇注成型法。

塑料的浇注成型通常包括以下几个阶段：制模或造型（包括制芯）、材料的熔化、浇注和凝固。

浇注成型主要用于热固性塑料，但部分热塑性塑料也可采用浇注成型。浇注成型工艺在工业上应用很广，可以制造短棒、管、玩具、工艺品、仪表壳、手柄、钻模及板料成型模具（如拉深模等）。

7. 连接

塑料与塑料、塑料与金属或其他非金属材料的连接，既可采用一般的机械方法，也可采用焊接、粘接方法。这里仅介绍几种常用塑料与塑料的焊接和粘接方法。

（1）焊接 塑料焊接是凭借热的作用，使两个塑料制件的表面同时达到熔融状态，从而使它们连接成一体。焊接是制造大型塑料设备、复杂塑料构件的必不可少的加工方法之一，也是修补塑料零件的主要方法。

1）热风焊接。用压缩气体通过焊枪中的电热器而形成的热空气加热焊件与焊条，使其达到熔融状态，从而在不大的压力下实现焊件的连接。这种焊接方法又称为热气焊接，主要适用于聚氯乙烯、聚乙烯、聚丙烯、聚酰胺等塑料的焊接，也可用于聚苯乙烯、ABS、聚碳酸酯等塑料的焊接。所采用的气体随焊件的塑料种类而异。对一些易氧化的塑料，如聚乙烯、聚丙烯等，宜用氮气或二氧化碳。

2）高频焊接。其原理是将互相叠合的两片塑料置于两个电极板之间，电极中通过高频电流，在交变电磁场的作用下，塑料中的自由电荷以相同的频率（但稍滞后）产生反复位移（极化），被极化的分子频繁振动而产生摩擦，将电能转变为热能，从而对塑料进行加热，直至达到熔融状态，再施以一定的压力，即可使两片塑料的叠合部分焊接起来。高频焊接的焊缝致密，其强度不低于母材的强度。高频焊接不仅可以用于热塑性塑料薄膜和薄板的焊接，还可用于在这类塑料上轧花。

3）热板焊接。其原理是用热板（可采用各种合适的方法加热）同时加热两个塑料制件的焊接表面，使这两个表面均具有足够的熔融层，然后将热板撤离，并立即将塑料焊件的两个表面压合，待熔融部分冷却后，即可得到牢固的连接接头。该方法不仅可以用于塑料板材的对接，还可用于其他场合。

4）超声焊接。这种焊接的热量是利用机械振动获得的。将超声波引向待焊的塑料表面时，塑料质点在超声波的激发下产生快速振动，其振动频率与超声波的频率一致。焊件接触表面间因振动而引起摩擦，产生热量，加热待焊表面，直至熔融连接。非焊接表面因未产生摩擦，温度不会升高，因而不会因受到热影响而发生损伤。塑料超声焊接是一种高效的方法，焊接的热量只集中在焊接部分，所以生产率高，焊接厚度大，功耗小，材料性能变化小。

（2）粘接 塑料粘接是在粘合剂的作用下，将两个塑料制件连接在一起的加工方法。

1）溶剂粘接。有些塑料可用溶剂将其表面溶解，当溶剂挥发后两个连接面便粘接在一起。此法适用于某些相同品种的热塑性塑料制件的连接。

2）胶接。这是用胶粘剂将塑料或其他材料连接在一起的方法。绝大多数工程塑料都可用胶粘剂进行粘接。它是对热固性塑料进行粘接的唯一方法。

四、塑料零件的结构工艺性

塑料零件的结构设计应能保证塑料零件顺利成型，防止产生缺陷，同时能达到简化模具、降低成本、提高生产率的目的。进行塑料零件结构设计时，通常应考虑以下几个问题：

（1）起模斜度 由于塑料冷却产生收缩，会使制件紧紧地包住模具型芯或型腔中凸出的部分，为了顺利地从模具中取出制件或从制件内取出型芯，在设计塑料零件时，必须考虑有足够的起模斜度。其大小视塑料的性质、收缩率的大小、制件的壁厚、摩擦因数、几何形状等不同而定，一般取 $1° \sim 1°30'$。

（2）壁厚 塑料零件的壁厚应力求均匀、厚薄适当。若制品壁厚不均匀，则在成型冷却过程中必然收缩不匀，使制品产生气泡、凹痕和翘曲，同时还会使制品内部产生较大的内应力，既影响内在质量也影响外观。若壁厚过大，则会增加成型所需时间，易产生制品不能完全硬化的现象，壁内易生气泡，使制品强度降低；壁厚太小，则影响制品强度，增加成型的难度，甚至根本无法成型。一般塑料制品的壁厚在 1 ~ 4mm 之间，大型制品允许 6mm 以上。当做到壁厚均匀有困难时，则用缓冲措施使壁与壁连接过渡。一般情况下，厚度要沿着塑料流动的方向逐渐减小。

（3）加强肋　采用加强肋不仅可以提高塑料制品的强度和刚度，而且使其成型时易充满型腔，还可以减少加工成型时的翘曲变形。设计加强肋时应注意以下几点：加强肋的厚度应小于零件壁厚，以防止连接处产生凹陷；加强肋的高度应适当，不宜过高，否则会使肋部受力时遭致破坏，且自身刚性也不好，为了保证制品的强度和刚度，常用增加加强肋的数目而不是增加肋高的方法；加强肋的斜度应尽可能大些，以便脱模、抽芯；应使多数加强肋的方向与型腔内塑料的流向一致，以免因为塑料流向的干扰而损害零件的质量；使用多条加强肋时，要分布得当，相互错开排列，以防止因收缩不均匀而引起的零件破裂。

（4）圆角　塑料制品的内、外表面的转折处都应有圆角。这样，不仅制品的机械强度高，而且外表美观，塑料在型腔里流动也比较容易。由于转折处为圆角，模具型腔热处理时就不易产生内应力、变形。这样质量易得到保证，使用寿命也较长。

（5）孔的设计　设计孔时应注意：孔壁附近要有足够的强度，一般情况下孔与壁边或孔与孔的距离应不小于该孔直径；尽可能用通孔；应尽量使模具简单，有利于脱模。

（6）嵌件　为了提高塑料制品的机械强度与寿命，常在塑料制品中嵌以金属嵌件，如螺母、金属杆等。由于塑料与金属嵌件的收缩率不同，在冷却固化过程中容易引起制品翘曲或开裂。设计时，嵌件周围的塑料层应有一定的厚度，厚度越大，破裂的可能性越小。此厚度与塑料品种、嵌件材料及形状等有关。此外，对嵌件本身的结构尺寸、嵌入的深度、嵌件与塑料的结合情况也应仔细考虑。

五、注射成型的设备与工艺

注射成型的主要设备是塑料注射成型机和塑料注射成型模具。

1. 塑料注射成型机

往复螺杆式塑料注射成型机的组成如图 1-6-1 所示。

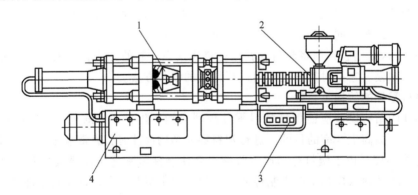

图 1-6-1　往复螺杆式塑料注射成型机的组成

1—合模装置　2—注射装置　3—电气控制系统　4—液压传动系统

（1）合模装置　合模装置主要由模板、拉杆、合模机构及液压缸、制品顶出装置、安全门等组成。其作用是完成塑料注射模具的开启、闭合动作，在注射过程中锁紧模具。

（2）注射装置　注射装置一般由螺杆、料筒、料斗、喷嘴、计量装置、螺杆传动装置、注射液压缸和注射座移动液压缸等组成。其作用是使塑料在螺杆和料筒之间均匀受热、熔融、塑化成塑料熔体。

（3）液压传动和电气控制系统 液压传动和电气控制系统的作用是保证注射机按工艺过程的动作程序和预定的工艺参数（压力、速度、温度、时间等）要求准确有效地工作。

塑料注射成型机的工作过程如图1-6-2所示。

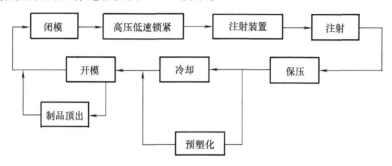

图 1-6-2 塑料注射成型机的工作过程

1）闭模和锁模。这时模具首先以低压快速进行闭合，当动模与定模接近时，转换为低压低速合模，然后切换为高压将模具锁紧。

2）注射。合模动作完成以后，在移动液压缸的作用下，注射装置前移，使料筒前端的喷嘴与模具贴合，再由注射液压缸推动螺杆，以高压高速将螺杆前端的塑料熔体注入模具型腔。

3）保压。注入模具型腔的塑料熔体，在模具的冷却作用下会产生收缩，未冷却的塑料熔体也会从浇口处倒流，因此在这一阶段，注射液压缸仍须保持一定压力进行补缩，才能制造出饱满、致密的塑料制品。

4）冷却和预塑化。当模具浇口处的塑料熔体冷凝封闭后，保压阶段完成，制品进入冷却阶段。实际生产中，为了缩短成形周期，一般在制品冷却定型的同时，进行预塑化，为下一次注射作准备。

5）脱模。冷却和预塑化完成后，为了不使注射机喷嘴长时间顶压模具，并使喷嘴处不出现冷料，可以使注射装置后退，或卸去注射液压缸前移压力。合模装置开启模具，由顶出装置，顶出模具内的制品。

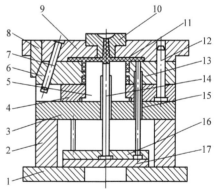

图 1-6-3 带横向分型抽芯的模具

1—动模底板 2—支架 3—动模垫板 4—型芯固定板 5—型芯 6—滑块 7—斜导柱 8—压紧块 9—定模板 10—浇口杯 11—制品 12—导向柱 13—动模板 14—拉斜杆 15—顶杆 16—顶出板 17—顶出底板

2. 塑料模具

塑料模具也是注射成型的重要工具之一，典型的塑料模具如图1-6-3所示。塑料模具一般包括型腔、浇注系统、合模导向装置、侧向分型抽芯机构、脱模机构、排气结构、加热冷却装置等部分。更换模具，就可在注射机上生产出不同的注塑件。

3. 注射成型工艺

注射成型工艺中注射温度、模具温度、注射压力和保压时间是影响成型和制品性能的重要因素。注射时塑料熔体的温度高低对制品性能的影响很大，一般随着注射温度的提高，塑料熔体的黏度呈下降趋势，这对充模是有利的，也较容易得到表面光洁的制品。但过高的熔体温度会使塑料降解，力学性能急剧下降。模具温度对制品的性能影响较小，但模具温度对塑料完成充模过程、模塑成型周期、制品的内应力大小有较大的影响。模具温度低时，塑料熔体遇到冷的模腔壁黏度提高，很难充满整个型腔；模具温度过高时，塑料熔体在模具内完成冷却定型的时间就长，延长了成型周期；对结晶性塑料如聚丙烯、聚甲醛等塑料来说，较高的模具温度能使其分子链松弛，减小制品的内应力。注射压力主要影响塑料熔体的充模能力，注射压力高时较易充满型腔。保压时间的确定要依赖于浇口尺寸的大小，浇口尺寸大时保压时间就长，浇口尺寸小时保压时间就短。如果保压时间短于浇口封冻时间，可能得不到饱满、质密的制品，同时还会因塑料熔体从浇口倒流，引起分子链取向而增大制品的内应力。

注射成型机加工中容易出现的问题及解决办法见表 1-6-1。

表 1-6-1　注射成型机加工中容易出现的问题及解决办法

缺　陷	可　能　的　原　因
1. 充模不足	①料筒及喷嘴温度太低；②模具温度太低；③所设定的加料量不够；④制品质量超过注射机最大注射量；⑤注射压力太低；⑥型腔排气不良；⑦模具浇口太小；⑧注射时间太短，注射螺杆退回太早；⑨注射机喷嘴被堵塞
2. 制件溢边	①注射压力太大；②模具闭合不严；③塑料熔体温度过高；④锁模压力不够
3. 气泡	①原料中含水量或挥发物过多；②塑料熔体温度过高或受热时间太长引起降解；③注射压力太小；④注射速度太快
4. 凹陷、缩孔	①制品壁太厚，或厚薄悬殊太大；②浇口位置开设不当；③注射保压时间太短；④料筒温度太高；⑤注射压力太小；⑥加料量略显不足
5. 熔接痕	①原料干燥不够；②模腔温度太低；③浇口太多；④注射速度太慢；⑤模具型腔不良
6. 银丝、斑纹	①原料干燥不够，含水量过高；②模具浇口、流道太小；③塑料熔体温度太高，开始分解
7. 裂纹	①模具温度太低；②制件在模具内冷却时间太长；③制件被顶出时受力不均匀；④模具型腔没有足够的起模斜度；⑤有金属嵌件且没有预热
8. 制件脱模困难	①模具型腔没有足够的起模斜度；②模具顶出装置结构不良；③模具型腔有接缝且进料；④壳体或深腔制作时，模具型芯无进气孔，造成负压；⑤成型周期太长或太短
9. 制件尺寸不稳定	①成型周期不一致；②加料量不均；③温度、压力、时间等工艺参数变化太快；④模具温度无控制；⑤多型腔模具流道尺寸不一致

第二节　工程陶瓷的成型

一、工程陶瓷制品的工艺过程

工程陶瓷制品与普通陶瓷制品的制造工艺基本相同，生产流程如图 1-6-4 所示。一般都包括原料配制、坯料成形和窑炉烧结三个主要工序。

1. 原料配制

（1）原料　工程陶瓷的原料都是粉体。所谓粉体就是大量固体粒子的集合系，其性质既不同于气体、液体，也不完

图 1-6-4　陶瓷制品的工艺过程

全同于固体。工程陶瓷粉体的基本物理性能包括：粉体的粒度与粒度分布、粉体颗粒的形态、表面特性（表面能、吸附与凝聚）及粉体充填特性等。组成粉体的固体颗粒的粒径大小对粉体系统的各种性质有很大的影响。其中最敏感的有粉体的比表面积、可压缩性和流动性。同时，固体颗粒粒径的大小也决定了粉体的应用范畴。

由于工程陶瓷粉体一般较细，表面活性较大，因此受分子间的范德华引力、颗粒间的静电引力、吸附水分的毛细管力、颗粒间的磁引力及颗粒间表面不平滑而引起的机械纠缠力等因素的作用，更易发生一次颗粒间的团聚，必将影响粉体的成形特性，如粉料的填充特性等。

粉体的填充特征及其填充体的集合组织是工程陶瓷粉末成形的基础。当粉体颗粒在介质中以充分分散状态存在时，颗粒的种种性质对粉体性能起决定性影响，然而粉体的堆积、压缩、团聚等特性又具有重要的实际意义。比如，对工程陶瓷而言，因为它不仅影响生坯结构，而且在很大程度上决定烧结体的显微结构。而陶瓷的显微结构尤其是在烧结过程中形成的显微结构，对陶瓷的性能将起着很大的影响。一般认为，粉体的结构起因于颗粒的大小、形状、表面性质等，并且这些性质决定粉体的凝聚性、流动性及填充性等。而填充特性又是诸特性的集中表现。

（2）坯料制备　根据陶瓷制品品种、性能和成型方法的要求，以及原材料的配方和来源等因素，可选择不同的坯料制备工艺流程，一般包括煅烧、粉碎、除铁、筛分、称量、混合、搅拌、泥浆脱水、练泥与陈腐等多道工艺。工程陶瓷粉体的制备有下列几种方法：

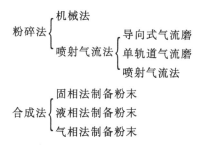

粉碎法适合于将团块或粗颗粒陶瓷粉碎而获得细粉。

合成法是由离子、原子、分子通过反应、成核和成长、收集后处理而获得微细颗粒，其特点是纯度、粒度可控，均匀性好，颗粒微细，并且可实现颗粒在分子级水平上的复合、均化。

制备时，要求坯料中各组元充分混合均匀，颗粒细度应达到技术要求，并且在坯料中尽可能不含空气气泡，以免影响坯料的成型及制品的强度。

2. 成型方法

坯料配制好后，即可加工成型。有关成型的各种方法，将在下面详细介绍。

3. 工程陶瓷的烧结

（1）烧结的一般概念　多晶陶瓷材料，其性能不仅与化学组成有关，还与材料的显微结构密切相关。当配方、混合、成型等工序完成后，烧结就是使材料获得预期的显微结构，赋予材料各种性能的关键工序。

陶瓷生坯在高温下的致密化过程称为烧结。烧结过程示意图如图 1-6-5 所示，烧结过程中主要发生晶粒和气孔尺寸及其形状的变化。陶瓷生坯中一般含有百分之几十的气孔，颗粒之间只有点接触，在表面能减小的推动力下，物质向颗粒间的颈部和气孔部位填充，使颈部渐渐长大，并逐步减少气孔所占的体积。连通的气孔不断缩小，两颗粒间的晶界与相邻晶界相遇，形成晶界网络。随着温度的上升和时间的延长，固体颗粒相互键联，晶粒长大，空隙（气孔）和晶界渐趋减小。通过物质的传递，其总体积收缩，密度增大，颗

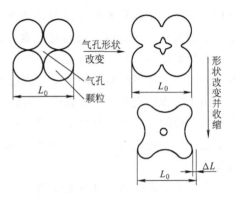

图 1-6-5　烧结过程示意图

粒之间的结合增强，力学性能提高，最后成为坚硬的具有某种显微结构的多晶烧结体。

（2）工程陶瓷的烧结方法　正确选择烧结方法是获得理想结构及预定陶瓷性能的关键。陶瓷生产中通常采用在大气条件下（无特殊气氛，常压下）烧结，但为了获得高质量的不同种类的工程陶瓷，也常采用下列方法进行烧结：

1）低温烧结。目的是降低能耗，使产品价格便宜。其方法是引入添加剂，或用压力烧结，或使用易于烧结的粉料等。

2）热压烧结。它是在加热粉体的同时进行加压，使烧结主要取决于塑性流动，而不是扩散。对同一材料而言，热压烧结可大大降低烧结温度，而且烧结体中气孔率低。因烧结温度低，就抑制了晶粒成长，所得的烧结体致密、晶粒小、强度高。

热压烧结的缺点是必须采用特种材料制成的模具，成本高，且生产率低，只能生产形状不太复杂的制品。如制备强度很高的陶瓷车刀等（其抗弯强度为 700MPa 左右）。

3）气氛烧结。对于空气中很难烧结的制品（如透光体或非氧化物，如 Si_3N、SiC 等），为防止其氧化等，需采用气氛烧结法，即在炉膛内通入一定气体，形成所要求的气氛，在此气氛下进行烧结。

二、工程陶瓷的成型方法

成型就是将制备好的坯料，用各种不同的工艺方法制成具有一定形状和尺寸的坯件（毛坯）。成型后的坯件仅为半成品，其后还要进行干燥、上釉、烧成等多道工序。因此，成型工序应满足下述要求：①坯件应符合制品所要求的形状和尺寸（由于有收缩，坯件尺寸应大于制品尺寸）；②坯件应有相当的力学性能，以便于后续操作；③坯件应结构均匀，具有一定的致密性；④成型过程应便于组织生产。

由于陶瓷制品的种类繁多，坯件性能各异，制品的形状、大小、烧结温度不一，以及对各类制品的性质和质量的要求也不相同，因此所用的成型方法多种多样，这就造成了成型工艺的复杂性。从工艺角度而论，可根据坯料的性能和含水量的不同，将陶瓷材料的成型方法分为三大类。

1. 可塑成型法

这是一种最为古老且应用最为广泛的成型方法。它是在外力作用下，对具有可塑性的坯料泥团进行加工，使坯料产生塑性变形，从而制成生坯。按其操作方法不同，可塑成型可分为雕塑、印坯、拉坯、旋压和滚压五种，目前使用最广泛的是旋压和滚压两种。图 1-6-6 所示为旋压和滚压成型方法的原理图。

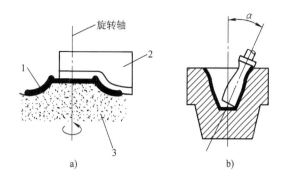

图 1-6-6 旋压和滚压成型方法的原理图
a) 旋压 b) 滚压
1—坯料 2—样板刀 3—石膏模型

2. 注浆成型法

这是陶瓷成型中的一种基本方法，其成型工艺简单。注浆成型法将制备好的坯料泥浆注入多孔性模样内，由于多孔性模样的吸水性，泥浆在贴近模壁的一层被模子吸水而形成一均匀的泥层。随时间的延长，当泥层厚度达到所需尺寸时，可将多余泥浆倒出，留在模样内的泥层继续脱水、收缩，并与模样脱离，出模后即得到制品生坯。图 1-6-7 所示为最基本的两种注浆成型方法——空心注浆和实心注浆的操作过程示意图。注浆成型适用于形状复杂、不规则、薄壁、体积大且尺寸要求不严格的陶瓷制品。

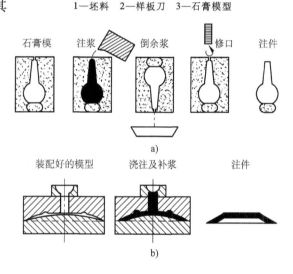

图 1-6-7 空心注浆和实心注浆的操作过程示意图
a) 空心注浆 b) 实心注浆

3. 干压成型法

干压成型是利用压力，将干粉坯料在模中加压成致密坯件的一种成型方法。由于干压成型的坯料水分少、压力大、坯体致密，因此能获得收缩小、形状准确、易于干燥的生坯。干压成形、等静压成型和热压成型，都是新出现的成型方法。其中干压成型过程简单，产量大，缺陷少，并便于机械化，对成型形状简单的小型坯件，有广泛的应用价值。

第三节 橡胶的成型

一、橡胶的成型工艺过程

橡胶件的制造一般包括下列几个工序：原材料的准备→混合→成型→硫化，即

橡胶的塑炼是利用在较高的温度下氧的作用或较低温度下的机械作用，使橡胶分子裂解而使分子量变小，将高弹态的橡胶转变成有塑性成型性能的塑炼胶的工艺过程。天然橡胶的

塑炼通常用机械塑炼法在炼胶机上进行。炼胶机是由两个反向转动而转速不同的空心滚筒构成的。切好的橡胶碎片在炼胶机的两个滚筒之间受到扯裂、摩擦和挤压，并同时受到空气中氧的作用，橡胶分子发生裂解，因而塑性急剧增加。在塑炼中变软的橡胶紧贴在转速慢的滚筒上，形成橡胶片。塑炼的温度和时间依橡胶品种而定，天然橡胶为 $40°C$、$15 \sim 20min$。

混炼是使各种配合剂均匀分散到橡胶中的混合过程，是在混炼机上进行的。混炼机的结构和炼胶机相似，也是由两个反向转动的滚筒组成的。混炼机分为开放式和密闭式两种。后者可防止粉状配合剂飞扬。混炼除了要严格控制温度和时间外，还要注意正确的加料顺序：塑炼胶、防老剂、填充剂、软化剂、硫化剂和硫化促进剂。

混炼好的橡胶即可加工成型。有关成型的各种方法，将在下面详细介绍。

橡胶成型之后的硫化过程是一个不可逆的化学反应过程，是确保成型后的橡胶制品降低可塑性、提高力学性能和其他性能的重要环节。硫化作用是把橡胶和硫送到硫化罐内，利用加热和加压的方法使硫原子将卷曲的橡胶分子链连接起来，产生交联。最佳硫化条件如温度、压力和时间等是通过多次试验确定的，在硫化过程中应严格遵守和加以控制。同时，橡胶在硫化作用之后，不可能再进一步成型。

二、橡胶的加工成型方法

橡胶材料可通过多种工艺方法加工成为制品。要加工出高质量的橡胶制品，与许多因素有关：配合剂的选择、制件的设计、模具的设计、加工机械的设计和选用、成型过程中各种工艺参数的选定和控制（如压力、温度、时间等）。

1. 挤压成型（也称挤出成型）**法**

挤压成型工艺是加工橡胶最早的方法，也是最重要的一种方法。该工艺是利用螺旋推进原理，使橡胶颗粒在旋转的螺杆和料筒之间进行输送、压缩、熔融塑化，并定量地在通过机头的模孔之后成型，图 1-6-8 所示为橡胶螺杆挤出机的结构图。

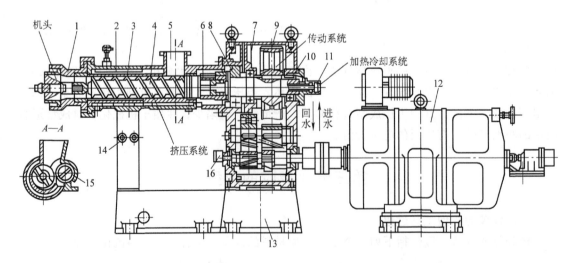

图 1-6-8　橡胶螺杆挤出机的结构

1—机壳　2—机身　3—衬套　4—螺杆　5—喂料口　6—旁压辊啮合齿轮　7、10—调心滚珠轴承

8—推力轴承　9—减速机　11—旋转接头　12—整流子电动机　13—底座

14—加热冷却装置　15—旁压辊　16—润滑油泵

挤压成型属连续生产,生产率高,可用来生产管材、棒材、各种异形材料、各种片材、板材、薄膜、单丝等,还可生产金属的涂层、电缆包覆层、发泡材料、中空制品等。

在挤压过程中,将颗粒状橡胶经喂料口加入已预热的料筒,料筒中不断旋转的螺杆连续地挤压熔融的橡胶,并通过模孔获得制品。接近模孔的区段,应能使橡胶的流动呈流线形。一根螺杆可分为三段,各段功能不同:加料段起着输送未熔融固体橡胶的作用;在压缩段中,橡胶逐渐由固态向黏流态转变,这种转变是通过料筒的热量和螺杆旋转时剪切、搅拌、摩擦等复杂的作用实现的;匀化段是将压缩段送来的熔融橡胶流体的压力进一步加大,使物料均匀塑化,然后控制其压力,定量地从机头模孔挤出成型。这种成型方法应根据橡胶的种类选择有关参数,如挤出机机身料筒后、中、前部的温度,模孔的内径和外径,螺杆转速等。

2. 注射成型 (也称模样成型) **法**

注射成型是根据金属压铸成型原理发展起来的,是橡胶成型的一种重要加工方法。用这种方法成型的制品品种比用其他工艺方法生产的都多。

注射成型是将橡胶颗粒加入到已预热的料筒中,借助螺杆(螺杆式注射机)或柱塞(柱塞式注射机)的压力,将处于黏流态的熔体射入闭合的金属模中,经冷却固化成型后,开模得到制品。图 1-6-9 所示为橡胶注射成型示意图。

注射成型法的工艺条件,如螺杆转速、料筒各段温度、注射压力和时间等,应根据橡胶种类进行选择。

注射成型的优点是:能够一次挤出外形复杂、有一定尺寸精确要求或带有金属嵌件的制品,且不需要第二次加工,工艺过程容易实现自动化操作;在成型过程中,金属模一直是冷的,因此铸型一旦被填充,橡胶就立刻凝固,整个循

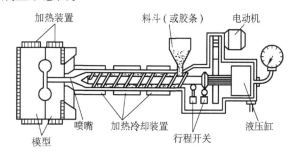

图 1-6-9 橡胶注射成型示意图

环只需要几秒钟。其缺点是:铸型可能非常昂贵,以至于需要生产多达 1 万个构件才能达到合理的经济效果;此外,注射机结构复杂而质量大,如 25-ZY-32000 型注射机,设备总质量达 240t,而公称注射质量只有 32kg。因此,注射成型只适用于批量很大的中、小件日用品和工业品的橡胶制品。

3. 压延成型法

压延成型是和金属板材轧制类似的成型工艺,是生产橡胶薄膜、薄板和有底复层品的主要方法。它是将熔融的橡胶挤进两个或多个平行滚筒之间,熔体通过滚筒时被拉伸或被挤压,或兼受拉伸和压缩,形成一定厚度的薄板和薄膜的加工方法。

4. 其他成型方法

(1) 吹塑成型法 将管状坯料在可分开的型坯中加热软化后,压缩气体的压力使坯料向型坯模壁膨胀,冷却后脱模,从而获得和型腔形状相同的中空制品。如果该中空制品为一壁极薄的圆筒,再在拉伸机上进行单向或双向牵伸,使分子链取向,然后在拉伸状态下冷却变形成薄膜。因此,吹塑成型法是制作中空制品和薄膜的常用工艺。

(2) 真空成型法 将加热软化的橡胶板料覆盖在与真空系统相接的模具或型模上,模

具或型膜型腔被抽成真空，靠负压（即真空吸力）将板材和模样相贴合，从而得到与模样外腔形状相同的薄壁构件。该成型工艺只适用于较大型构件的成型。

（3）压缩模塑成型法　把适量的橡胶喂入加热的铸型，熔融后用冲头压缩，使熔料填满铸型，铸型闭合足够长的时间，让已成型的橡胶固化。该成型工艺适用于壁厚均匀、最好不超过3mm的简单形状。

（4）传递模塑成型法　该成型工艺需要使用一个双熔室。橡胶首先在一个熔室中加热、加压，熔融后被强迫通过一个小孔注入到相邻熔室的模腔内，待固化后起模。

这种方法结合了压缩模塑成型以及注射成型两者的特点，可使制品的致密度更均匀、尺寸公差更精密；但使用的铸型比压缩模塑使用的铸型昂贵。

（5）喷丝成型法　这种方法实际上是一个挤压过程。熔融的橡胶被强制穿过一个有许多细孔的模样，该模样称为喷丝头，从而得到细丝状制品。

（6）发泡成型法　可用化学方法或机械方法使橡胶制成泡沫制品，或在金属微粒上形成泡沫。

化学方法就是添加低沸点溶质或化学药物，加热到放出蒸汽或气体。机械方法包括：用压力把气体压入软质橡胶，通过混料机械充气或机械发泡，在加压条件下把金属微粒和带有大量橡胶的气体混合，当卸压以后，在金属微粒上形成泡沫。

5. 焊接和粘接

将橡胶制件连接在一起组成结构更为复杂的制品的方法有很多，其中使用较多的有以下几种。

（1）熔融连接（焊接）　将被连接制件的结合处加热至熔融状态，使接缝处熔合在一起，冷却后即可焊成。

（2）溶剂粘接　将被连接的制件结合处涂以适当的溶剂，使接缝处发生熔融和软化，适当加压使两制件紧密贴合在一起，待溶剂挥发后，两制件就可粘接在一起。

（3）粘合剂粘接　在被连接的制件结合面上涂以适当的粘合剂，靠粘胶层把制件连接在一起。

连接时，接头的设计和表面预先处理（去除水、油、灰尘等）是非常重要的。

第四节　复合材料的成型

一、复合材料的成型方法

复合材料按基体不同可分为聚合物基复合材料、金属基复合材料、陶瓷基复合材料等。

1. 聚合物基复合材料的成型

聚合物基复合材料是目前结构复合材料中发展最早、研究最多、应用最广的一类，其基体可分为热塑料和热固性塑料，增强物可以是纤维、晶须、粒子等。聚合物基复合材料的成型工艺有如下几种：

（1）预浸料及预混料成型　预浸料通常是指定向排列的连续纤维等浸渍树脂后形成的厚度均匀的薄片状半成品。预混料是指由不连续纤维浸渍树脂或与树脂混合后所形成的较厚的片状、团状或粒状半成品。预浸料和预混料半成品还可通过其他形成工艺制成最终产品。

（2）手糊成型　手糊成型工艺如图1-6-10a所示，是用于制造热固性树脂复合材料的一种最原始、最简单的成形工艺。在模具涂一层脱模剂，再涂上表面胶后，将增强材料辅放在模具中或模具上，然后通过浇、刷或喷的方法加上树脂并使增强材料浸渍；用橡皮辊或涂刷的方法赶出空气，如此反复添加增强剂和树脂，直到获得所需厚度，经固化成为产品。

（3）袋压成型　将预浸料铺放在模具中，盖上柔软的隔离膜，在热压下固化，经过所需的固化周期后，材料形成具有一定结构的构件。根据加压方式不同，袋压成型法又可分为真空袋压法、加压袋压法、高压釜压法。如图1-6-10b、c、d所示。

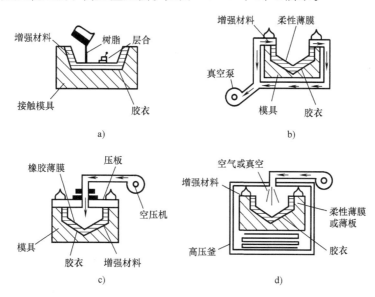

图 1-6-10　手糊成型法和袋压成型法

a）手糊成型　b）真空袋压成型　c）加压袋法　d）高压釜加压法

（4）缠绕成型　缠绕成型是将浸渍了树脂的纤维缠绕在回转芯模上，在常压及室温下固化成型的一种工艺，如图1-6-11所示。缠绕成型工艺是一种生产各种回转体的简单有效的方法。

（5）拉挤成型　拉挤成型是将浸渍了树脂的连续纤维通过一定截面形状模具的成型并固化，拉挤成制品的工艺。如图1-6-12所示，拉挤成型的主要工序有纤维输送、纤维浸渍、成形与固化、拉拔、切割。通过拉挤成型可生产各种杆棒、平板、空心板或型材等。

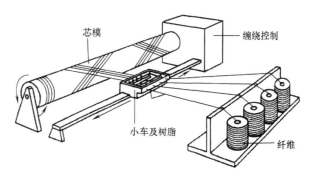

图 1-6-11　缠绕成型工艺

（6）模压成型　模压成型是将浸渍料或预混料先做成制品的形状，然后放入模具中压制成制品。图1-6-13所示为模压成型示意图。

2. 金属基复合材料的成型工艺

金属基复合材料是以金属或合金为基体，与一种或几种金属或非金属增强相结合成的复合材料。金属基可以是铝、钛、铜、钢等，增强材料有陶瓷、碳、硼、金属化合物等，金属基复合材料制备工艺主要有以下几种。

（1）固态法 固态法主要包括扩散法和粉末冶金法两种。

1）扩散法结合工艺是在一定温度和压力下，通过互相扩散使金属基体与增强相结合在一起。图1-6-14所示为硼纤维增强铝的扩散结合过程示意图。

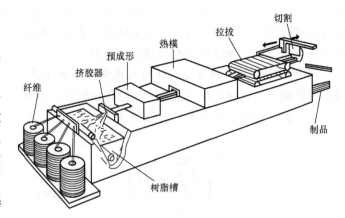

图1-6-12 拉挤成型工艺

2）粉末冶金法是将金属基制成粉末，并与增强材料混合，再经热压或冷压后烧结等工序制得复合材料的工艺。

（2）液态法 液态法包括压铸、半固态复合铸造、液态渗透等。

1）压铸成型是指将液态或半液态金属基复合材料以一定的速度填充铸模型腔，在压力下凝固成形的工艺方法。图1-6-15所示为金属复合材料压铸成形工艺流程示意图。

2）半固态复合铸造是指将颗粒加入处于半固态的金属基体中，通过搅拌使颗粒在金属基体中均匀分布，然后浇注成型。

（3）喷涂沉积法 其原理是以等离子体或电弧加热金属粉末或金属线、丝，或者增强材料，然后通过喷涂气体喷涂到沉积基板上。

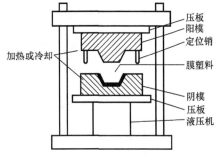

图1-6-13 模压成型示意图

如图1-6-16所示，首先将增强的纤维缠绕在已经包覆一层基体金属并可以转动的滚筒上，基体金属粉末、线、丝通过电弧喷涂枪或等离子喷涂枪加热形成液滴，基体金属熔滴直接喷涂在沉积滚筒上与纤维相结合并快速凝固。

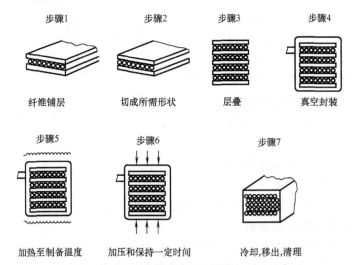

步骤1 纤维铺层
步骤2 切成所需形状
步骤3 层叠
步骤4 真空封装
步骤5 加热至制备温度
步骤6 加压和保持一定时间
步骤7 冷却,移出,清理

图1-6-14 硼纤维增强铝的扩散结合过程示意图

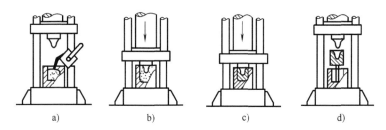

图 1-6-15　金属基复合材料压铸成型工艺流程示意图

a）注入复合材料　b）加压　c）固化　d）顶出

3. 陶瓷基复合材料的成型

用陶瓷作基体，以纤维或晶须作增强物所形成的复合材料称为陶瓷基复合材料。通常陶瓷基体有玻璃陶瓷、氧化铝、氮化硅、碳化硅等。陶瓷基复合材料制备工艺有粉末冶金法、浆体法、溶胶-凝胶法等。

陶瓷基复合材料的粉末冶金法与金属基复合材料的粉末冶金法相似；浆体法是采用浆体形式，使复合材料的各组元保持散凝状（增强物弥散分布）。使增强材料与基体混合均匀，可直接浇注成型，也可通过热压或冷压后烧结成型；溶胶-凝胶法是将基体形成溶液或溶胶，

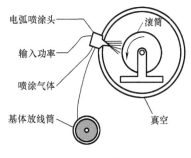

图 1-6-16　喷涂沉积法

然后加入增强材料组元，经搅拌使其均匀分布，当基体凝固后，这些增强材料组元则固定在基体中，经干燥或一定温度处理，然后压制、烧结得到复合材料的工艺。

二、复合材料的二次加工

大部分复合材料在材料制造时就已直接完成制品的制造，但仍有少部分复合材料是先制成半成品，再经过二次加工获取成品的。复合材料的二次加工主要包括压力加工、机械加工和连接。

1. 复合材料的压力加工

金属基复合材料的坯锭或坯料可以采用模锻、轧制、冲压、旋压等压力加工工艺获取最终的制品。但由于金属基是延性材料，增强纤维多为脆性材料，加工过程中容易发生材料断裂，故变形量不能太大，同时应适当进行加热。

2. 复合材料的机械加工

复合材料的机械加工可以采用车、铣、钻、锯、抛光等常规机加工方法，但纤维增强复合材料的机械加工过程中会出现一些特殊的困难，如纤维硬脆或坚韧使刀具磨损严重；树脂基柔韧且不导热，使散热困难，造成粘刀，层压材料加工时容易分层等。因而，加工复合材料时应选择坚硬的金属合金刀具，控制加工余量并采取适当的润滑和冷却措施。

（1）切割　成形后的复合材料板材、管材及棒材等常需按尺寸要求进行切割，可采用机械切割（锯、剪、冲）、砂轮切割、高压水切割、超声波切割、激光切割等。

（2）铣削与打磨　常采用碳化铣头手动铣或靠模铣对复合材料进行分割、切缝和修整，并用氧化铝或碳化硅的打磨盘打磨配合面或胶接面及飞边。

（3）钻孔　常采用碳化钨钻头或嵌有金刚石的钻头进行机械钻削或超声波钻削。

3. 复合材料的连接

复合材料的连接可分为机械连接、胶接连接和焊接连接三大类。

（1）机械连接　主要采用螺栓连接、铆钉连接和销钉连接。

机械连接的优点是连接强度高、传递载荷可靠、易于分解和重新组全。但必须在复合材料上钻孔，将破坏部分纤维的连续性，并容易引起分层，降低强度。此方法主要适合于受力较大部件的连接，钻孔或装配时应按专门的规范进行。

（2）胶接　用胶粘剂将复合材料制件连接起来的方法。

胶接连接的优点是不需要钻孔，可保持复合材料制件的结构完整性，同时避免钻孔引起的应力集中和承载面积减少，成品表面光滑、密封、耐疲劳性能好，成本低廉。但是强度分散性大，可靠性低，容易剥离。一般只适用于载荷较小部位的连接，或与机械连接联合使用。

（3）焊接　热塑性复合材料和金属基复合材料可采用焊接方法进行连接。

通常，热塑性复合材料的焊接不需外加焊料，仅靠加热时复合材料的表面树脂熔融与融合将制件连接在一起。可采用的焊接方法有电阻焊、激光焊、超声波焊、摩擦焊等。

金属基复合材料的焊接常采用钎焊或熔化焊。焊接时为防止损伤纤维，通常采用急速加热和冷却。

第七章

量　具

第一节　零件的技术要求

零件的技术要求包括加工精度和表面质量，它直接影响产品的使用性能和寿命。

一、加工精度

加工精度是指零件加工后，其尺寸、形状、相互位置等参数的实际数值与其理想准确数值相符合的程度。零件要做得绝对准确，既没有必要，也是不可能的。因为切削加工总是有误差的。因此，只需根据其使用要求，把零件的实际参数限制在一定的误差范围之内即可。零件实际参数值与其理想值相符合的程度越高，即加工误差越小，则加工精度就越高。

零件实际参数的最大允许变动量称为公差。加工精度包含尺寸精度、形状精度和位置精度。相应的尺寸误差、形状误差、位置误差的最大允许变动量就分别用尺寸公差、几何公差来限制。

1. 尺寸误差、尺寸精度与尺寸公差

零件的实际尺寸相对设计的理想尺寸的变动量，称为尺寸误差。

制造的实际尺寸与设计的理想尺寸相接近的准确程度，称为尺寸精度。

允许零件尺寸的变动量称为尺寸公差，简称公差。

为了实现互换性和满足各种使用要求，GB/T 1800.2—2009《产品几何技术规范（GPS）　极限与配合　第2部分：标准公差等级和孔、轴极限偏差表》规定：尺寸公差分为20个公差等级，即IT01、IT0、IT1、IT2、…、IT17、IT18。IT表示标准公差（IT是国际公差ISO Tolerance的英文缩写），公差的等级代号用阿拉伯数字表示，从IT01～IT20，精度依次降低，公差数值依次增大。

图1-7-1中的零件外径尺寸为 $\phi 110_{-0.022}^{0}$ mm，它的公差值为0.022mm，查有关手册可知，公差等级为IT6级。外径尺寸允许在 $\phi 110 \sim \phi 109.978$ mm 之间变动。

2. 形状误差、形状精度、形状公差

以图1-7-2所示的 $\phi 25_{-0.013}^{0}$ mm 外圆为例，在加工中，虽然同样保持在尺寸公差范围内，却可能加工成八种不同形状的外圆。因此，为了保证机器零件正确装配和性能要求，单靠尺寸精度来控制零件的几何形状已经不够了，还必须对零件的形状误差加以控制。

零件的实际要素对其理想要素形状的变动量，

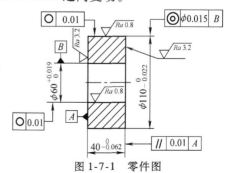

图1-7-1　零件图

称为形状误差。

零件的实际要素的形状与理想要素的形状相接近的准确程度，称为形状精度。

单一实际要素的形状所允许的变动全量称为形状公差。

所谓要素，就是构成零件几何特征的点、线、面。其中有构成零件轮廓的要素——圆柱面、球面、平面、素线等，以及反映轮廓对称的中心要素——轴线、球心等。

按照 GB/T 1182—2008《产品几何技术规范（GPS） 几何公差 形状、方向、位置和跳动公差标注》规定，表面形状的精度用形状公差来控制。形状公差有六项。常用的四项形状公差的名称、符号、标注及其说明见表 1-7-1。

3. 位置误差、位置精度与位置公差

零件的关联实际要素的位置对基准的变动量，称为位置误差。

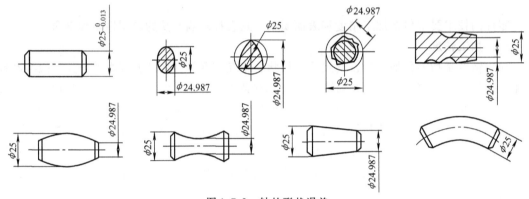

图 1-7-2　轴的形状误差

表 1-7-1　常用形状公差的名称、符号、标注及其说明

序号	项目	图　形	说　明
1	直线度	— 0.02　$\phi20$	直线度公差为 0.02mm。任一实际素线必须位于轴向平面内距离为 0.02mm 的两平行直线之间
2	平面度	▱ 0.1	平面度公差为 0.1mm。实际平面必须位于距离为 0.1mm 的两平行平面内
3	圆度	○ 0.005　$\phi18$	圆度公差为 0.005mm。在任一横截面内，实际圆必须位于半径差为 0.005mm 的两同心圆之间

（续）

序号	项目	图　形	说　明
4	圆柱度		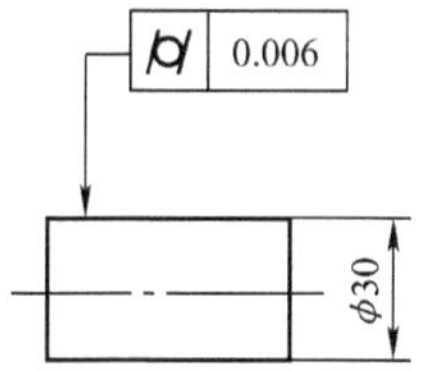 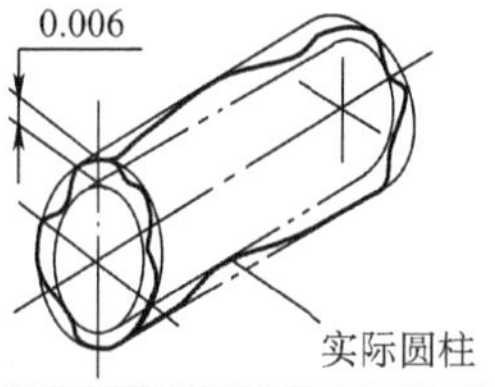 圆柱度公差为 0.006mm。实际圆柱面必须位于半径差为 0.006mm 的两同轴圆柱之间

零件的点、线、面的实际位置对于理想位置的准确程度，称为位置精度。

关联实际要素的位置对基准所允许的变动全量称为位置公差。

组成零件的诸要素中，凡对其他要素具有某种确定的方向和位置关系的要素，称为关联要素。

按照 GB/T 1182—2008 规定，位置精度用位置公差来控制。位置公差有 13 项，其中常用的 4 项位置公差的名称、符号、标注及其说明见表 1-7-2。

图 1-7-1 所示的平行度公差表示零件中尺寸为 $40_{-0.062}^{0}$ mm 的右端面与左端面 A 的平行度公差值为 0.01mm，图中同轴度公差表示外圆 $\phi110$ 的外表面对基准孔 $\phi60_{0}^{+0.019}$ mm 的同轴度公差值为 $\phi0.015$mm。

表 1-7-2　常用位置公差的名称、符号、标注及其说明

序号	项目	图　例	说　明
1	平行度		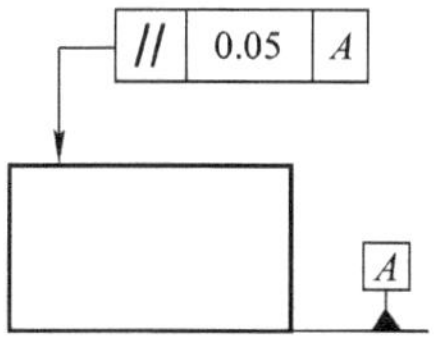 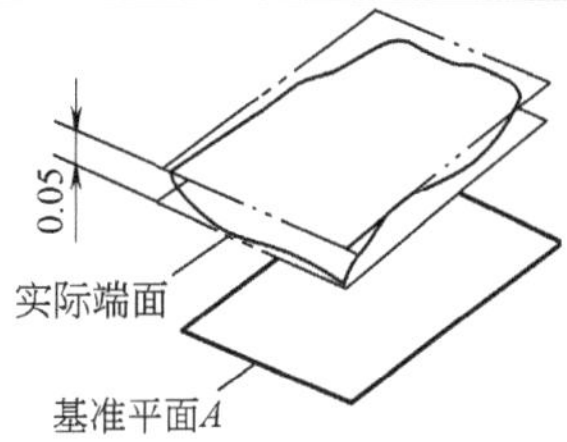 平行度公差为 0.05mm。实际平面必须位于距离为 0.05mm 且平行于基准平面 A 的两平行平面之间
2	垂直度		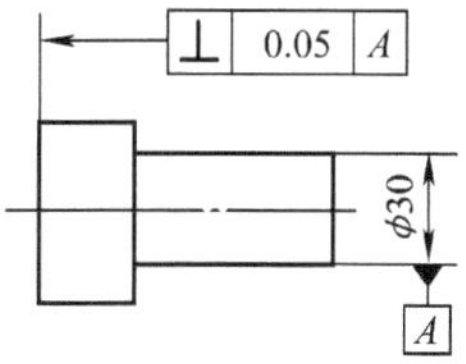 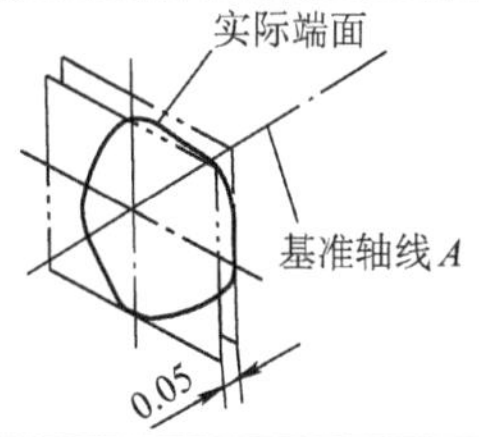 垂直度公差为 0.05mm。实际端面必须位于距离为 0.05mm 且垂直于基准轴线 A 的两平行平面之间
3	同轴度		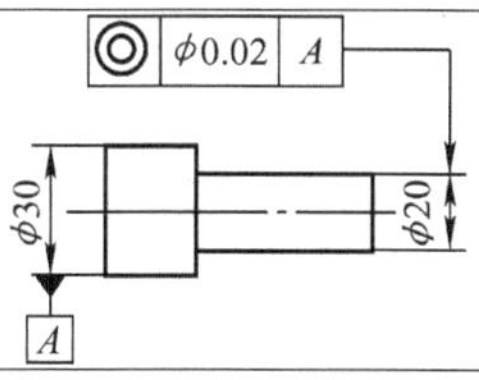 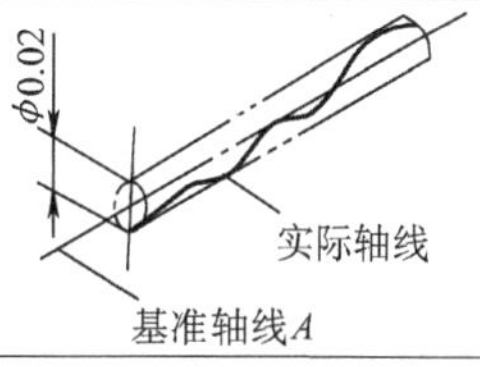 同轴度公差为 $\phi0.02$mm。$\phi20$ 圆柱的实际轴线必须位于以 $\phi30$ 圆柱基准线 A 为轴线的、以 0.02mm 为直径的圆柱面内
4	圆跳动		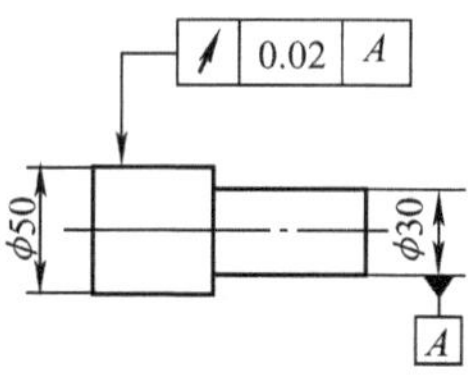 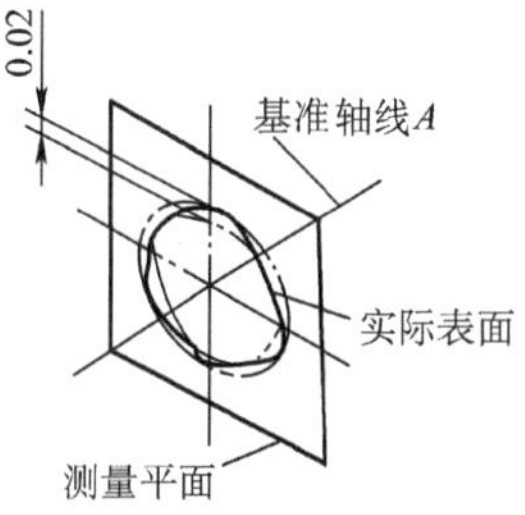 径向圆跳动公差为 0.02mm。$\phi50$ 圆柱绕 $\phi30$ 圆柱基准轴线无轴向移动旋转一周时，在任一测量平面内的径向跳动量均不得大于 0.02mm

（续）

序号	项目	图 例	说 明
4	圆跳动	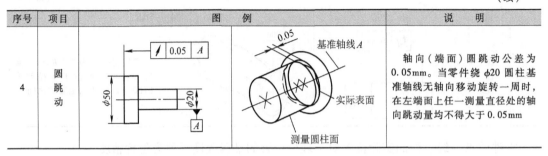	轴向（端面）圆跳动公差为0.05mm。当零件绕 φ20 圆柱基准轴线无轴向移动旋转一周时，在左端面上任一测量直径处的轴向跳动量均不得大于 0.05mm

形状公差和位置公差统称为几何公差。

为了满足各类零件不同功能选用相应的公差值，我国几何公差的国家标准中对各项几何公差的值规定了12级。其中1级的公差值最小，代表最高精度等级，12级的公差值最大，代表最低精度等级（对圆度和圆柱度的公差值增加了一个0级）。各项几何公差值，可从手册中查出。

必须指出，尺寸、形状、位置三项精度的参数往往是相互关联的，如无特殊要求，则在确定直径公差时，一般包括圆柱表面圆度和圆柱度。确定平面间距离公差时，一般包括两个平面本身的平行度。因此，一般几何形状误差应控制在相应的尺寸公差的1/3~1/2以内。

选择公差等级的原则是在保证能达到使用性能要求的前提下，选择较低的公差等级，以便于加工，降低成本。

二、表面质量

任何机械加工方法所得到的零件表面，实际上都不是完全理想的表面。它们的微观几何性质和物理性质都与理想表面有所差异，尽管这些差异值只是在很小的尺寸范围内，却严重影响着机械零件的使用性能（耐磨性、配合质量、抗腐蚀性和疲劳强度等），从而影响产品的使用性能和寿命。

零件经机械加工后的表面质量包括如下两个方面。

1. 表面粗糙度

零件的表面经过机械加工后，其实际形状与所要求的理想形状之间存在着一定的差异。这种差异有微观几何形状误差和宏观几何形状误差两种。前者称为表面粗糙度，后者属于几何形状误差。

评定表面粗糙度的参数有表面的"轮廓算术平均偏差（Ra）"和表面"轮廓最大高度R_z（R_y）"。通常优先选用 Ra。按国家标准规定，表面粗糙度的符号有三种。对于用车、铣、刨、磨、钻、抛光、腐蚀、电火花加工等去除材料的加工方法所获得的表面，采用图1-7-3a所示的符号表示；对于用

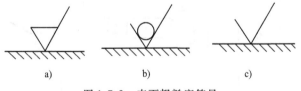

图 1-7-3　表面粗糙度符号

铸、锻、冲压、热轧、粉末冶金等不去除材料的加工方法所获得的表面，采用图1-7-3b所示的符号表示；用任何方法获得的表面，可采用图1-7-3c所示的符号表示。

旧国标中与表面粗糙度对应的概念是表面光洁度。表1-7-3是表面粗糙度与表面光洁度的对照表。

表 1-7-3　表面粗糙度与表面光洁度的对照表

	级			别			
新标准	$\sqrt{}$	$\sqrt{Ra\,50}$	$\sqrt{Ra\,25}$	$\sqrt{Ra\,12.5}$	$\sqrt{Ra\,6.3}$	$\sqrt{Ra\,3.2}$	$\sqrt{Ra\,1.6}$	$\sqrt{Ra\,0.8}$
旧标准	$\smile$	▽1	▽2	▽3	▽4	▽5	▽6	▽7
新标准	$\sqrt{Ra\,0.4}$	$\sqrt{Ra\,0.2}$	$\sqrt{Ra\,0.1}$	$\sqrt{Ra\,0.05}$	$\sqrt{Ra\,0.025}$	$\sqrt{Ra\,0.012}$	$\sqrt{Ra\,0.006}$
旧标准	▽8	▽9	▽10	▽11	▽12	▽13	▽14

2. 已加工表面的加工硬度和残余应力

机械零件在加工后，除了在表面形成不平度之外，在切削过程中，由于热和力的作用，表面层还会因塑性变形而引起冷硬作用和残余应力，因切削加工产生高温而引起金相组织变化。这些都影响零件的表面质量，进而影响其使用性能。

对于一般零件，主要规定其表面粗糙度的数值范围。对于重要零件，除了限制其表面粗糙度外，还要控制表面层的加工硬化程度和深度，以及表面层残余应力的性能和大小。

第二节　常用量具及其使用

加工出的零件是否符合设计要求（包括加工精度和表面质量），需要进行检测。这种检测是借助量具来进行的。本书只对生产中常用的几种量具进行简要介绍。

一、游标卡尺

游标卡尺（图 1-7-4）是带有测量卡爪并用游标读数的量尺。它具有结构简单、使用方便、测量尺寸范围较大等特点，可用来测量外径、内径、长度、宽度、厚度、深度和孔距等。常用的规格有 0~125mm、0~200mm、0~300mm 和 0~500mm 等。游标卡尺按其分度值（游标读数值），有 0.1mm、0.05mm 和 0.02mm 三种。

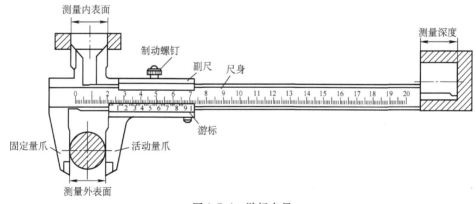

图 1-7-4　游标卡尺

1. 游标卡尺的刻线原理及读数方法

游标卡尺的刻线原理及读数方法见表 1-7-4。

2. 使用游标卡尺的注意事项

使用游标卡尺时应注意以下事项：

（1）检查零线　使用前应先擦净卡尺，合拢卡脚，检查尺身与游标的零线是否对齐。

如未对齐，应记下误差值，以便测量后修正读数。

表 1-7-4　游标卡尺的刻线原理及读数方法

精度值	刻 线 原 理	读 数 方 法 及 示 例
0.1	尺身1格 = 1mm，游标1格 = 0.9mm，共10格，尺身与游标每格之差 =（1 - 0.9）mm = 0.1mm	读数 = 游标0位指示的尺身整数 + 游标与尺身重合线数 × 精度值　示例：　读数 =（90 + 5 × 0.1）mm = 90.4mm
0.05	尺身1格 = 1mm，游标1格 = 0.95mm，共20格，尺身与游标每格之差 =（1 - 0.95）mm = 0.05mm	读数 = 游标0位指示的尺身整数 + 游标与尺身重合线数 × 精度值　示例：　读数 =（30 + 11 × 0.05）mm = 30.55mm
0.02	尺身1格 = 1mm，游标1格 = 0.98mm，共50格，尺身与游标每格之差 =（1 - 0.98）mm = 0.02mm	读数 = 游标0位指示的尺身整数 + 游标与尺身重合线数 × 精度值　示例：　读数 =（23 + 12 × 0.02）mm = 23.24mm

（2）放正卡尺　测量内、外圆时，卡尺应垂直于轴线；测量内圆时，应使两量爪处于直径处。

（3）用力适当　量爪与测量面接触时，用力不宜过大，以免量爪变形和磨损。

（4）视线垂直　读数时视线要对准所读刻线并垂直尺面，否则读数不准。

（5）防止松动　卡尺取出时，应使固定量爪紧贴工件，轻轻取出，防止活动量爪移动。

（6）勿测毛面　卡尺属于精密量具，不得用来测量毛坯表面。

二、千分尺

千分尺是用微分筒读数的、示值为0.01mm或0.001mm的量尺。按用途分，有外径千分尺、内径千分尺、深度千分尺、公法线千分尺、螺纹千分尺和杠杆千分尺等。它们测量对象不同，但

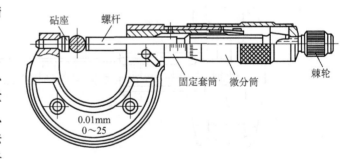

图 1-7-5　外径千分尺

基本原理是相同的。现以使用最多的外径千分尺为例加以说明。图1-7-5所示为测量范围为0～25mm的外径千分尺。

1. 千分尺的读数原理和方法

千分尺的尺架左端装有砧座，右端有固定套筒，上面沿轴向刻有格距为0.5mm的刻线（即尺身）。固定套筒的内孔是螺距为0.5mm的螺孔，它与螺杆的螺纹相配合。螺杆的右端

通过棘轮与微分筒（活动套筒）相连，微分筒沿圆周刻有 50 格刻度（即游标）。筒转动一周，螺杆和微分筒沿轴向移动一个螺距的距离，即 0.5mm。因此，微分筒每转过一格，轴向移动的距离为 0.5mm/50 = 0.01mm。

千分尺的读数方法及示例如图 1-7-6 所示。读数 = 微分筒所指的固定套筒上的整数（应为 0.5 的整倍数）+ 固定套筒基线所指微分筒的格数 × 0.01。

用千分尺测量工件的步骤如图 1-7-7 所示。

2. 使用千分尺的注意事项

使用千分尺时应注意：

（1）检查零点　使用前将螺杆与砧座的测量面擦净并合拢，仔细检查零点。若圆周的零线与轴向中线未对齐，应记下误差值，以便测量时修正读数。

（2）合理操作　测量时不应先锁紧螺杆，后用力卡工件。这样将会导致螺杆弯曲或测量面磨损而影响测量准确度。当测量头接近工件时，严禁再拧微分筒，而应拧动右端棘轮。当棘轮发出"嘎嘎"声时，表示压力合适，即应停止拧动。

（3）擦净工件　工件测量面应当擦净，否则将产生读数误差。

（4）精心维护　千分尺只适于测量精度较高的工件，不宜测量粗糙表面。千分尺使用后应放回盒中，严禁与硬物撞击，以免磕伤或变形。

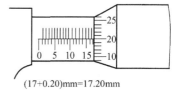

(17+0.20)mm=17.20mm

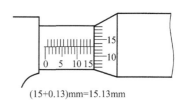

(15+0.13)mm=15.13mm

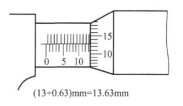

(13+0.63)mm=13.63mm

图 1-7-6　千分尺的读数示例

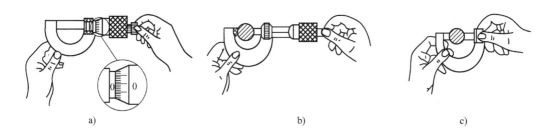

a)　　　　　　　b)　　　　　　　c)

图 1-7-7　用千分尺测量工件的步骤

a）检验零点，并予以校正　b）先旋转套筒作大调整，后旋转棘轮至打滑为止
c）直接读数，或锁紧后与工件分开再读数

三、百分表

百分表（图 1-7-8a）是一种进行读数比较的指示式量具，测量精度较高，为 0.01mm。百分表只能测出相对数值，不能测出绝对数值。生产中主要用于校正零件的安装位置，检验零件的几何误差以及测量精度要求较高的内径等。它的主要优点是读数指示清楚，使用方便、可靠。

1. 百分表的结构、读数原理和方法

图 1-7-8a 所示为百分表的外观。表盘上刻有 100 格刻度，转数指示盘上只刻有 10 格刻度。当指针（即长针）转动一格时，相当于测量头向上或向下移动 0.01mm。指针转动一

周，转数指示针（即短针）转动一格，相当于测量杆移动1mm。百分表内的传动原理如图 1-7-8b 所示。这是一组精密传动机构。

传动路线是：测量杆移动→齿轮 z_{16} 转动→左边齿轮 z_{100} 与齿轮 z_{16} 同轴转动→齿轮 z_{10} 转动（即长针转动）→右边齿轮 z_{100} 转动（即短针转动）。

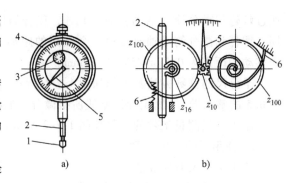

图 1-7-8 百分表
a）外观 b）传动原理
1—测量头 2—测量杆 3—转数指示盘
4—表盘 5—指针 6—弹簧

测量杆（齿杆）和齿轮的齿距都是 0.625mm，齿轮 z_{16}、z_{100}、z_{10} 的齿数分别为 16、100、10。

长短针之间的转动关系是：长针转动一周→右边齿轮 z_{100} 转动 $\frac{10}{100}$ 即 $\frac{1}{10}$ 转→短针转一格。

测量杆移动量与指针转动的关系是：长针转动一周→左边齿轮 z_{100} 转动 $\frac{10}{100}$ 即 $\frac{1}{10}$ 转→齿轮 z_{16} 转 $\frac{1}{10}$ 转→测量杆移动 $\frac{1}{10} \times 16 \times 0.625$mm $= 1$mm。

涡线弹簧（游丝）的作用是消除齿轮啮合时间隙的影响，以保证读数精度。

2. 使用百分表的注意事项

使用时，通常是将百分表装在与其配套的附件或支架上（图 1-7-9）。测量时，应使测量杆与被测表面垂直，并且让测量杆压下一点，使长指针转过半圈左右，然后转动表盘，使表盘的零位刻线对准长指针，轻轻拉动手提测量杆的圆头，并拉起和放松几次来检查长指针所指的零位有无改变。当长指针的零位稳定后，再开始转动零件，观察指针的摆动，以确定被测量零件的精确度。此外，百分表测量杆的升降范围不能太大，以减小由于机械传动所产生的误差。

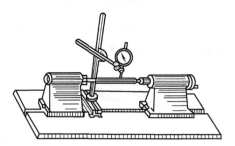

图 1-7-9 用百分表检查工件外圆面对轴心线的径向圆跳动

此外还有杠杆百分表、内径百分表等，其原理与上述基本相同。

四、万能角度尺

1. 万能角度尺的结构、原理和读数

万能角度尺是用来测量精度要求很高，或非直角工件的内、外角角度的量具。它的结构如图 1-7-10a 所示。

万能角度尺主要由主尺、基尺、直尺、角尺、扇形板部件和游标尺等主要部分组成。在卡块的作用下，角尺固定于扇形板部件上，而直尺固定在角尺上。当转动卡块上的螺母时，即可紧固或放松角尺。在扇形板部件的后面，有一与小齿轮相连接的握手，而该小齿轮又与固定在主尺上的扇形齿轮板相啮合，因此当转动握手时就能使主尺和游标尺作细微的相对移动，以精确地调整测量值。但当把制动器上的螺母拧紧后，扇形板部件与主尺即被紧固在一起，而不能有任何相对移动。

图 1-7-10b 所示为万能角度尺的读数原理图。主尺刻线每格为 1°。游标的刻线是取主尺的 29° 等分为 30 格。因此，游标刻线每格为 $\frac{29°}{30}$，即主尺上 1 格与游标上 1 格的差值为 $1° - \frac{29°}{30}$ $= \frac{1°}{30} = 2'$，也就是万能角度尺的测量精度为 2′。它的读数方法与游标卡尺完全相同，即读数 = 游标 0 线所指刻度盘上整数 + 游标尺与刻度盘对齐格数 × 精度值。

2. 万能角度尺的使用方法和注意事项

测量时应先校对零位。万能角度尺的零位是当角尺与直尺都装上，且角尺的底边及基尺均与直尺无间隙接触时，主尺与游标的 "0" 线对准。测量时，转动背面的握手，使基尺改变角度，带动主尺沿游标转动，通过改变基尺、角尺和直尺的相互位置，可测量 0°～320° 范围内的任意角度。

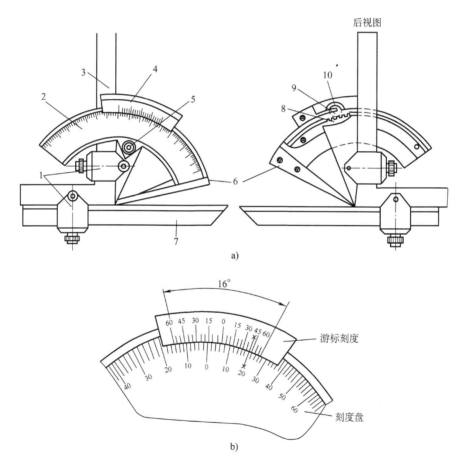

图 1-7-10　万能角度尺的结构和读数
a）万能角度尺结构　b）读数示例
1—卡块　2—主尺　3—角尺　4—游标　5—制动器　6—基尺　7—直尺
8—扇形齿轮　9—小齿轮　10—握手

用万能角度尺测量工件时，应根据所测角度范围组合量尺。角尺和直尺可以配合使用，也可单独使用，如图 1-7-11 所示。

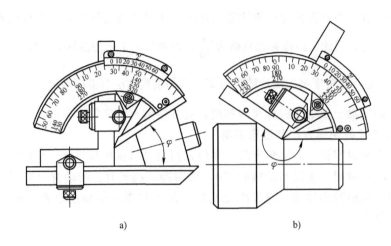

图 1-7-11　用万能角度尺测量零件的角度
a）测量锐角　b）测量钝角

五、量规

极限量规是用于成批、大量生产中的一种专用量具。它是根据零件能否通过某一特定尺寸的量具来检验零件是否合格的。

检验孔的极限量规称为塞规（图 1-7-12a），检验轴的极限量规称为环规（图 1-7-12b）和卡规（图 1-7-12c）。

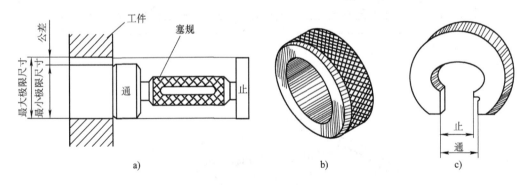

图 1-7-12　极限量规
a）塞规　b）环规　c）卡规

极限量规一般有两个测量面，其尺寸分别按零件的最大极限尺寸和最小极限尺寸制造，通常称为通端和止端。量规的通端用来检验工件的最大实体尺寸，即孔的最小极限尺寸，轴的最大极限尺寸；止端用来检验工件的最小实体尺寸，即孔的最大极限尺寸、轴的最小极限尺寸。检验工件时，如果通端能通过，止端不能通过，则认为该工件为合格。

极限量规的使用如图 1-7-13 所示。使用时，位置必须放正，不能歪斜，不可用通端硬塞、硬卡，只许稍加压力轻轻推入，或在量规自身重力的作用下自行通过。

六、量具的使用

综上所述可以看出，有些量具属于通用量具，可以测量一定范围内的实际尺寸数值，如

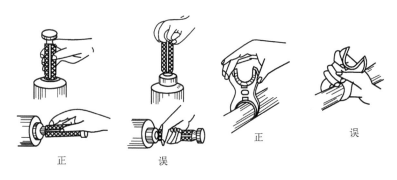

正　　　　　误　　　　　正　　　　　误

图 1-7-13　极限量规的使用

游标卡尺、千分尺、百分表等。但这类量具的测量速度慢，测量技术要求高。还有一些量具属于专用量具，没有刻度，不能测量具体的尺寸数值，只是根据规定的实际极限尺寸来检验工件尺寸是否在公差范围之内，如各种量规等。选择量具应该准确、方便、经济和合理。选择量具与零件的大小、形状、公差大小、被测表面的位置以及生产规模、生产方式等有关。归纳起来，选择量具时应考虑以下两点：

1）测量的范围要符合零件尺寸和公差的要求。每种量具都有一定的测量范围，尺寸大的零件选用测量范围大的量具，尺寸小的零件选用测量范围小的量具。

2）量具的精度要合适，选用精度高的量具可以充分保证零件的加工精度，但是精度高的量具生产成本高、不经济。

第八章

车 削 加 工

在车床上用车刀对工件进行切削加工的过程称为车削加工。它所用的设备是车床，所用的刀具主要是车刀，还可用钻头、铰刀、丝锥、滚花刀等。

车外圆时，工件的旋转运动为主运动，车刀的纵向走刀运动和横向吃刀运动为进给运动（图1-8-1）。其切削用量是：

（1）切削速度 v_c　切削刃上选定点相对于工件主运动的线速度。其数值按 $v_c = \dfrac{\pi dn}{1000 \times 60}$ 计算，其中 d 一般用待加工表面的直径 d_w 代替（图1-8-1）。

（2）进给量 f　工件每转一圈时，车刀沿进给运动方向移动的距离。

（3）背吃刀量 a_p　在通过切削刃基点[⊖]并垂直于工作平面[⊖]的方向上测量的吃刀量（图1-8-1）。

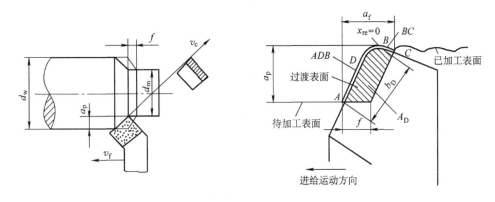

图 1-8-1　车削的运动和切削用量

车削加工一般分为粗车和精车。粗车的切削用量见表1-8-1,精车的切削用量见表1-8-2。

表 1-8-1　粗车的切削用量

	用硬质合金车刀时			用高速钢车刀时		
	a_p/mm	$f/(mm/r)$	$v_c/(m/min)$	a_p/mm	$f/(mm/r)$	$v_c/(m/min)$
车削铸铁	2～5	0.15～0.04	30～50	1.5～3	0.15～0.4	12～24
车削钢	2～5	0.15～0.04	40～60	1.5～3	0.15～0.4	12～42

⊖ 切削刃基点：通常指把实际参与切削的切削刃（包括主、副切削刃）分成两相等长度的点（图1-8-1中的D点）。

⊖ 工作平面：通过切削刃上选定点并同时包含主运动方向和进给运动方向的平面。

表 1-8-2　精车的切削用量

	a_p/mm	$f/(\mathrm{mm/r})$	$v_\mathrm{c}/(\mathrm{m/min})$
车削铸铁件	0.1 ~ 0.15	0.05 ~ 0.2	60 ~ 70
车削钢:高速	0.3 ~ 0.5	0.05 ~ 0.2	100 ~ 120
车削钢:低速	0.05 ~ 0.10	0.05 ~ 0.2	3 ~ 5

第一节　卧式车床

主要用车刀在工件上加工回转表面的机床称为车床。其种类很多，常用的有卧式车床、转塔车床、立式车床、多刀自动和半自动车床、仪表车床、数控车床等。

下面以常用的 C6136 型卧式车床为例进行介绍。

一、C6136 型卧式车床的型号

为了便于使用和管理，根据 GB/T 15375—2008《金属切削机床　型号编制方法》，对机床的类型和规格进行编号。这种编号称为型号。

按 GB/T 15375—2008 的规定，C6136 型号的含义如下：

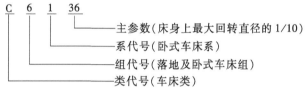

C 6 1 36
主参数(床身上最大回转直径的1/10)
系代号(卧式车床系)
组代号(落地及卧式车床组)
类代号(车床类)

二、C6136 型卧式车床的组成

图 1-8-2 所示为 C6136 型卧式车床的外形图及传动框图，其主要构成部分如下：

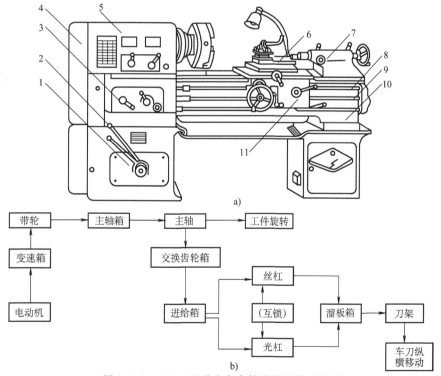

图 1-8-2　C6136 型卧式车床外形图及传动框图

a）车床外形图　b）车床传动框图

1—变速箱　2—变速手柄　3—进给箱　4—交换齿轮箱　5—主轴箱　6—刀架　7—尾座
8—丝杠　9—光杠　10—床身　11—溜板箱

（1）床身　床身是用于支撑和连接车床上各部件，并带有精确导轨的基础零件。溜板箱和尾座可沿导轨左右移动。床身由床脚支撑，并用地脚螺栓固定在地基上，或用可调垫铁定位在平整的水泥或水磨石地面上。

（2）主轴箱　主轴箱是装有主轴和变速机构的箱形部件。其速度变换是通过调整变速手柄位置，改变变速机构的齿轮啮合关系实现的。主轴为空心件，可装入棒料；其前端有锥孔，可插入顶尖；还有供安装卡盘或花盘用的相应结构和装置。

（3）进给箱　进给箱是装有进给变换机构的箱形部件。内有变速机构，主轴通过变换齿轮箱把它运动传递给它。改变箱内变速机构的齿轮啮合关系，可使光杠、丝杠获得不同的旋转速度。

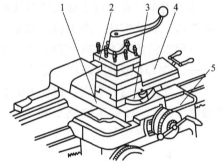

（4）溜板箱　溜板箱是装有操纵车床进给运动机构的箱形部件。它将光杠的旋转运动传给刀架，使刀架作纵向或横向进给的直线运动；操纵开合螺母可由旋转的丝杠直接带动溜板，完成螺纹加工工作。

（5）刀架部件　刀架是多层结构，分为中滑板、小滑板、转盘、方刀架等部分（图1-8-3），可使刀具作纵向、横向和斜向运动。方刀架用以夹持刀具。

图1-8-3　刀架的组成
1—中滑板　2—方刀架　3—转盘
4—小滑板　5—床鞍

（6）尾座　尾座主要用于配合主轴箱支承工件或安装加工工具。当安装钻头等刀具时，可进行孔加工。

第二节　车　刀

车刀是金属切削加工中应用最为广泛的刀具之一，通常由刀体和切削部分组成。

按照使用要求不同，车刀可以有不同的结构和不同的种类。根据刀体的连接固定方式，车刀主要分为焊接式和机械夹固式两类。

一、焊接式车刀

这种车刀是将硬质合金刀片用焊接的方法固定在刀体上。它的优点是结构简单、紧凑，刚性好，抗振性能好，使用灵活，制造方便等；缺点是由于焊接应力的影响，刀具材料的使用性能受到影响，有的甚至会产生裂纹。根据工件加工表面及用途不同，焊接式车刀又可分为外圆车刀、内孔车刀、端面车刀、切断刀、螺纹车刀等，如图1-8-4所示。

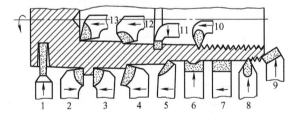

图1-8-4　焊接式车刀的种类
1—切断刀　2—左偏刀　3—右偏刀　4—弯头车刀　5—直头车刀
6—成形车刀　7—宽刃精车刀　8—外螺纹车刀　9—端面车刀
10—内螺纹车刀　11—内槽车刀　12—通孔车刀
13—不通孔车刀

二、机械夹固式车刀

机械夹固式车刀简称机夹式车刀，根据使用情况不同可分为机夹重磨车刀和机夹可转位车刀,如图1-8-5所示。

机夹重磨车刀是采用普通刀片,用机械夹固的方法夹持在刀杆上使用的车刀,如图1-8-5a所示。这种刀具当切削刃磨钝后,只要把刀片重磨一下,适当调整位置仍可继续使用。

机夹可转位车刀又称机夹不重磨车刀,它是采用机械夹固的方法,将可转位刀片夹紧并固定在刀体上的一种车刀,如图1-8-5b所示。它是一种高效率的刀具,刀片上有多个切削刃,当一个切削刃用钝后,不需重磨,只要将刀片转一个位置,便可继续使用。

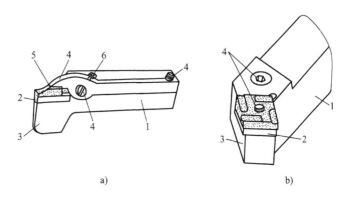

机夹式车刀与焊接式车刀相比较,具有以下特点:

1)刀片不经过高温焊接,避免了因焊接应力引起硬度下降和产生裂纹等缺陷,提高了刀具寿命。

图1-8-5 机械夹固式车刀

a)机夹重磨车刀 b)机夹可转位车刀

1—刀柄 2—垫块 3—刀体 4—夹紧元件 5—挡屑块 6—调节螺钉

2)因刀具寿命长,使用的时间较长,换刀次数减少,可以提高生产率。

3)刀柄可以重复使用,节省了制造刀柄的材料。

三、常用的刀具材料

常用的刀具材料有碳素工具钢、合金工具钢、高速钢和硬质合金,此外还有新型刀具材料,如陶瓷、人造聚晶金刚石和立方氮化硼等。

机械加工中应用最广泛的刀具材料主要是高速钢和硬质合金。碳素工具钢与合金工具钢的耐热性较差,仅用于手动和低速刀具;陶瓷、立方氮化硼和人造聚晶金刚石等刀具的硬度和耐磨性都很好,但成本较高、性脆、抗弯强度低,目前主要用于难加工材料的精加工。

(1)高速钢 又称白钢、锋钢。它是一种加入了较多的钨、铝、铬、钒等合金元素的高合金工具钢。高速钢有很高的强度和韧性,热处理后的硬度为63~69HRC。热处理变形小,工艺性能好,具有较高的热稳定性,红硬温度达500~650℃,允许采用的切削速度为40m/min左右。与硬质合金相比,它的硬度、耐热性和耐磨性较低,但抗弯强度和韧性都高于硬质合金,且价格也较低。目前,高速钢是制造各种形状复杂的刀具,如钻头、铰刀、丝锥、拉刀、成形刀具、齿轮刀具等的主要材料。高速钢刀具通常作成整体式的,但当刀具尺寸较大时,也可作成镶片式结构。高速钢中最常用的牌号是W18Cr4V。

(2)硬质合金 硬质合金是由高硬度、高熔点的金属碳化物(如WC、TiC等)粉末,以钴为粘结剂,用粉末冶金方法制成的。硬质合金的硬度很高,达74~82HRC,耐磨性好,耐热性也很高,红硬温度达800~1000℃,允许采用的切削速度达100~300m/min,甚至更高,为高速钢刀具的4~10倍,并能切削一般工具钢刀具不能切削的材料(如淬火钢、玻璃、大理石等)。当前,金属切除量的80%是由硬质合金刀具完成的。但它的抗弯强度低,只相当于W18Cr4V高速钢的1/4~1/2;冲击韧度低,约为W18Cr4V的1/30~1/4,因此不能承受大的冲击载荷。目前硬质合金多用于制造各种简单刀具，如车刀、刨刀的刀片等，用机械夹紧或用钎焊方式固定在刀具的切削部位上。

我国常用的硬质合金分为 K 类、P 类、M 类。

1）K 类硬质合金（红色）。相当于行业标准牌号 YG 类硬质合金。它主要用来加工脆性材料，如铸铁、青铜等。常用的代号有 K01、K10、K20、K30、K40 等。数字越大，耐磨性越低而韧性越高。因而 K01 适用于精加工，K10、K20 适用于半精加工，K30 适用于粗加工。

2）P 类硬质合金（蓝色）。相当于行业标准牌号 YT 类硬质合金。它适合于加工钢材等塑性材料。常用的代号有 P01、P10、P20、P30、P40、P50 等。数字越大，耐磨性越低而韧性越高。因而 P01 适用于精加工，P10、P20 适用于半精加工，P30 适用于粗加工。

3）M 类硬质合金（黄色）。相当于行业标准牌号 YW 类硬质合金。这类硬质合金适于加工耐热钢、高锰钢、不锈钢等难加工钢材，也适于加工一般钢材和普通铸铁及有色金属，故称为通用型硬质合金。它的代号有 M10、M20、M30、M40 等。数字越大，耐磨性越低而韧性越高。M10 用于精加工，M20 用于半精加工，M30 用于粗加工。

四、车刀的刃磨与安装

1. 车刀的刃磨

（1）砂轮的选择　目前广泛应用的是氧化铝和碳化硅砂轮。白色氧化铝砂轮用于高速钢车刀的刃磨；绿色碳化硅砂轮用于硬质合金车刀的刃磨。

（2）磨刀步骤

1）先将车刀各部位焊渣磨去，并磨平底平面。

2）粗磨主后面、副后面的刀杆部分，其后角比切削部分后角应大 $2° \sim 3°$。

3）磨主后面：磨出车刀的主偏角 κ_r 和后角 α_o。

4）磨副后面：磨出车刀的副偏角 κ'_r 和副后角 α'_o。

5）磨前面：磨出车刀的前角 γ_o 和刃倾角 λ_s。

6）磨刀尖圆弧和断屑槽。

7）研磨各刀面（用油石修光各刀面）。

（3）磨刀注意事项

1）磨刀时，操作者应站在砂轮侧面，以防伤人。

2）磨刀时，应在砂轮的中间圆周部位磨，并左右移动刀具，以使砂轮磨耗均匀，保持砂轮圆周面平整。

3）磨高速钢车刀时，常用水冷却；磨硬质合金刀具时，严禁用水冷却，以防刀头过热遇水急冷而产生裂纹。

4）磨刀时，不得用力过猛。

5）砂轮应有防护罩。

6）砂轮与砂轮架之间的间隙不大于 5mm。如果间隙过大，应进行调整。

2. 车刀的安装

安装车刀时应注意以下几点：

1）车刀刀尖应与车床主轴轴线等高。

2）车刀刀杆应与车床主轴轴线垂直。

3）车刀不宜伸出太长，伸出长度一般以刀杆厚度的 1.5 ~ 2 倍为宜。

4）刀杆下部的垫片应平整，数量不宜太多，一般为 2～3 片。

5）车刀位置装正后，应拧紧刀架螺钉。一般用两个螺钉，交替拧紧。

第三节　车削时工件的装夹方式和车床附件

一、卡盘装夹

（1）自定心卡盘装夹　这是车床最常用的装夹方式。自定心卡盘的结构如图 1-8-6 所示。用自定心卡盘装夹能自动定心，装夹方便，但定心精度不高（一般为 0.05～0.08mm），夹紧力较小，适合于装夹截面为圆形、三角形、六角形的轴类和盘类中小型零件。

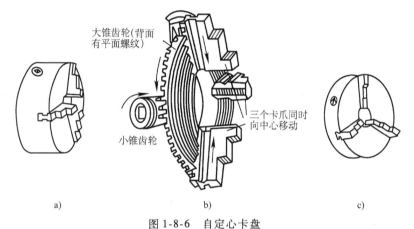

图 1-8-6　自定心卡盘

a）自定心卡盘外形　b）自定心卡盘结构　c）反自定心卡盘

（2）单动卡盘装夹　单动卡盘是车床上常用的夹具之一，其外形如图 1-8-7a 所示。它的四个卡爪通过四个调整螺钉分别调整。用单动卡盘装夹工件的特点是：夹紧可靠，用途广泛，但不能自动定心，要与划针盘、百分表配合进行找正安装工件（图 1-8-7b、c）。通过找正后的工件安装精度较高，夹紧可靠。这种方法适合于方形、长方形、椭圆形及各种不规则形状的零件装夹。

二、顶尖装夹

较长的轴类工件在加工时常用两顶尖安装（图 1-8-8），工件支撑在前后两顶尖之间，

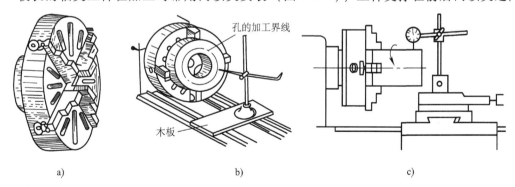

图 1-8-7　用单动卡盘装夹工件

a）外形　b）用划针盘找正　c）用百分表找正

工件的一端用鸡心夹头夹紧，由安装在主轴上的拨盘带动旋转。这种方法定位精度高，能保证轴类零件的同轴度。另外，还可用一夹一顶的方法装夹（即工件一端用主轴上的自定心卡盘或单动卡盘夹持，另一端用尾座上顶尖安装），这种方法夹紧力较大，适于轴类零件的粗加工和半精加工。但工件调头安装时不能保证同轴度。精加工时应改用两顶尖装夹。

顶尖的结构有两种：一种是固定顶尖，另一种是活顶尖（图1-8-9）。固定顶尖又称为普通顶尖。顶尖头部带有60°锥形尖端，用来顶在工件的中心孔内，以支承工件；莫氏锥体的尾部安装在主轴孔或尾座孔内（活顶尖只用于尾座上）。由于主轴孔顶尖锥体大，因此，安装时需采用变径套。

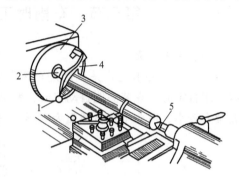

图1-8-8　用顶尖安装工件
1—夹紧螺钉　2—前顶尖　3—拨盘
4—卡箍　5—后顶尖

用顶尖安装工件时，需在工件两端用中心钻加工出中心孔（图1-8-10）。中心孔分为普通中心孔和双锥面中心孔。中心孔要求光洁平整，在用固定顶尖安装工件时，中心孔内应加入润滑脂。

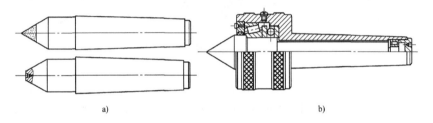

图1-8-9　顶尖
a）固定顶尖　b）活顶尖

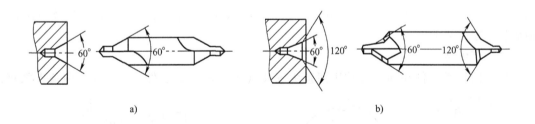

图1-8-10　常用中心孔及中心钻
a）加工普通中心孔　b）加工双锥面中心孔

三、花盘、弯板及压板装夹

花盘是安装在主轴上的一个圆盘，端面上有许多长槽，用来压紧螺栓。花盘用来装夹形状不规则，而自定心卡盘和单动卡盘无法装夹的工件。用花盘安装工件有两种形式：①直接将工件安装在花盘上（图1-8-11）；②增加弯板后再安装工件（图1-8-12）。用花盘安装工件时，往往工件重心偏向一边。为了防止转动时产生振动，在花盘的另一边需加平衡铁。工件在花盘上的定位需要用划针盘等找正。

四、心轴装夹

有些形状复杂或同轴度要求较高的套、盘类零件，可采用心轴安装进行加工。这有利于保证零件的外圆与内孔的同轴度及端面对孔的垂直度要求。用心轴安装工件时，应先将工件的孔进行精加工（IT7～IT9），然后以孔定位将工件安装在心轴上，再把心轴安装在前后顶

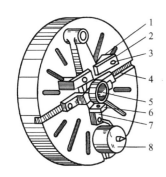

图 1-8-11　在花盘上安装工件

1—垫铁　2—压板　3—螺钉　4—螺钉槽

5—工件　6—角铁　7—紧定螺钉　8—平衡铁

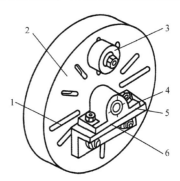

图 1-8-12　在花盘弯板上安装工件

1—螺钉孔槽　2—花盘　3—平衡铁

4—工件　5—安装基面　6—弯板

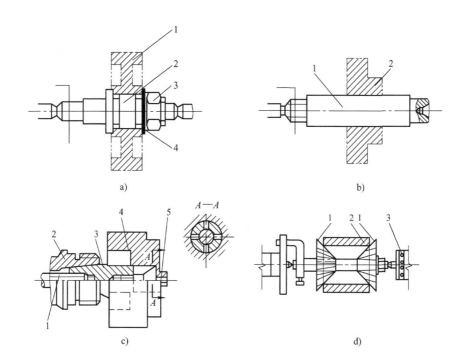

图 1-8-13　用心轴安装工件

a）圆柱心轴　1—工件　2—心轴　3—螺母　4—垫圈

b）锥度心轴　1—心轴　2—工件

c）胀力心轴　1—拉紧螺杆　2—车床主轴　3—胀力心轴　4—工件　5—锥形螺钉

d）伞形心轴　1—伞形心轴　2—工件　3—回转顶尖

尖之间（图1-8-13）。

（1）圆柱心轴　当工件的长度尺寸小于孔径尺寸时，一般采用此种心轴安装工件。工件安装在带台阶的心轴上用螺母压紧。工件与心轴的配合采用H7/h6（图1-8-13a）。

（2）小锥度心轴　当工件长度尺寸大于工件孔径尺寸时，可采用锥度为1/5000～1/1000的小锥度心轴安装工件（图1-8-13b）。工件孔与心轴配合时，靠连接面间的过盈产生的弹性变形来夹紧工件，故切削力不能太大，以防工件在心轴上滑动而影响正常切削。小锥度心轴的定心精度较高，可达0.005～0.01mm，多用于精车。

（3）胀力心轴　这是一种通过调整锥形螺钉使心轴一端作微量的径向扩张，将工件胀紧的、可快速装拆的心轴（图1-8-13c）。它适用于安装中小型工件。

（4）伞形心轴　伞形心轴适合于安装以毛坯孔为基准车削外圆的、带有锥孔或阶梯孔的工件。其特点是：装拆迅速，装夹牢固，能装夹一定尺寸范围内不同孔径的工件（图1-8-13d）。

五、中心架与跟刀架的应用

加工细长轴时，为提高加工精度，除用两顶尖装夹外，还需采用中心架或跟刀架作为辅助支撑，以提高工件的刚度（图1-8-14）。

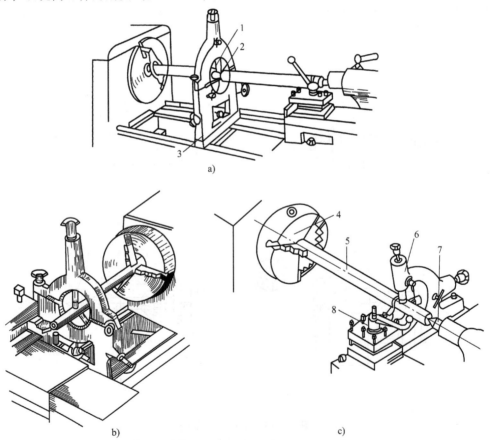

图1-8-14　中心架与跟刀架的应用

a）用中心架车外圆　b）用中心架车端面　c）跟刀架的应用

1—可调节支撑爪　2—预先车出的外圆面　3—中心架　4—自定心卡盘　5—工件

6—跟刀架　7—尾顶尖　8—刀架

　　中心架用压板及压板螺栓紧固在车床导轨上，调整三个可调支撑爪与工件接触，可增加工件的刚性。它用于加工细长轴、阶梯轴、长轴端面、端部的孔。

　　跟刀架紧固在刀架滑板上，并与刀架一起移动。它用两个可调支撑爪支撑工件，适用于不带台阶的细长轴的车削。

第四节　常用车削加工

一、车削的步骤

车削步骤如下：

1）根据图样要求检验毛坯尺寸是否合格，表面是否有缺陷。

2）检查车床是否运转正常，操纵手柄是否灵活。

3）装夹工件并找正。

4）安装车刀。

5）试切。试切方法与步骤如图 1-8-15 所示。

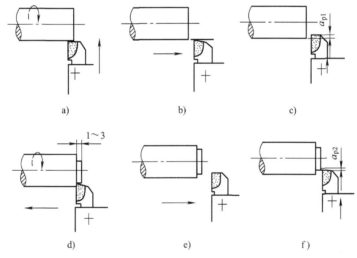

图 1-8-15　试切的方法与步骤

a）开车对刀，使车刀与工件表面轻微接触　b）向右退出车刀　c）横向进刀 a_{p1}

d）切削 1~3mm　e）退出车刀，测量　f）如果尺寸不到位，再进刀 a_{p2}

　　6）切削。在试切的基础上，调整好背吃刀量后，扳动自动进给手柄进行自动进给。当车刀进给到距尺寸末端 3~5mm 时，应提前改为手动进给，以免进给超长或将车刀碰到卡盘爪上。如此循环直至尺寸合格，然后退出车刀，最后停车。

　　7）检验。将加工后的零件按图样进行检验，以确保零件的质量。

二、车削外圆

1. 车刀的选择

外圆车刀的选择如图 1-8-16 所示。

2. 车外圆注意事项

1）车削时，必须及时清除切屑，不能堆积过多，以免发生工伤事故。清除切屑必须停

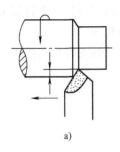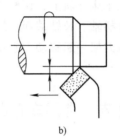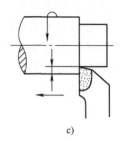

图 1-8-16 外圆车刀的选择

a）普通外圆车刀：用于粗车外圆和无台阶的外圆 b）45°弯头刀：不仅用于车外圆，
而且可车端面和倒角 c）90°偏刀：用于车削有台阶的外圆和细长轴

车进行。

2）粗车铸、锻件毛坯时，为保护刀尖，应先车端面
或倒角，且背吃刀量应等于或大于工件硬皮厚度（图
1-8-17），然后纵向进给车外圆。

3）精车时，必须选择合适的刀具角度及切削用量，
正确使用切削液，要特别注意试切，以保证尺寸精度和表
面粗糙度符合图样要求。

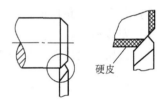

图 1-8-17 车削铸、锻件硬皮

三、车端面与台阶

1. 车端面

（1）车刀的选择与安装 端面车刀的选择如图 1-8-18
所示。车端面时，车刀刀尖应对准工件中心，以免端面出现凸台，造成崩刃。

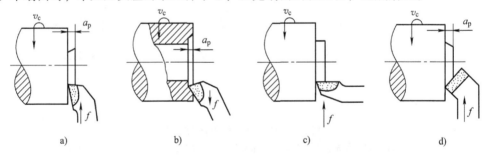

图 1-8-18 端面车刀的选择

a）用右偏刀由外向中心车端面，车到中心时，凸台突然车掉，因此刀头易损坏；背吃刀量大时，易扎刀

b）用右偏刀由中心向外车端面，切削条件较好，不会出现图 a 所示的问题

c）用左偏刀由外向中心车端面，主切削刃切削

d）用弯头车刀由外向中心车端面，主切削刃切削，凸台逐渐车掉，切削条件较好，加工质量较高

（2）车端面的操作要领

1）安装工件时，要找正外圆及端面。

2）端面质量要求较高时，最后一刀的背吃刀量应小些，最好由中心向外切削。

3）车大端面时，为使车刀能准确地横向进给，应将溜板紧固在床身上，用小刀架调整
背吃刀量。

2. 车台阶

车台阶的操作要领：

1）车台阶应使用90°偏刀。

2）车低台阶（<5mm）时，应使主切削刃与工件轴线相垂直，可一次进给车出（图1-8-19a）。

3）当台阶面较高时，应分层切削。最后一次纵向走刀后，车刀横向退出，以修光台阶端面。切削时，应使车刀主切削刃与工件轴线的夹角约为95°（图1-8-19b）。

4）为使台阶长度符合要求，应先用刀尖在工件上划出线痕，其尺寸应小于图样尺寸0.5mm左右，以待精车时作为加工余量（图1-8-19c、d）。

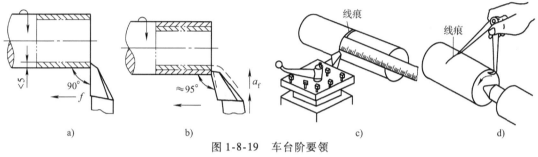

图 1-8-19　车台阶要领

a）车低台阶　b）车高台阶　c）用刀尖划线　d）用卡钳划线

四、钻孔与车孔

1. 钻孔

在车床上钻孔时，工件装夹在卡盘上。锥柄钻头安装在尾座套筒锥孔内（或用锥形变径套过渡）。直柄钻头通过钻夹头夹持后，装入尾座套筒内。钻头也可采用专用工具夹持在刀架上，实现自动进给（图1-8-20）。钻孔前先将端面车平；钻孔时，摇动尾座手轮使钻头缓慢进给，并注意要经常退出钻头排屑。钻孔进给量不宜过大。钻钢件时应加切削液。

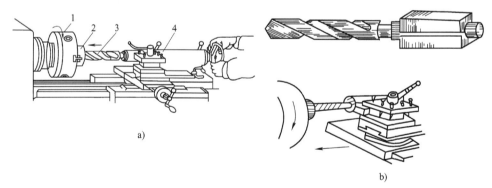

图 1-8-20　在车床上钻孔

a）钻孔操作示意图　b）钻头装在刀架上

1—自定心卡盘　2—工件　3—钻头　4—尾座

2. 车孔

车孔时车刀的选择如图1-8-21所示。车孔时，因为刀杆刚性不足，排屑困难，所以比车外圆和车端面要困难些。车孔的切削用量一般取得较小；应尽量选择较粗的车刀杆；装车刀时，刀杆伸长应略大于孔深，刀尖高度应略高于中心。为了保证加工质量，车孔也应采用试切，以调整背吃刀量。

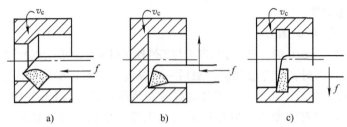

图 1-8-21 车孔时车刀的选择

a) 车通孔用通孔车刀　b) 车不通孔用不通孔车刀　c) 切内槽用切槽车刀

五、切槽与切断

1. 切槽

切槽采用切槽刀。切槽方法如图 1-8-22 所示。

切槽刀刀头较窄，易折断，因此，在装刀时应注意两边对称，不宜伸出太长。

当槽宽小于 5mm 时，可一次切出；当槽宽大于 5mm 时，应分几次切出，最后精加工两侧面和底面。切槽时，进给量要小，且应尽量均匀连续进给。

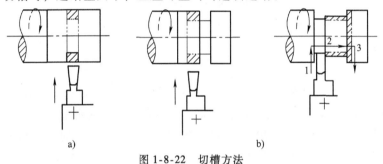

图 1-8-22 切槽方法

a) 切窄槽　b) 切宽槽：左图为第一、二次横向送进；右图为
最后一次横向送进后再以纵向进给精车槽底

2. 切断

切断使用切断刀，其形状与切槽刀相似，但刀头更窄而长。

切断时，一般采用卡盘装夹工件，应使切断位置尽量靠近卡盘；刀具的刀尖一定要与主轴轴心线等高，以防打刀和切断后端面留有凸面（图 1-8-23）。

六、车锥面

车锥面的方法有四种：小刀架转位法、尾座偏移法、靠模法、宽刀法（样板刀法），如图 1-8-24 所示。

1. 小刀架转位法

将小刀架偏转等于工件锥角 α 的一半（即 $\alpha/2$）角度后，再紧固其转盘，然后摇动进给手柄进行切削（图 1-8-24a）。

2. 尾座偏移法

将工件置于前后顶尖之间，调整尾座横

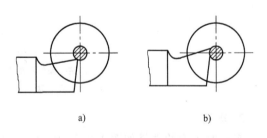

图 1-8-23 切断刀刀尖应与主轴轴心线等高

a) 切断刀安装过低，刀头易被压断

b) 切断刀安装过高，刀具后面顶住工件，不易切削

向位置，使工件轴线与纵向进给方向成 $\alpha/2$ 角，自动进给切出锥面（图 1-8-24b）。

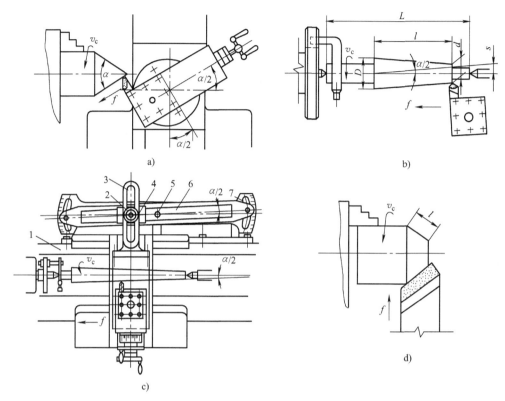

图 1-8-24　车削锥面的方法

a）小刀架转位法　b）尾座偏移法　c）靠模法　d）宽刀法

1—床身　2—螺母　3—连接板　4—滑块　5—中心轴　6—靠模板　7—底座

尾座偏移量的计算公式为

$$s = \frac{D-d}{2l}L = L\tan\frac{\alpha}{2}$$

式中　s——尾座偏移量；

　　　　D——锥面大端直径；

　　　　d——锥面小端直径；

　　　　l——锥面长度；

　　　　L——两顶尖之间的距离；

　　　　α——锥角。

3. 靠模法

使用专用的靠模装置进行锥面加工（图 1-8-24c）。

4. 宽刀法

采用与工件形状相适应的刀具横向进给车削锥面（图 1-8-24d）。

七、车螺纹

在车床上可加工各种不同类型的螺纹，如普通螺纹、梯形螺纹、锯齿形螺纹、矩形螺纹等。在加工时除采用的刀具形状不同外，其加工方法大致相同。现以加工普通螺纹为例阐述如下。

（1）螺纹车刀及其安装　螺纹车刀的刀尖角必须与螺纹牙型角相等（普通螺纹的牙型角 α 为 60°），切削部分的形状应与螺纹截面形状相吻合。因此，精车螺纹时，应取其前角为 0°。

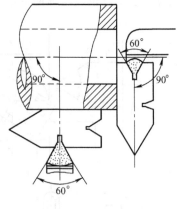

安装螺纹车刀时，刀尖必须与工件中心等高；刀尖角的等分线必须垂直于工件轴线。为了保证上述要求，常使用对刀样板来刃磨和安装刀具（图1-8-25）。

（2）车削螺纹的操作步骤　以车外螺纹为例，其操作步骤如图1-8-26所示。

（3）车螺纹的进刀方法　车削螺纹时，有两种进刀方法（图1-8-27）：

图 1-8-25　螺纹车刀的形状及对刀方法

1）直进法。用中滑板横向进刀，两切削刃和刀尖同时参加切削。这种方法操作方便，能保证螺纹牙型精度。但刀具受力大，散热差，排屑困难，刀尖易磨损。此法适用于车削脆性材料、小螺距及最后精车。

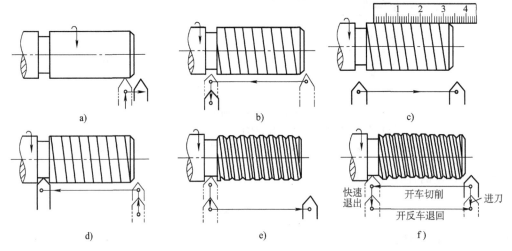

图 1-8-26　车削外螺纹的操作步骤

a）开始车削时，使车刀与工件轻微接触，记下刻度盘读数，向右退出车刀　b）合上开合螺母，在工件表面上车出一条螺旋线，横向退出车刀，停车　c）开反车使刀具退到工件右端，停车，用钢直尺检查螺距是否正确
d）利用刻度盘调整背吃刀量，开车切削　e）车刀将行进至终了时，应做好退刀停车准备，先快速退出车刀，然后停车，再开反车退回刀架　f）再次横向进刀，继续切削，其切削过程的路线如图所示

2）斜进法。此法又称为左右赶刀法。用中滑板横向进刀和小滑板纵向进刀相配合，使车刀基本上只有一个切削刃参加切削。这种方法刀具受力较小，散热、排屑较好，生产率较高；但螺纹牙型的一边表面粗糙，所以在进行最后一刀时应注意使牙型两边都修光。此法适用于塑性材料和大螺距螺纹的粗车。

（4）螺纹的检验　螺纹检验常用的量具是螺纹环规和螺纹塞规（图1-8-28）。前者用于测量外螺纹，后者用于测量内螺纹。每一种量规均由通规和止规两件（端）组成。螺纹工件只有在通规可通过、止规不通过时才为合格。

（5）防止乱扣的措施 车螺纹时，需经过多次进给才能完成。在多次进给中，必须保证车刀总是落在已切出的螺纹槽内，否则就会出现"乱扣"。一旦出现乱扣，工件即成废品。

防止乱扣的措施如下：

1）调整刀架导轨上的斜铁，保证合适的配合间隙，使刀架移动均匀、平稳。

2）从顶尖上取下工件测量时，不得松开卡箍。重新安装工件时，必须使卡箍与拨盘（或卡盘）保持原来的相对位置。

3）若需在切削中途换刀，应重新对刀，使车刀仍落入已车出的螺纹槽内。由于传动系统存在间隙，因此对刀时应先使车刀沿切削方向走一段距离，停车后再进行。

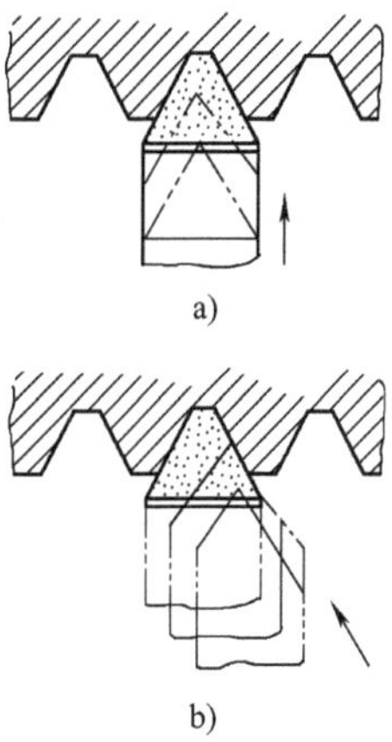

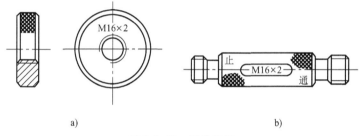

图 1-8-27 车螺纹时的进刀方法
a）垂直进刀 b）斜向进刀

八、车成形面

（1）用普通车刀车成形面 这种方法也称为双手控制法。操作步骤如下：

1）用外圆车刀 1 在工件相应部位粗车出几个台阶（图 1-8-29a）。

2）双手控制车刀 2 依纵向和横向的综合进给切掉台阶的峰部，获得大致的成形轮廓（图 1-8-29b）。

3）用精车刀 3 按步骤 2 的方法进行成形面的精车（图 1-8-29b）。

图 1-8-28 螺纹量规
a）螺纹环规 b）螺纹塞规

4）用样板检验成形面是否合格（图 1-8-29c）。

切削时，通常要经多次反复度量、修整，才能达到图样要求。

（2）用样板刀车成形面 用与要加工的零件表面轮廓相应的切削刃加工成形面（图 1-8-30）。

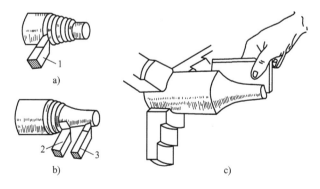

图 1-8-29 用普通车刀车成形面
a）粗车台阶 b）车成形轮廓 c）用样板检验
1—粗切台阶刀 2—成形轮廓刀 3—精切轮廓刀

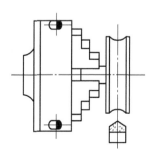

图 1-8-30 用样板刀车成形面

（3）用靠模法车成形面　这种方法又称为靠模尺法。如图1-8-31所示，将刀架的中拖板螺母与床鞍丝杠脱开，在其前端的拉杆3上装有滚柱5。当纵滑板纵向走刀时，滚柱5便在靠模4的曲线槽内移动，从而使刀具随着作曲线移动，采用小刀架控制背吃刀量，便可车出与靠模曲线相应的成形面。

九、车削加工的工艺特点和应用

1. 车削的工艺特点

1）易于保证工件各加工面的位置精度。车削时，工件绕固定轴线回转，各表面具有相同的回转轴线，因而易于保证加工面间的同轴度要求。工件端面与轴线的垂直度要求主要由车床本身的精度来保证，它取决于车床床鞍导轨与工件回转轴线的垂直度。

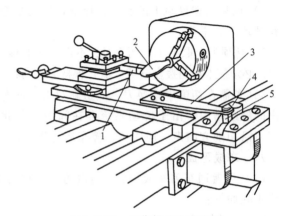

图1-8-31　用靠模法车成形面
1—车刀　2—工件　3—拉杆　4—靠模　5—滚柱

2）切削过程比较平稳。车削是连续切削，切削力变化小，切削过程平稳，有利于采用较大的切削用量，加工效率较高。

3）车刀结构简单、制造容易、刃磨与装夹较方便；还可根据加工要求，选择不同的刀具材料与刀具角度。

4）车削加工的工件材料种类多，车削不仅可以加工各种钢件、铸铁、有色金属，还可以加工玻璃钢、尼龙等非金属。尤其是一些有色金属件的精加工，只能用车削完成。

车削加工的尺寸公差等级一般在IT7～IT13之间，表面粗糙度 Ra 值在 1.6～12.5μm 之间。进行有色金属的精细车削时，尺寸公差等级可达 IT5～IT6，表面粗糙度 Ra 值可达 0.1～0.4μm。

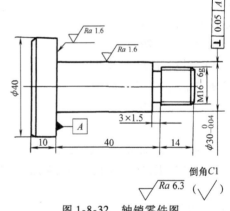

图1-8-32　轴销零件图

2. 车削的应用

在车床上使用不同的刀具，可以加工内外圆柱面、内外圆锥面、螺纹、沟槽、端面、回转成形面等。

十、车削加工示例

加工图1-8-32所示的轴销，材料为45钢，单件生产。其车削步骤见表1-8-3。

表1-8-3　轴销零件车削步骤

序号	加工内容	加工简图	刀具
1	用自定心卡盘夹持工件，车端面		45°弯头车刀

（续）

序号	加工内容	加工简图	刀　具
2	粗车外圆面至 $\phi40$mm，轴向尺寸为 67mm		90°偏刀
3	粗车外圆至 $\phi31$mm，轴向尺寸为 54mm		90°偏刀
4	车螺纹外圆至 $\phi16$mm，轴向尺寸为 14mm		90°偏刀
5	车退刀槽，轴向尺寸为 37mm		切槽刀
6	倒角 $C1$		45°弯头车刀
7	车 M16 螺纹		螺纹车刀
8	精车外圆至 $\phi30_{-0.04}^{\ 0}$ mm，轴向尺寸为 37mm		90°偏刀
9	调头，用铜皮包在 $\phi30_{-0.04}^{\ 0}$ mm 外圆上，端面与自定心卡盘靠平，夹紧后车另一端面，保证尺寸为 10mm		45°弯头车刀
10	倒角 $C1$		45°弯头车刀
11	检验		

第九章

铣削、刨削、磨削加工

第一节 铣削加工

在铣床上用铣刀对工件进行切削加工的过程称为铣削加工。它是切削加工的常用方法之一。铣削时，一般为铣刀作旋转的主运动，工件作直线或曲线的进给运动（图 1-9-1）。

铣削时的切削用量如下：

（1）铣削速度 v_c　铣刀最大直径处切削刃的线速度，按 $v_c = \dfrac{\pi d n}{1000 \times 60}$ 计算，式中 d 为铣刀的最大直径，n 为铣刀的转速。

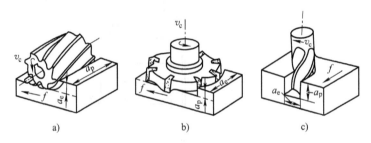

图 1-9-1　铣削时的运动与铣削用量

a）用圆柱铣刀铣削　b）用面铣刀铣削　c）用立铣刀铣削

（2）进给量 f　铣削中的进给量有三种表示方法：

1）每齿进给量 f_z。铣刀每转过一个刀齿时，工件沿进给方向移动的距离，单位为 mm/z（z 为铣刀齿数）。f_z 是选择进给量的依据。

2）每转进给量 f_r。铣刀每转一转时，工件沿进给方向所移动的距离，单位为 mm/r。

3）每分钟进给量 f_m。铣刀每旋转 $1\min$，工件沿进给方向所移动的距离，单位为 mm/min。在实际工作中，一般按 f_m 来调整机床进给量的大小。

f_z、f_r、f_m 之间有如下关系

$$f_r = f_z z, \quad f_m = f_r n = f_z z n$$

式中　n——铣刀转速（r/min）。

（3）背吃刀量 a_p　铣削中的背吃刀量为待加工表面与已加工表面间的垂直距离，即铣刀切入工件被切削层的深度。

一、铣床

主要用铣刀在工件上加工各种表面的机床称为铣床。铣床的种类很多，常用的有卧式铣

床和立式铣床。卧式铣床可分为万能升降台铣床和卧式升降台铣床。

下面以常用的 X6132 型万能升降台铣床为例进行介绍。

1. X6132 型万能升降台铣床的型号

按 GB/T 15375—2008《金属切削机床型号编制方法》规定，X6132 的含义如下：

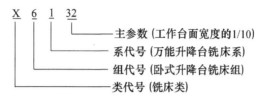

2. X6132 型万能升降台铣床的组成

图 1-9-2 所示为 X6132 型万能升降台铣床外形图。其主要组成部分如下：

（1）床身　用于固定、支撑其他部件。其顶面有水平导轨供横梁移动；前面有垂直导轨供升降台升降；内部装有主轴、变速机构、润滑油泵、电气设备；后部装有电动机。

（2）横梁　用于安装吊架，以便支撑刀杆外伸端。

（3）主轴　用于安装刀杆并带动铣刀旋转。

（4）纵向工作台　用于安装夹具和工件并带动它们作纵向进给。侧面有挡块，可使纵向工作台实现自动停止进给；下面回转台可使纵向工作台在水平面内偏转 ±45°。

（5）横向工作台　用于带动纵向工作台一起作横向进给。

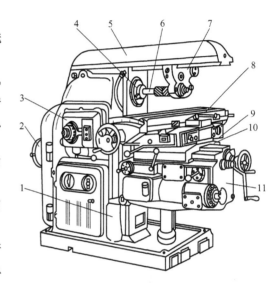

图 1-9-2　X6132 型万能升降台铣床外形图
1—床身　2—电动机　3—主轴变速机构　4—主轴
5—横梁　6—刀杆　7—吊架　8—纵向工作台
9—转台　10—横向工作台　11—升降台

（6）升降台　用于带动纵、横向工作台上下移动，以调整纵向工作台面与铣刀的距离和实现垂直进给。其内部装有机动进给变速机构和进给电动机。

二、铣削加工的工艺特点和应用

1. 铣削的工艺特点

（1）生产率较高　铣刀是典型的多刃刀具，铣削时有多个切削刃同时参加工作，总的切削宽度较大。铣削的主运动是铣刀的旋转运动，有利于采用高速铣削，所以铣削的生产率一般比刨削高。

（2）容易产生振动　铣刀的切削刃切入和切出时会产生冲击，并引起同时工作切削刃数的变化；每个切削刃的切削厚度是变化的，这将使切削力发生变化。因此，铣削过程不平稳，容易产生振动。铣削过程的不平稳性，限制了铣削加工质量与生产率的进一步提高。

（3）散热条件较好　铣刀切削刃间歇切削，可以得到一定的冷却，因而散热条件较好。但是，切入切出时热的变化、力的冲击，将加速刀具的磨损，甚至可能引起硬质合金刀片的碎裂。

（4）加工成本较高　这是因为铣床结构比较复杂，铣刀的制造和刃磨比较困难。

2. 铣削的应用

铣削的形式很多，铣刀的类型和形状多种多样，再加上分度头、回转工作台及立铣头等附件的应用，使铣削的加工范围更加广泛。图1-9-3所示为在铣床上能完成的主要工作。

铣削加工尺寸公差等级一般可达IT7~IT8，表面粗糙度Ra值可达$1.6~6.3\mu m$。

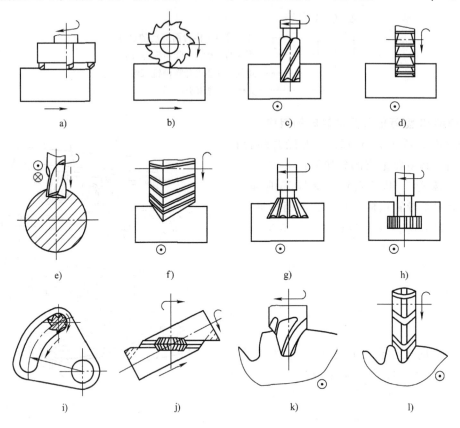

图 1-9-3　在铣床上能完成的主要工作

a）端铣平面　b）周铣平面　c）立铣刀铣直槽　d）三面刃铣刀铣直槽　e）键槽铣刀铣键槽
f）铣角度槽　g）铣燕尾槽　h）铣T形槽　i）在圆形工作台上用立铣刀铣圆弧槽
j）铣螺旋槽　k）指形铣刀铣成形面　l）盘状铣刀铣成形面

第二节　刨削加工

在刨床上用刨刀对工件进行切削加工的过程称为刨削加工。

这种加工方法通过刀具和工件之间产生相对的直线往复运动来达到刨削工件表面的目的。

牛头刨床是刨削加工中最常用的机床。当用这种机床加工水平面时，刀具的直线往复运动为主运动，工件的间歇移动为进给运动。此时，切削用量采用平均切削速度v_c、进给量f及背吃刀量a_p（图1-9-4）。

（1）切削速度v_c　刨削时，工件和刨刀的平均相对速度，其值按$v_c = \dfrac{2Lnr}{1000 \times 60}$计算。$v_c$

一般取 $0.28 \sim 0.83 \text{m/s}$。

（2）进给量 f 刨刀每往复一次，工件移动的距离，其取值范围为 $0.33 \sim 3.3 \text{mm/r}$。

（3）背吃刀量 a_p 刨削中的背吃刀量是工件已加工表面和待加工表面之间的垂直距离。a_p 一般取 $0.5 \sim 2 \text{mm}$。

一、刨床

用刨刀加工工件表面的机床称为刨床。其种类较多，常用的是牛头刨床和龙门刨床。下面以 B6065 型牛头刨床为例进行介绍。

1. 刨床的型号

按 GB/T 15375—2008 的规定，B6065 型牛头刨床的型号含义如下：

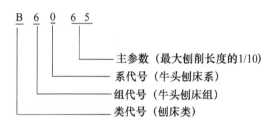

- 主参数（最大刨削长度的1/10）
- 系代号（牛头刨床系）
- 组代号（牛头刨床组）
- 类代号（刨床类）

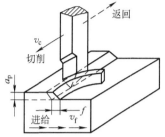

图 1-9-4 牛头刨床的刨削运动和切削用量

2. 刨床的组成

图 1-9-5 所示为 B6065 型牛头刨床外形图，其主要组成部分如下：

（1）床身 用于支撑和连接各部件。其内部有传动机构，顶面有供滑枕作往复运动用的导轨，侧面有供工作台升降用的导轨。

（2）滑枕 主要用来带动刨刀作直线往复运动。其前端装有刀架。

（3）刀架 其功用是夹持刨刀（图 1-9-5）。当摇动其上的手柄时，滑板便可沿转盘上的导轨带动刀具作上下移动。若松开转盘上的螺母，将转盘扳转一定角度，则可实现刀架斜向进给。在滑板上还装有可偏转的刀座。抬刀板可以绕刀座的 A 轴抬起，以减小回程时刀具与工件间的摩擦。

（4）工作台 用来安装工件。它不仅可随横梁作上下调整，还可沿横梁作水平方向的移动或进给运动。

（5）传动机构 B6065 型牛头刨床采用的是机械传动。

二、刨削加工的工艺特点和应用

1. 刨削的工艺特点

1）刨床的结构简单，调整、操作方便；刨刀形状简单，制造、刃磨和安装比较方便；能加工多种平面、斜面、沟槽等表面，适应性较好。

2）生产率一般较低。刨削时，回程不切削；刀具切入和切出时有冲击，限制了切削用量的提高。

3）加工精度中等。一般刨削的尺寸公差等级可达 IT8 ~ IT9，表面粗糙度 Ra 值可达 $1.6 \sim 3.2 \mu\text{m}$。

2. 刨削的应用

刨削主要用于加工各种平面、沟槽、斜面。图 1-9-6 所示为在牛头刨床上所能完成的部分工作。

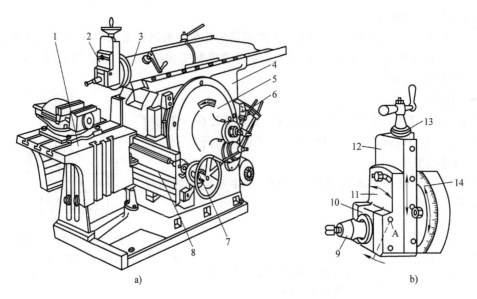

图 1-9-5　B6065 型牛头刨床外形图

a）外形图　b）刀架

1—工作台　2—刀架　3—滑枕　4—床身　5—摆杆机构　6—变速机构　7—进给机构　8—横梁
9—刀夹　10—抬刀板　11—刀座　12—滑板　13—刻度盘　14—转盘

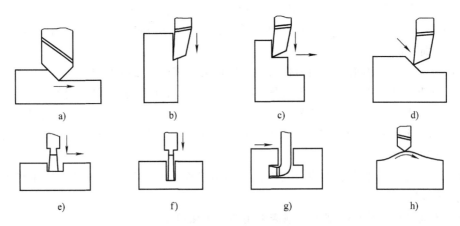

图 1-9-6　在牛头刨床上所能完成的部分工作

a）刨平面　b）刨垂直面　c）刨台阶面　d）刨斜面
e）刨直槽　f）切断　g）刨 T 形槽　h）刨成形面

第三节　磨削加工

在机床上用砂轮作为刀具对工件表面进行加工的过程称为磨削加工。磨削加工是零件精加工的主要方法之一。

如图 1-9-7 所示，磨外圆时，砂轮的旋转为主运动，同时砂轮又作横向进给运动；工件的旋转为圆周进给运动，同时工件又作纵向进给运动。

磨削用量包括磨削速度 v_c、圆周进给量 f_w、纵向进给量 f_x、背吃刀量 a_p。

（1）磨削速度 v_c　磨削速度是指磨削过程中砂轮外圆的线速度，按 $v_c = \dfrac{\pi dn}{1000 \times 60}$ 计算，式中的 d 和 n 分别是砂轮的直径和转速。外圆磨削时，v_c 取 $30 \sim 50 \mathrm{m/s}$。

（2）圆周进给量 f_w　圆周进给量一般用工件外圆的线速度 v_w 来表述和度量。v_w 可按 $v_c = \dfrac{\pi dn}{1000 \times 60}$ 计算，式中的 d、n 为工件的直径和转速。一般粗磨外圆时，v_w 取 $0.5 \sim 1 \mathrm{m/s}$；精磨外圆时，v_w 取 $0.05 \sim 0.1 \mathrm{m/s}$。

（3）纵向进给量 f_a　纵向进给量是指工件每转一周时沿本身轴线方向移动的距离，其值比砂轮宽度 B 小，一般 $f_a = (0.2 \sim 0.8)B$，单位为 $\mathrm{mm/r}$。

（4）背吃刀量 a_p　磨削过程中的背吃刀量是工作台每行程内砂轮相对工件横向移动的距离，也称径向进给量 f_r，单位为 $\mathrm{mm/r}$。一般 a_p 取 $0.005 \sim 0.05 \mathrm{mm/r}$。

从本质上讲，磨削是一种切削，砂轮表面上的每个磨粒，可以近似地看成是一个微小刀齿；突出的磨粒尖棱，可以认为是微小的切削刃。其切削过程大致可分为三个阶段，如图 1-9-8 所示。在第一阶段，磨粒从工件表面滑擦而过，只有弹性变形而无切屑；第二阶段，磨粒切入工件表层，刻划出沟痕并形成隆起；第三阶段，切削厚度增大至某一临界值，切下切屑。

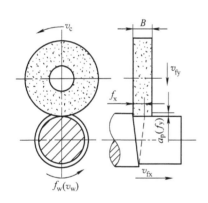

图 1-9-7　磨外圆时的运动
和磨削用量

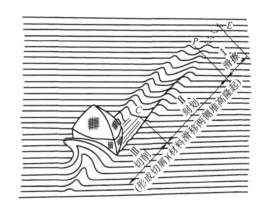

图 1-9-8　磨粒切削过程

由此可知，磨削加工的实质是磨粒微刀对工件进行切削、刻划和滑擦三种作用的综合加工过程。

一、磨床

以砂轮作磨具的机床称为磨床。磨床的种类很多，常用的有万能外圆磨床、普通外圆磨床、内圆磨床、平面磨床等几种。下面以常用的 M1432A 型万能外圆磨床和 M7120A 型卧轴矩台平面磨床为例进行介绍。

（一）M1432A 型万能外圆磨床

1. M1432A 型万能外圆磨床的型号

按 GB/T 15375—2008 的规定，M1432A 的含义如下：

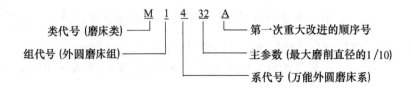

2. M1432A 型万能外圆磨床的组成及其作用

图 1-9-9 所示为 M1432A 型万能外圆磨床外形图。它的主要组成部分的名称和作用如下。

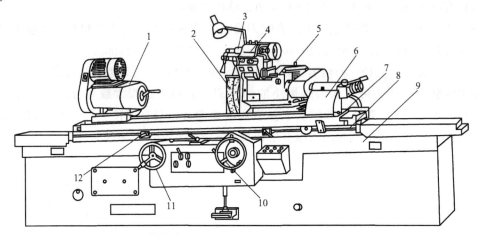

图 1-9-9　M1432A 万能外圆磨床外形图

1—头架　2—砂轮　3—内圆磨头　4—磨架　5—砂轮架　6—尾座　7—上工作台　8—下工作台
9—床身　10—横向进给手轮　11—纵向进给手轮　12—换向挡块

（1）床身　床身用于支撑和连接各部件。其上部装有工作台和砂轮架，内部装有液压传动系统。床身上的纵向导轨供工作台移动用，横向导轨供砂轮架移动用。

（2）工作台　工作台由液压驱动，沿床身的纵向导轨作直线往复运动，使工件实现纵向进给。在工作台前侧面的 T 形槽内，装有两个换向挡块，用以控制工作台自动换向。工作台也可手动。工作台分上下两层，上层可在水平面内偏转一个较小的角度（±8°），以便磨削圆锥面。

（3）头架　头架上有主轴，主轴端部可以安装顶尖、拨盘或卡盘，以便装夹工件。主轴由单独的电动机通过带变速机构带动，使工件获得不同的转动速度。头架可在水平面内偏转一定的角度。

（4）砂轮架　砂轮架用来安装砂轮，并由单独的电动机，通过带传动带动砂轮高速旋转。砂轮架可在床身后部的导轨上作横向移动。移动方式有自动间歇进给、手动进给、快速趋近工件和退出。砂轮架可绕垂直轴旋转某一角度。

（5）内圆磨头　内圆磨头是磨削内圆表面用的，在它的主轴上可装上内圆磨削砂轮，由另一个电动机带动。内圆磨头绕支架旋转，使用时翻下，不用时翻向砂轮架上方。

（6）尾座　尾座的套筒内有顶尖，用来支撑工件的另一端。尾座在工作台上的位置，可根据工件长度的不同进行调整。尾座可在工作台上纵向移动。扳动尾座上的杠杆，顶尖套筒可伸出或缩进，以便装卸工件。

磨床工作台的往复运动采用无级变速液压传动。这是因为液压传动与机械运动、电气传动相比较。具有以下优点：①能进行无级调速，调速方便且调速范围较广，而且具有传动平稳、反应快、冲击小、便于实现频繁换向和可自动防止过载等优点；②便于采用电液联合控制，实现自动化；③因在油中工作，润滑条件好，寿命长。液压传动的这些特性满足了磨床要求精度高、刚性好、热变形小、振动小、传动平稳的需要。

（二）M7120A 型卧轴矩台平面磨床的组成及其作用

平面磨床主要用于磨削工件上的平面。图 1-9-10 所示为 M7120A 型卧轴矩台平面磨床外形图。

平面磨床由床身、工作台、立柱、磨头及砂轮修整器等部件组成。长方形工作台装在床身的导轨上，由液压驱动作往复直线运动，可用工作台手轮对其进行调整。工作台上装有电磁吸盘或其他夹具，用以装夹工件。磨头沿拖板的水平导轨可作横向进给运动，这可由液压驱动或横向进给手轮操纵。拖板可沿立柱的导轨垂直移动，以调整磨头的高低位置及完成垂直进给运动，这一运动也可通过转动垂直进给手轮来实现。砂轮由装在磨头壳体内的电动机直接驱动旋转。

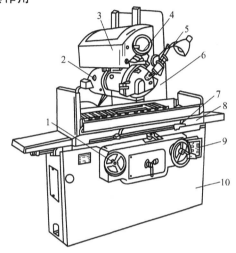

图 1-9-10　M7120A 型卧轴矩台平面磨床
1—工作台手轮　2—磨头　3—拖板　4—横向进给手轮　5—砂轮修整器　6—立柱　7—行程挡块　8—工作台　9—垂直进给手轮　10—床身

二、磨削加工的工艺特点和应用

1. 磨削加工的工艺特点

（1）加工精度高及表面粗糙度 Ra 值小　一般磨削加工可获得的尺寸公差等级为 IT5~IT6，表面粗糙度 Ra 值为 $0.2~0.8\mu m$。若采用精密磨削、超精磨削及镜面磨削，则所获得的表面粗糙度 Ra 值可达 $0.006~0.1\mu m$。

磨削能达到高精度与高表面质量的原因是：①磨削所用的磨床，比一般切削加工机床精度高，刚性及稳定性较好，并且具有控制小进给量的微量进给机构，可以进行微量切削，从而保证了精密加工的实现，②磨削时，切削速度很高，如普通外圆磨削 $v=30~35m/s$，高速磨削 $v>50m/s$，当磨粒以很高的切削速度从工件表面切过时，同时有很多切削刃进行切削，每个磨刃仅从工件上切下极少量的金属，残留面积高度很小，有利于形成光洁的表面。

（2）径向磨削分力（背向力 F_p）较大　径向分力大，易使工艺系统产生变形，影响加工精度。

（3）磨削温度高　在磨削过程中，磨削速度很高，为一般切削加工的 $10~20$ 倍，磨削区的温度可高达 $800~1000℃$，甚至能使金属微粒熔化。磨削温度高时还会使淬火钢工件的表面退火，使导热性差的工件表层产生很大的磨削应力，甚至产生裂纹。此外，在高温下变软的工件材料，极易堵塞砂轮，影响砂轮寿命和工件质量。因此在磨削时，必须以一定压力将切削液喷射到砂轮与工件接触部位，以降低磨削温度，并冲刷掉磨屑。

（4）砂轮有自锐作用　磨削过程中，砂轮的自锐作用是其他切削刀具所没有的。一般刀具的切削刃，如果磨钝或损坏，则切削不能继续进行，必须换刀或重磨。而砂轮经磨损而变钝后，磨粒就会破碎，产生新的较锋利的棱角；或者圆钝的磨粒从砂轮表面脱落，露出一层新鲜锋利的磨粒，继续进行对工件的切削加工。砂轮的这种自行"推陈出新"，以保持自身锋锐的性能，称为"自锐性"。实际生产中，有时就利用这一原理，进行强力连续磨削，以提高磨削加工的生产率。

2. 磨削的应用

磨削加工过去一般用于半精加工和精加工。利用不同类型的磨床可分别磨削外圆、内孔、平面、沟槽、成形面（齿形、螺纹），如图1-9-11所示。此外，还可用于各种刀具的刃磨，以及毛坯的预加工和清理等粗加工工作。磨削的加工余量可以很小，对于用精密铸造、模锻、精密冷轧等先进的毛坯制造工艺制造出的加工余量较小的毛坯，可不经车削、铣削等粗加工，而直接进行磨削加工。近年来，磨床在机床中的比重日渐增加。在我国汽车制造厂中，磨床约占机床总数的25%；在轴承制造厂中，磨床占40%～60%。

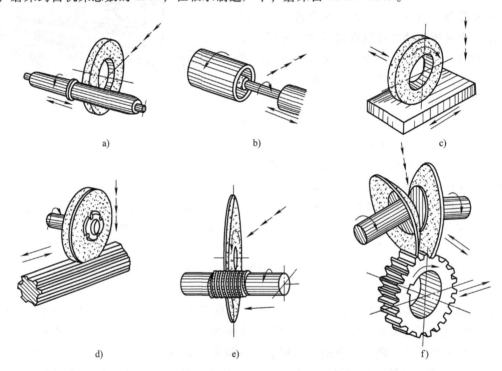

图 1-9-11　常见的磨削加工形式
a）外圆磨削　b）内圆磨削　c）平面磨削　d）花键磨削　e）螺纹磨削　f）齿形磨削

磨削可以加工的工件材料范围很广，既可以加工铸铁、碳钢、合金钢等一般材料，也能够加工高硬度的淬硬钢、硬质合金、陶瓷和玻璃等难切削的材料。但是，不宜磨削塑性较大的有色金属工件。

成形磨削和仿形磨削得到了越来越广泛的应用。近年来，随着微型计算机在工业中的广泛应用，已注意发展自适应控制磨削，通用型磨床也逐渐进行功能柔性化。

第十章

钻削加工和镗削加工

第一节　钻削加工

在钻床上用钻头对工件进行切削加工的过程称为钻削加工。它所用的设备主要是钻床，所用的刀具是麻花钻头、扩孔钻、铰刀等。

在钻床上进行钻削加工时，刀具除作旋转的主运动外，还沿着自身的轴线作直线的进给运动，而工件是固定不动的，如图 1-10-1 所示。

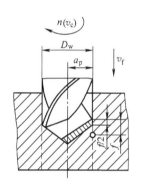

图 1-10-1　钻削时的运动和切削用量

钻削时的切削参数如下：

（1）切削速度　钻孔时的切削速度是指钻头切削刃外缘处的线速度。其值按 $v_c = \dfrac{\pi d n}{1000 \times 60}$ 计算，式中 d 表示钻头直径，n 表示钻头的转速。

（2）进给量　钻孔时的进给量是当钻头转一周时它沿自身轴线方向移动的距离（单位是 mm/r）。因为钻头有两条切削刃，所以每条切削刃的进给量 $f_z = \dfrac{f}{2}$。

（3）背吃刀量　钻孔时的背吃刀量 a_p 等于钻头直径 D_w 的一半，即 $a_p = D_w/2$。

一、钻削加工的设备

主要用麻花钻在工件上加工内圆表面的机床称为钻床，它是钻削加工的主要设备。其种类很多，常用的有台式钻床、立式钻床、摇臂钻床等。

1. 钻床的型号

以 Z4012 型台式钻床为例。根据 GB/T 15375—2008 的规定，Z4012 的含义如下：

$$\underset{\substack{\text{类代号（钻床类）}\\\text{组代号（台式钻床系）}}}{\text{Z}}\quad 4\quad 0\quad 12\underset{\substack{\text{主参数（最大钻孔直径）}\\\text{系代号（台式钻床系）}}}{}$$

2. 钻床的组成

不同类型的钻床，其结构也有所差别。这里仍以 Z4012 型台式钻床为例进行介绍。图 1-10-2所示为 Z4012 型台式钻床外形图。台式钻床主轴的变速通过改变 V 带在塔形带轮上的位置来实现；进给运动是手动的，由进给手柄操纵。

台式钻床结构简单，使用方便，主要用于加工小型工件上的各种小孔（孔径一般小于 13mm）。

二、钻削加工的刀具

1. 麻花钻

麻花钻是钻孔的常用刀具，一般由高速钢制成。麻花钻的结构如图1-10-3所示。

麻花钻主要由柄部（尾部）、颈部和工作部分组成。工作部分包括切削部分和导向部分。柄部是钻头的夹持部分，有直柄和锥柄两种。锥柄可传递较大的转矩，而直柄传递的转矩较小。通常锥柄用于直径大于16mm的钻头；而钻头直径在12mm以下的用直柄；直径介于12~16mm之间的钻头，锥柄和直柄均可用。

颈部位于工作部分与柄部之间，钻头的标记（如钻孔直径和商标等）就打印在此处。

导向部分有两条对称的棱边（棱带）和螺旋槽。其中较窄的棱边起导向和修光孔壁的作用，同时也减小了钻头外径和孔壁的摩擦面积；较深的螺旋槽（容屑槽）用来进行排屑和输送切削液。

切削部分担负主要的切削工作。它有两个刀齿（刃瓣），每个刀齿可看作一把外圆车刀。两个主后刀

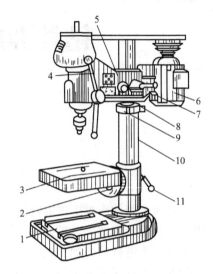

图1-10-2　Z4012型台式钻床外形图
1—机座　2、8—锁紧螺钉　3—工作台
4—钻头进给手柄　5—主轴架　6—电动机
7、11—锁紧手柄　9—定位环　10—立柱

面的交线称为横刃，它是麻花钻所特有，而其他刀具所没有的。横刃上有很大的负前角，会造成很大的进给力，恶化了切削条件。两主切削刃之间的夹角称为顶角，一般为118°±2°。

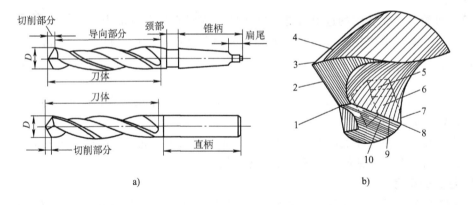

a)　　　　　　　　　　　　　　b)

图1-10-3　麻花钻的结构
a）麻花钻的结构　b）麻花钻切削部分的形状
1—横刃　2、9—主切削刃　3、7—副切削刃　4—刃带（副后面）
5—假想车刃　6—前面　8—刀尖　10—后面

钻孔时，孔的尺寸是由麻花钻的尺寸来保证的。钻出孔的直径比钻头实际尺寸略大。

2. 扩孔钻

扩孔钻的结构如图1-10-4所示。扩孔钻的外形与麻花钻相似，其组成也与麻花钻相同。但扩孔钻有3~4个刀齿，容屑槽较小、较浅，故扩孔钻的钻心较粗实，刚性较钻头好；切削刃不必自外缘延长到钻心，故前端呈平面且无横刃，加工时不易变形和振动，切削条件较

好。扩孔时，孔的尺寸也是由刀具尺寸保证的，可实现孔的半精加工。

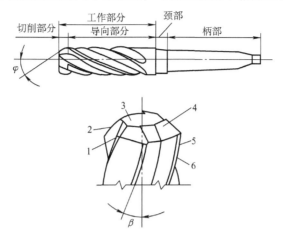

图 1-10-4　扩孔钻的结构
1—前面　2—主切削刃　3—钻心　4—主后面
5—棱带（副后刀面）　6—副切削刃

3. 铰刀

铰刀有手（用）铰刀和机（用）铰刀两种，如图 1-10-5 所示。

手铰刀多为直柄，末端有方头，以便铰杠（或铰手）装夹。手铰刀直径通常为 1～50mm。机铰刀多为锥柄，便于装夹在机床的主轴孔内，其直径通常为 10～80mm。

铰刀的组成部分与麻花钻相同，不同的是其工作部分由切削部分和校准部分组成，且为直槽，有 6～12 个刀齿（多为偶数，便于测量铰刀直径）。担负主要切削工作的切削部分常做成锥形。校准部分为圆柱形，用于孔的找正、修光。

铰孔时，孔的尺寸由刀具本身的尺寸来保证，可实现孔的精加工。

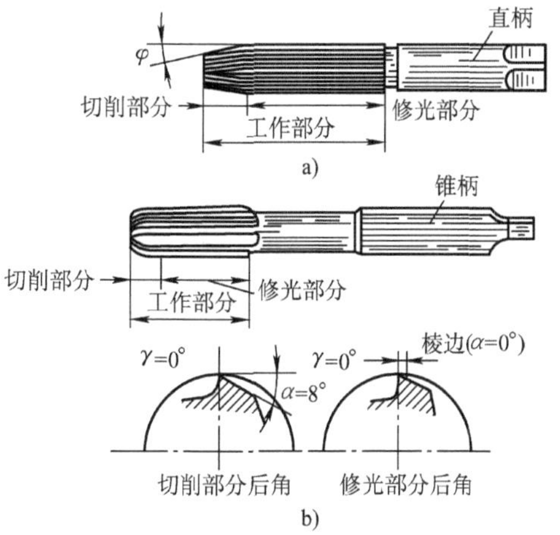

图 1-10-5　铰刀
a）手铰刀　b）机铰刀

三、钻削加工的附件

钻削时所用附件包括钻头的安装附件和工件的装夹附件。

1. 钻头的安装附件

（1）钻夹头　钻夹头的结构如图 1-10-6 所示，用于夹持直柄钻头。

（2）变径套　通常，锥柄刀具可直接装夹在主轴的锥孔内。当柄部莫氏锥度号数与机床主轴的锥孔号数不相同时，需采用变径套安装。如果一个套筒还不能满足要求，则可用两个或两个以上的套筒作过渡连接，从而保证刀具可靠地安装在主轴锥孔内，如图 1-10-7 所示。

2. 工件的装夹附件

在钻床上进行孔加工时，工件的装夹方法及所用附件较多。小型工件通常可用台虎钳

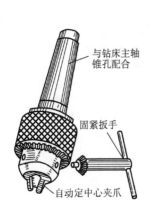

图 1-10-6　钻夹头

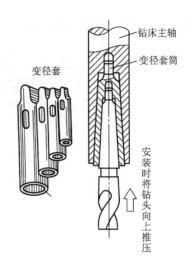

图 1-10-7　用变径套安装钻头

（平口钳）装夹；大型工件可用压板螺栓直接安装在钻床工作台上（如摇臂钻床）；在圆轴或套筒上钻孔时，一般把工件安放在 V 形架上，再用压紧螺栓压紧；在成批和大量生产中，尤其在加工孔系时，为了保证孔及孔系的精度，提高生产率，广泛采用钻模来装夹工件，如图 1-10-8 所示。

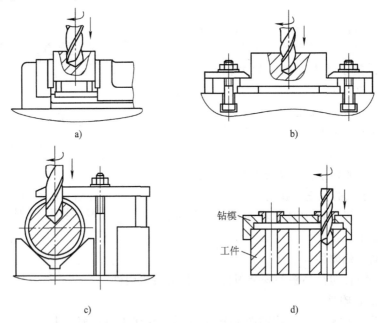

图 1-10-8　钻孔时工件的装夹

a）用台虎钳装夹　b）用压板螺栓装夹　c）用 V 形架装夹　d）用钻模装夹

四、钻削加工的工艺特点和应用

（一）钻孔

钻孔是用钻头在实体材料上加工孔的工艺。

1. 钻孔要点

按划线钻孔时，应先在圆心处钻一90°锥角的浅坑（定心坑），以判断钻头是否对中，若偏离中心较多，可用样冲在应钻孔的部位錾出几条槽，以把钻偏的中心纠正过来（图1-10-9），然后再正式钻孔。

当用麻花钻钻较深的孔时，要经常退出钻头，以排屑和冷却钻头，否则切屑可能阻塞在孔内，造成钻头折断或因高温使钻头退火磨损。

钻孔时，为了降低切削温度、提高钻头寿命，要加切削液。

对于直径大于30mm的孔，钻削时有较大的进给力，此时应先钻出一个较小直径的孔，然后用第二把钻头将孔加工到所要求的尺寸。

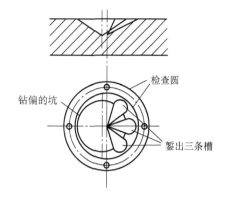

图 1-10-9　钻偏时的纠正方法

在用立式钻床或摇臂钻床等机床钻孔时，起始进钻要慢些，当钻头顶角完全进入工件时方可自动进给；将要钻通时，改用手动慢速进给，以免钻头被卡住或切屑突然增厚而折断钻头。

2. 钻孔的工艺特点

（1）钻头容易引偏　由麻花钻的结构特点可知，钻头的刚性很差，且定心作用也很差，因而容易导致钻孔时孔轴线歪斜（图1-10-10）。

（2）易出现孔径扩大现象　这不仅与钻头引偏有关，还与钻头的刃磨质量有关。钻头的两个主切削刃应磨得对称一致，否则钻出的孔径就会大于钻头直径，产生扩张量。

（3）排屑困难　钻孔时，由于切屑较宽，容屑槽尺寸又受到限制，所以排屑困难，致使切屑与孔壁发生较大的摩擦、挤压，拉毛和刮伤已加工表面，降低表面质量，甚至切屑可能阻塞在钻头的容屑槽里，卡死钻头，将钻头扭断。钻深孔时要经常退出钻头，清理后再继续钻孔。

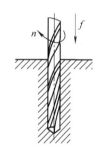

图 1-10-10　钻孔时的轴线歪斜

（4）切削热不易传散　钻削时，大量高温切屑不能及时排出，切削液又难以注入到切削区，因此，切削温度较高，刀具磨损加快，这就限制了切削用量的提高和生产率的提高。

3. 钻孔的应用

由上述特点可知，钻孔的加工质量较差，尺寸公差等级一般为IT11～IT13，表面粗糙度Ra值为12.5～50μm。钻孔直径一般为0.1～80mm。

钻孔虽然是一种粗加工方法，但对精度要求不高的孔，也可以作为终加工方法，如螺栓孔、润滑油通道的孔等；对于精度要求较高的孔，由钻孔进行预加工后再进行扩孔、铰孔或镗孔。此外，由于钻孔是在实体材料上打孔的唯一机械加工方法，且操作简单，适应性广，既可用于单件小批生产，又可用于大批量生产，因此，钻孔应用十分广泛。

（二）扩孔

扩孔是用扩孔钻对工件上的已有孔（铸出、锻出或钻出的孔）的直径进行扩大的一种加工方法。

1. 扩孔的要点

（1）用麻花钻扩孔 当孔径较大时，可先用小钻头（直径为孔径的 0.5 ~ 0.7 倍）预钻孔，然后再用所需孔径尺寸的大钻头扩孔。这时由于钻头横刃不切削，可使轴向力减小，钻进顺利，使生产率提高。

（2）用扩孔钻扩孔 由于扩孔钻导向作用好、刚性好、不易变形，加上扩孔时加工余量不太大，因而扩孔加工质量高于钻孔。

2. 扩孔的工艺特点

与钻孔相比，扩孔有以下特点：

1）扩孔钻齿数较多，因而导向性能好，切削比较稳定，并可找正原有孔的轴线歪斜及圆度误差。

2）扩孔余量较小，一般取孔径的 1/10 ~ 1/8，因此容屑槽可做得较浅，钻心厚度相对增大，提高了刀体强度和刚性。此外，由于切屑较窄，容易排屑，切屑也不易刮伤已加工表面。

3）由于扩孔钻没有横刃，避免了横刃产生的不良影响，因而可以采用较大的进给量。

3. 扩孔的应用

与钻孔相比，扩孔的精度高、表面质量好、生产率高。尺寸公差等级可达 IT9 ~ IT10，表面粗糙度 Ra 值可达 3.2 ~ 6.3μm。扩孔直径一般为 10 ~ 80mm。

扩孔作为孔的一种半精加工方法，既可作为精加工前的预加工，也可作为精度要求不高的孔的终加工，广泛应用于成批及大量生产中。

（三）铰孔

铰孔是用铰刀对未淬硬工件孔进行精加工的一种加工方法。铰孔方法有机铰和手铰两种。

1. 铰孔的要点

1）合理选择铰削用量。铰削余量要合适，余量留得太大，孔铰不光，铰刀易磨损，还增加铰削次数，降低生产率；余量留得太小，则不能纠正上一道工序留下的加工误差，不能达到加工要求。一般粗铰时，余量为 0.15 ~ 0.5mm，精铰时为 0.05 ~ 0.25mm。切削速度和进给量也要进行合理的选择，否则也将影响加工质量、刀具寿命和生产率。用高速钢铰刀加工铸铁时，切削速度不应超过 0.17m/s，进给量在 0.8mm/r 左右；加工钢料时，切削速度不应超过 0.17m/s，进给量在 0.4mm/r 左右。

2）铰刀在孔中不可倒转，否则铰刀和孔壁之间易于挤住切屑，造成孔壁划伤、切削刃损坏。

3）机铰时要在铰刀退出孔后再停车，否则孔壁有拉毛痕迹。铰通孔时，铰刀校准部分不可全部露出孔外，否则出口处会划坏。

4）铰钢制工件时，应经常清除切削刃上的切屑，并加注切削液进行润滑、冷却，以降低孔的表面粗糙度值。

2. 铰孔的工艺特点

1）铰刀具有校准部分，可起校准孔径、修光孔壁的作用，使孔的加工质量得到提高。

2）铰孔的余量小、切削力较小；切削速度一般较低，产生的切削热较少。因此，工件的受力变形和受热变形较小，加工质量较高。

3）铰刀是标准刀具，一定直径的铰刀只能加工一种直径和尺寸公差等级的孔。

4）铰孔只能保证孔本身的精度，而不能找正原孔轴线的偏斜及孔与其他相关表面的位置误差。

5）生产率高，尺寸一致性好，适于成批和大量生产。钻—扩—铰是生产中常用的加工较高精度孔的工艺。单件小批生产中精度要求较高的小孔，也常采用铰削加工。

3. 铰孔的应用

1）根据以上特点，作为孔的一种精加工方法，铰孔的精度高、表面质量好，尺寸公差等级一般为 IT7 ~ IT8，表面粗糙度 Ra 值可达 $0.4 ~ 1.6\mu m$，因而特别适于细长孔的精加工。

2）采用机铰时的铰孔直径为 10 ~ 80mm，用于成批生产；采用手铰时的铰孔直径为 1 ~ 50mm，用于单件小批生产。

3）铰孔的适应性差。铰刀是定径刀具，一把铰刀只能对一种直径尺寸和公差的孔进行加工，而对于那些非标准孔、不通孔和台阶孔，则不宜用铰削。

4）铰削适用于加工钢、铸铁和非铁金属材料，但不能加工硬度很高的材料（如淬火钢、冷硬铸铁等）。

第二节　镗削加工

在镗床上用镗刀对工件进行切削加工的过程称为镗削加工。它所用的设备主要是镗床，所用的刀是镗刀。

镗削在本节中是指在镗床上进行的镗孔加工。此时，镗刀作旋转的主运动，刀具或工件沿孔的轴线作直线进给运动，如图 1-10-11 所示。

一、镗削加工的设备

镗削加工的主要设备是镗床，其种类很多，常用的有卧式镗床、金刚镗床、坐标镗床、数控镗床等。

下面以常用的 T618 型卧式镗床为例进行介绍。

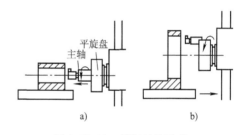

图 1-10-11　镗削时的运动
a）刀具进给　b）工件进给

按 GB/T 15375—2008 的规定，T618 型号的含义是：

T618 型卧式镗床外形图如图 1-10-12 所示，其主要组成部分包括床身、前立柱、主轴箱、主轴、平旋盘、工作台、后立柱、尾座等。

前立柱固定在床身右端；主轴箱安装在前立柱上，主轴箱前端安装有平旋盘，后立柱位于床身左端，其上安装有尾座，工作台位于前立柱与后立柱之间。主轴箱可沿前立柱上的垂直导轨上下移动（f_3）；主轴可作旋转运动（v_{c1}）与纵向移动（f_1）；平旋盘可带动径向刀架和镗刀作独立的旋转运动（v_{c2}），位于平旋盘上的径向刀架可使刀具作径向移动（f_2）；

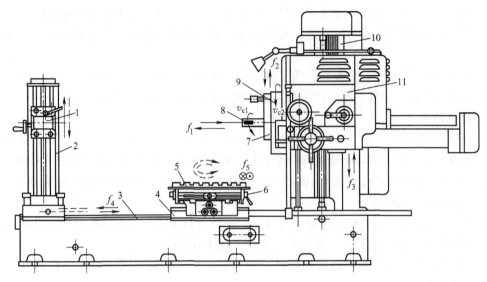

图 1-10-12　T618 型卧式镗床外形图
1—尾座　2—后立柱　3—床身　4—下滑座　5—回转工作台　6—上滑座
7—径向刀架　8—主轴　9—平旋盘　10—前立柱　11—主轴箱

后立柱可沿床身导轨作纵向位置调整；尾座用于支承镗刀杆，以增加其刚性，它可与主轴箱同步升降；工作台可作纵向移动（由下滑座完成，f_4）、横向移动（由上滑座完成，f_5）及回转运动（由回转工作台完成）。

二、镗削加工的工艺特点和应用

1. 镗孔的工艺特点

1）刀具结构简单，且径向尺寸可以调节，用一把刀具就可加工直径不同的孔；在一次安装中，既可进行粗加工，也可进行半精加工和精加工；可加工各种结构类型的孔，如不通孔、阶梯孔等，因而适应性广，灵活性大。

2）能找正原有孔的轴线歪斜与位置误差。

3）由于镗床的运动形式较多，工件放在工作台上，可方便准确地调整被加工孔与刀具的相对位置，因而能保证被加工孔与其他表面间的相互位置精度。

4）由于镗孔质量主要取决于机床精度和工人的技术水平，因而对操作者技术要求较高。

5）与铰孔相比较，由于单刃镗刀刚性较差，且镗刀杆为悬臂布置或支承跨距较大，使切削稳定性降低，因而只能采用较小的切削用量，以减小镗孔时镗刀的变形和振动。与此同时，参与切削的主切削刃只有一个，因而生产率较低，且不易保证稳定的加工精度。

6）不适宜细长孔的加工。

2. 镗孔的应用

如上所述，镗孔特别适合于单件小批生产中对复杂的大型工件上的孔系进行加工。这些孔除了有较高的尺寸精度要求外，还有较高的相对位置精度要求。镗孔尺寸公差等级一般可达 IT7～IT9，表面粗糙度 Ra 值可达 0.8～1.6μm。此外，对于直径较大的孔（直径大于 80mm）、内成形表面、孔内环槽等，镗孔是唯一合适的加工方法。

第十一章

数控机床加工

第一节 数控机床的工作原理及组成

一、数控机床的工作原理

机床数控技术是以数字化信息实现机床自动控制的一门技术。其中，刀具与工件运动轨迹、刀具与工件相对运动的速度是最主要的控制内容。

数控机床工作前，要预先根据工件的要求，确定零件加工工艺过程、工艺参数，然后，将工件的几何信息和工艺信息数字化，按规定的代码和格式编制成数控加工程序，再用适当的方式将此加工程序输入到数控机床的数控装置中。在运行数控加工程序的过程中，数控装置会根据数控加工程序的内容，发出各种控制命令，如起动主轴电动机，打开切削液，进行刀具轨迹计算，同时向特殊的执行单元发出数字位移脉冲，进行进给速度控制，直至程序运行结束，零件加工完毕。

二、数控机床的组成

数控机床主要由信息载体、数控装置、伺服单元和机床四部分组成，如图 1-11-1 所示。

图 1-11-1　数控机床的组成

1. 信息载体

信息载体的功能是记载以数控加工程序表示的各种加工信息，以控制机床的运动和各种动作，实现零件的机械加工。常用的信息载体有穿孔纸带、磁带和磁盘。信息载体上的各种加工信息要经输入装置（光电纸带输入机、磁带录音机和磁盘驱动器）输送给数控装置。对于用微型计算机控制的数控机床，还可以通过通信接口从其他计算机获取加工信息。也可用操作面板上的按钮和键盘将加工信息直接从键盘输入，并将数控加工程序存入数控装置的存储器中。

2. 数控装置

数控装置是数控机床的控制中心，其功能是接受输入装置输入的加工信息，处理计算机发出的各种控制命令，如向伺服单元分配相对位移脉冲，并由此使机床在伺服单元的驱动下，按预定的轨迹运动等。本书所说的数控系统比数控装置所指的内容要广泛，主要包括数控装置和伺服单元（或称为伺服系统）。

3. 伺服单元

伺服单元是数控装置的主要执行部分，由位置控制环（包括位置传感器）、速度控制环

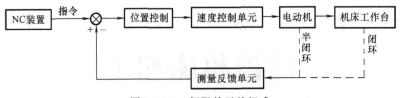

图 1-11-2 伺服单元的组成

（包括速度传感器）、驱动伺服电动机与相应的机械传动装置组成（图 1-11-2）。当数控装置输出指令脉冲信号给伺服单元时，伺服单元就使机床上的移动部件作相应移动，并对定位的精度和速度加以控制。因此，伺服单元性能的好坏是直接影响数控机床加工精度和生产率的主要因素之一。每一脉冲使机床移动部件产生的位移量称为脉冲当量（常用的脉冲当量为 0.001 ~ 0.01mm）。

4. 机床

与传统的普通机床相比，除了进给部分采用伺服电动机，组成伺服单元，由数控装置运行数控加工程序进行自动控制之外，数控机床的外部造型、整体布局、机械传动系统与刀具系统的部件结构以及操作机构等方面都发生了很大的变化。

与传统的普通机床相比，数控机床有以下特点：

1）采用了高性能主轴部件及传动系统，机械传动结构简化，传动链较短。

2）机械结构具有较高刚度和耐磨性，热变形小。

3）更多地采用高效传动部件，如滚珠丝杠、静压导轨、滚动导轨等。

三、数控机床加工的工艺特点

1. 加工精度高，质量稳定

数控机床的机械传动系统和结构都有较高的精度、刚度和热稳定性，而且机床的加工精度不受工件复杂程度的影响，工件加工的精度和质量由机床保证，完全消除了操作者的人为误差。所以数控机床的加工精度高，而且同一批工件加工尺寸的一致性好，加工质量稳定。

2. 加工生产率高

数控机床结构刚度好、功率大，能自动进行切削加工，所以能选择较大的、合理的切削用量，并自动连续完成整个切削加工过程，大大缩短了机动时间。在数控机床上加工工件，只需使用通用夹具，又可免去划线等工作，所以能大大缩短加工准备时间。又因为数控机床定位精度高，可省去加工过程中对工件的中间检测时间，所以数控机床的生产率高。

3. 减轻劳动强度，改善劳动条件

数控机床的加工，除了装卸工件、操作键盘、观察机床运行外，其他的机床动作都是按加工程序要求自动连续地进行，操纵者不需要进行繁重的重复性手工操作。

4. 加工适应性强、灵活性好

因数控机床能实现几个坐标联动，加工程序可根据工件的要求而变换，所以它的适应性和灵活性很强，可以加工普通机床无法加工的形状复杂的工件。

5. 有利于生产管理

数控机床加工，能准确计算工件的加工工时，并有效地简化刀、夹、量具和半成品的管理工作。加工程序是用数字信息的标准代码输入，有利于计算机连接，构成由计算机控制和管理的先进生产系统。

第二节　常用数控切削加工机床

一、数控车床

（一）数控车床原理

数控车床又称为 CNC（Computer Numerical Control）车床，即计算机数字控制车床，其基本原理如图 1-11-3 所示。

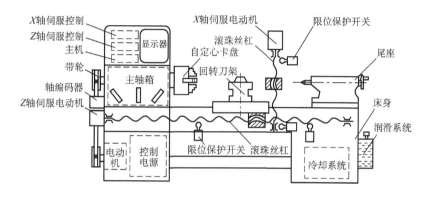

图 1-11-3　数控车床基本原理示意图

一般的车床是靠手工操作机床来完成各种切割加工的，而数控车床是将编制好的加工程序输入到数控系统中，由数控系统通过控制车床 X、Z 轴的伺服电动机去控制车床进给运动部件的动作顺序、移动量和进给速度，再配以主轴的转速和转向，便能加工出各种不同形状的轴类和盘套类回转体零件。

（二）数控车床的组成

数控车床由数控系统和机床本体组成，如图 1-11-3 所示。数控系统包括控制电源、轴伺服控制器、主机、轴编码器（X 轴、Z 轴和主轴）及显示器等。机床本体包括床身、主轴箱、电动回转刀架、进给传动系统、电动机、冷却系统、润滑系统、安全保护系统等。

（三）数控车削加工的特点

数控车床是数控机床的一种，具有数控机床的特点。与卧式普通车床相比较，数控车床的进给系统与卧式车床的进给系统在结构上存在着本质差别。卧式车床主轴的运动经过进给箱、溜板箱传到刀架实现纵向和横向的进给运动；数控车床则是去除了进给箱、溜板箱、小滑板、中滑板和床鞍手柄，采用伺服电动机直接驱动滚珠丝杠，带动滑板和刀架，实现纵向和横向进给运动。此外，数控车床采用电动刀架可实现自动换刀，并采用系统自动润滑和各轴限位安全保护。

（四）数控车削加工的应用

数控车床除了可以完成卧式车床能够加工的轴类和盘套类零件外，还可以加工各种形状复杂的回转体零件，如复杂曲面，以及加工各种螺距甚至变螺距的螺纹。数控车床一般应用于精度较高的批量生产中。

二、数控铣床

数控铣床是一种应用很广的数控机床，分为数控立式铣床、数控卧式铣床和数控龙门铣床等。

（一）数控铣床的结构

数控铣床主要由床身、铣头、纵向工作台、横向床鞍、升降台、电气控制系统等组成。它能够完成基本的铣削、镗削、钻削、攻螺纹及自动工作循环等工作，可加工各种形状复杂的凸轮、样板及模具零件等。图 1-11-4 所示为立式数控铣床外形图，床身固定在底座上，用于安装和支承机床各部件，控制台上有彩色液晶显示器、机床操作按钮和各种开关及指示灯。纵向工作台、横向溜板安装在升降台上，通过纵向进给伺服电动机、横向进给伺服电动机和垂直升降进给伺服电动机的驱动，完成 X、Y、Z 坐标的进给。电气柜安装在床身立柱的后面，其中装有电气控制部分。

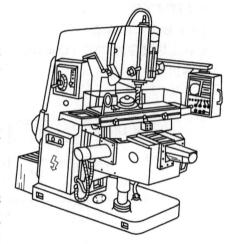

图 1-11-4　立式数控铣床外形图

（二）数控铣床的特点

（1）结构特点　数控铣床在结构上要比普通铣床复杂得多，与镗铣加工中心相比，它没有刀库及自动换刀装置。与其他数控机床（如数控车床）相比，数控铣床在结构上有下列特点：

1）控制机床运动的坐标特征。为了将工件中各种复杂的形状轮廓连续加工出来，必须控制刀具沿设定的直线、圆弧或空间直线、圆弧轨迹运动。这就要求数控铣床的伺服系统能在多坐标方向同时协调动作并保持预定的相互关系，即要求机床能实现多坐标联动。因此，数控铣床所配置的数控系统在档次上一般都比其他数控机床更高一些。

2）数控铣床的主轴特性。在数控铣床的主轴套筒内一般都设有自动夹刀、退刀装置，能在数秒钟内完成装刀与卸刀，使换刀较为方便。此外，多坐标数控铣床的主轴还可以绕 X 轴、Y 轴或 Z 轴作数控摆动，扩大了主轴自身的运动范围，但主轴结构更加复杂。

（2）加工特点　数控铣床的最大特点是高柔性，即灵活、通用、万能，可以加工不同形状的工件。在数控铣床上能完成钻孔、镗孔、铰孔、铣平面、铣斜面、铣槽、铣曲面（凸轮）、攻螺纹等加工，而且在一般情况下，可以在一次装夹后就完成所需的加工工序。

（三）数控铣床的应用

数控铣床主要用于各种黑色金属、有色金属及非金属的平面轮廓零件、空间曲面零件和孔加工。

1）平面轮廓零件。各种盖板、凸轮以及飞机整体结构件中的框、肋等。

2）空间曲面零件。各类模具中常见的各种曲面，一般需要采用三轴联动，甚至四轴、五轴联动进行加工。

3）螺纹。内外螺纹、圆柱螺纹、圆锥螺纹等。

4）数控铣床加工内容与加工中心加工内容有许多相似之处，但从实际应用效果来看，数控铣削加工更多地用于复杂曲面的加工，而加工中心更多地用于有多工序内容零件的加工。

三、加工中心简述

（一）概述

1. 加工中心的分类

加工中心又称多工序自动换刀数控机床。它把铣削、镗削、钻削等功能集中在一台设备上，一次装夹可以完成多个加工要素的加工。根据加工中心的结构和功能，有以下几种分类形式：

（1）按工艺用途分类

1）镗铣加工中心。镗铣加工中心是机械加工行业应用最多的一类加工设备。其加工范围主要是铣削、钻削和镗削，适用于箱体、壳体以及各种复杂零件特殊曲线和曲面轮廓的多工序加工，适用于多品种、小批量加工。

2）钻削加工中心。钻削加工中心以钻削为主，刀库形式以转塔为多。适用于中小零件的钻孔、扩孔、铰孔、攻螺纹等多工序加工。

3）车削加工中心。车削加工中心以车削为主，主体是数控车床，车床上配备有转塔式刀库或由换刀机械手和链式刀库组成的刀库。车床数控系统多为两轴或三轴伺服配制，即 X 轴、Z 轴、C 轴，部分高性能车削中心配备有铣削动力头。

4）复合加工中心。在一台设备上可以完成车、铣、镗、钻等多工序加工的加工中心称之为复合加工中心，可代替多台机床实现多工序加工。这种方式既能减少装卸时间、提高生产率，又能保证和提高几何精度。复合加工中心多指五面复合加工中心，它的主轴头可自动回转，进行立卧加工。

（2）按主轴特征分类

1）立式镗铣加工中心。立式加工中心的主轴垂直放置，它能完成铣削、镗削、钻削、攻螺纹等多工序加工。立式加工中心多为三轴联动，可实现三维曲面的铣削加工。高档加工中心可以实现五轴、六轴控制。立式加工中心适宜加工高度尺寸较小的零件。

2）卧式镗铣加工中心。卧式加工中心的主轴水平放置。一般卧式加工中心由 3～5 个坐标轴控制，通常配备一个旋转坐标轴（回转工作台）。卧式加工中心适宜加工箱体类零件，一次装夹可对工件的多个面加工，特别适合孔与定位基面或孔与孔之间有相对位置要求的箱体零件加工。

2. 加工中心机械结构构成

典型加工中心的机械结构主要由床身、立柱、横梁、工作台、底座等基础支承件，加工中心主轴系统、进给传动系统、工作台交换系统、回转工作台、刀库及自动转换刀装置以及其他机械功能部件组成。图 1-11-5 所示为 H400 加工中心外形图。

加工中心的基础支承件是结构件，它构成了机床的基本框架。基础支承件对加工中心各部件起支承和导向作用，因而要求基础支承件具有较高的刚性、较高的固有频率和较大的阻尼。

主轴系统为加工中心的主要组成部分，它由主轴电动机、主轴传动系

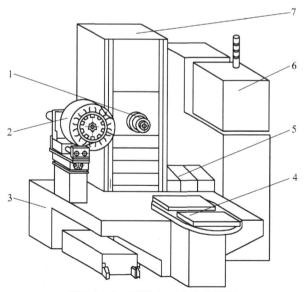

图 1-11-5　H400 加工中心外形图

1—主轴系统　2—刀库　3—床身　4—工作台交换系统　5—进给系统　6—控制系统　7—立柱

统以及主轴组件组成。与常规机床主轴系统相比，加工中心主轴系统要具有更高的转速、更高的回转精度以及更高的结构刚性和抗振性。

加工中心进给驱动机械系统直接实现直线或旋转运动的进给和定位，对加工的精度和质量影响很大，因此对加工中心进给系统的要求是运动精度、运动稳定性和快速响应能力。

根据工作要求，回转工作台通常分成两种类型，即数控转台和分度转台。数控转台在加工过程中参与切削，相当于进给运动坐标轴；分度转台只完成分度运动，主要要求分度精度和在切削力作用下位置保持不变。

为了在一次安装后能尽可能多地完成同一工件不同部位的加工要求，并尽可能减少加工中心的非故障停机时间，数控加工中心通常具有自动换刀装置、刀库和自动托盘交换装置。对自动换刀装置的基本要求主要是结构简单、功能可靠、交换迅速。

其他机械功能部件主要指冷却、润滑、排屑和监控装置。由于加工中心生产率极高，并可长时间实现自动化加工，因而冷却、润滑、排屑等问题比常规机床更为突出。大切削量的加工需要强力冷却和及时排屑。大量切削液和润滑液的作用还对系统的密封和泄漏提出更高的要求，从而导致半封闭、全封闭结构机床的出现。

（二）加工中心的加工工艺特点

与普通数控机床相比，加工中心具有许多突出的工艺特点。

（1）工序集中　加工中心是带有刀库和自动换刀装置的数控机床，工件经一次装夹后，数控系统控制机床对工件进行连续、高效、高精度多工序加工。

（2）工艺范围宽　能加工复杂的曲面。与数控铣床一样，加工中心也能实现多轴联动，以完成复杂曲面的加工，使机床的工艺范围大大增宽。

（3）具有高柔性　便于新产品的研制和开发。当加工中心的加工对象改变后，除了更换相应的刀具和解决工件装夹方式外，只需变换加工程序，即可自动加工出新零件，生产周期大大缩短，给新产品的研制开发以及产品的改型提供了极大的便利。

（4）加工精度高而且质量稳定　加工中心具有很高的加工精度，且又是按程序自动加工，避免了人为操作误差，使同一批生产的零件尺寸一致性好，产品质量稳定。

（5）生产率高　加工中心能实现多道工序的连续加工，而且具有很高的空行程运行速度，生产率显著提高。

（6）便于实现计算机辅助制造　由于数控机床是与计算机技术紧密结合的，因而易于与 CAD/CAM 系统连接，进而形成 CAD/CAM/CNC 一体化系统，而加工中心等数控设备正是 CAM 的基础。

（三）加工中心的应用

根据加工中心的工艺特点，它最适于加工形状复杂、加工内容多、精度要求高、需用多种类型的普通机床以及各种刀具和夹具，且需经多次装夹和调整才能完成加工的零件。加工中心的加工对象主要有以下五类。

1. 箱体类零件

箱体类零件一般是指具有平面和孔系，内部有型腔，在长、宽、高方向上具有一定比例要求的零件。这类零件包括各类机械设备和汽车、飞机、船舶等运输工具中的发动机缸体、变速箱体，机床的主轴箱，齿轮泵壳体等。

2. 具有复杂曲面的零件

这类零件如凸轮、涡轮、叶轮、导风轮、螺旋桨等，其主要表面是由复杂曲线、曲面组成的，形状复杂，有的精度要求极高。加工这类零件时，需要多轴联动加工，这在普通机床上是难以甚至无法完成的。而加工中心可以采取三轴、四轴，甚至五轴联动将这类零件加工出来，并且质量稳定、精度高、互换性好。因此，这类零件应是加工中心重点选择加工的对象。

3. 外形不规则的异形件

异形件即外形特异的零件，这类零件大都需要采用点、线、面多工位混合加工。异形件的总体刚性一般较差，在装夹过程中易变形，在普通机床上只能采取工序分散的原则加工，需用工装较多，周期较长，而且难以保证加工精度。而加工中心具有多工位点、线、面混合加工的特点，能够完成大部分甚至全部工序内容。实践证明，异形件的形状越复杂，加工精度要求越高，使用加工中心便越能显示其优越性。

4. 模具

常见的模具有锻压模具、铸造模具、注塑模具和橡胶模具等。这类零件的型面大多由三维曲面构成，一般采用加工中心加工这类成形模具，由于工序高度集中，因而基本上能在一次安装中采用多轴联动完成动模、静模等关键件的全部精加工，尺寸累积误差及修配工作量小。

5. 多孔的盘、套、板类零件

带有键槽、径向孔，或端面分布的、有孔系或曲面的盘、套、板类零件，如带法兰的轴套、具有较多孔的板类零件和各种壳体类零件等，都适合在加工中心上加工。对于加工部位集中在单一端面上的盘、套、板类零件，宜选择立式加工中心；对于加工部位不位于同一方向表面上的零件，则应选择卧式加工中心。

总之，对于复杂、工序多（需多种普通机床以及各种刀具和夹具）、精度要求较高、需经多次装夹和调整才能完成加工的零件，适合在加工中心上加工。同时，利用加工中心还可实现一些特殊的工艺要求，如在金属表面上刻字、刻分度线、刻图案等。在加工中心的主轴上装设高频专用电源，还可对金属表面进行淬火。

第十二章

特 种 加 工

随着工业生产和科学技术的发展，具有高强度、高硬度、高韧性的新材料不断出现，具有各种复杂结构与特殊工艺要求的工件也越来越多，依靠传统的机械加工方法难以达到技术要求，有的甚至无法进行加工。这就需要探索新的加工方法。特种加工就是在这种情况下产生和发展起来的。

所谓特种加工，就是直接利用电能、化学能、声能、光能、热能等，或它们与机械能的组合等形式去除坯料或工件上多余的材料，以获得所要求的几何形状、尺寸精度和表面质量的加工方法。它与切削加工的不同点是：

1）切削加工是利用机械能或机械力把工件上多余材料切除下来，特种加工是直接利用电能，或将电能转为化学能、声能、光能或热能来进行加工的。

2）加工用的工具硬度不必大于被加工材料的硬度。

3）加工过程中，工具和工件之间不存在明显的机械切削力。

特种加工按其能源和工作原理的不同可分为以下几类：

1）电热原理。包括电火花加工：电子束加工、离子束加工、等离子束加工。

2）电化学原理。包括电解加工：电解磨削、阳极机械磨削等。

3）声机械原理。超声波加工。

4）光、热原理。激光加工。

5）水射流原理。水射流加工。

6）光化学原理。光化学加工。

第一节　电火花线切割加工

一、电火花线切割加工的工作原理及机床

（一）工作原理

电火花线切割加工是通过线状工具电极与工件间规定的相对运动，对工件进行脉冲放电加工。脉冲电源的正极接工件，负极接电极丝。电极丝以一定的速度移动，它不断地进入和离开放电区域。只要有效地控制电极丝相对于工件的运动轨迹和速度，就能切割出一定形状和尺寸的工件。其

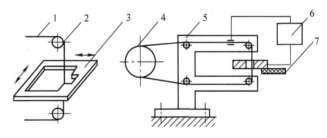

图 1-12-1　电火花线切割工艺及装置示意图

1—钼丝　2—导向轮　3—工件　4—传动轴　5—支架
6—脉冲电源　7—绝缘底板

切割工艺及装置示意图如图 1-12-1 所示。

（二）电火花线切割机床

1. 电火花线切割机床的组成及性能

电火花线切割机床一般由机床主机、脉冲电源和控制系统组成。而机床主机的主要部件结构为：工作台导轨组合、工作台传动丝杠副、储丝机构、丝架机构和导轮组合。表1-12-1 所列为线切割机型及其性能。

表 1-12-1　线切割机型及其性能

项目＼机型	高 速 走 丝 式	低 速 走 丝 式
走丝速度	≥2.5m/s,常用 8～10m/s	<2.5m/s,常用值<0.25m/s
电极丝材料	钼丝、钨钼丝	黄铜丝、铜丝、以铜为主体的合金或镀覆材料
电极丝直径	>0.05～0.18mm	0.025～0.3mm
电极丝工作状态	往复运行，反复使用	单向运行，一次性使用
工作液	特制乳化液或水基工作液	去离子水，个别场合用煤油
工件形状	二维及锥度较小的锥度（通常≤6°）	二维，多种锥度方式
最高尺寸精度	0.01mm	±2μm（多次切割）
最佳表面粗糙度 Ra 值	0.6μm	0.6μm（多次切割）

2. 电火花线切割机床型号

按 GB/T 7925—2005《电火花线切割机（往复走丝型）参数》规定，电火花线切割机床的主参数为工作台的横向行程，第二主参数为工作台的纵向行程，其型号表示为：

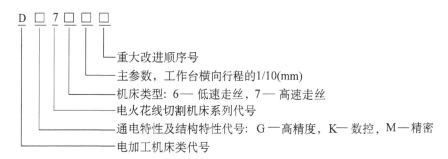

例如，DK7732 表示横向行程为 320mm 的高速走丝电火花数控线切割机床。

3. 电火花线切割机床数控系统

数控系统是电火花线切割机床的重要组成部分，对电火花线切割加工的质量水平起重要作用。它属于轮廓控制系统，能同时控制两个或两个以上的轴，并有插补功能。数控系统有 NC 系统与 CNC 系统两类。目前采用的基本上都是 CNC 系统。

四轴联动锥度切割装置示意图如图 1-12-2 所示。图中的上导向器能作 U、V 方向的移动，与工作台的 X 轴、Y 轴方向一起移动构成四轴联动控制，实现上下异形截面形状的加工。

二、电火花线切割加工的工艺特点与应用

（1）加工对象　除普通金属、超硬合金材料外，已能加工人造聚晶金刚石、导电陶瓷等。

（2）加工范围　除了一般的精密加工外，已开始涉及精密微细加工领域。例如要求尺寸精度达 ±2μm 的半导体集成电路引线框架模具的加工。还可以加工大尺寸工件，如汽车

零件等。

（3）加工形状　不仅是二维轮廓的加工，而且能加工各种锥度、变锥度以及上下面形状不同的三维直纹曲面。

（4）工艺特点

1）用非成形工具电极即可实现复杂形状工件的加工。

2）适合微孔、窄缝等精细零件的加工。

3）电极丝损耗少，对加工精度的影响小。

4）自动化程度高。

5）成本低，能实现大厚度、高效率的切割加工。

（5）电火花线切割的应用

1）加工各种模具。

2）加工成形工具。

3）加工微细孔、槽、窄缝。

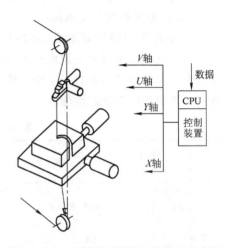

图 1-12-2　四轴联动锥度切割装置示意图

4）各种稀有、贵重金属材料和难加工金属材料的加工和切割。

5）从几何角度来看，电火花线切割加工方法适宜加工各种由直线组成的直纹曲面以及各种二维曲面。

三、电火花线切割加工的编程与示例

这里主要介绍我国高速走丝线切割机床应用较广的3B程序格式的编程要点。

1. 程序格式

我国数控线切割机床采用统一的五指令3B程序格式，即

BxByBJGZ

其中：

B——分隔符，用它来区分、隔离 x、y 和 J 等，B 后的数字如为零，则此零可以不写。

x、y——直线终点或圆弧起点坐标的值，编程时均取绝对值，以 μm 为单位。

J——计数长度，也以 μm 为单位。

G——计数方向，分 Gx 或 Gy，即可按 X 方向或 Y 方向计数。工作台在该方向每走 1μm，则计数累减1。当累减到计数长度 $J=0$ 时，这段程序即加工完毕。

Z——加工指令，分为直线 L 与圆弧 R 两大类。

2. 直线的编程

1）把直线的起点作为坐标原点。

2）终点坐标作为 x、y，均取绝对值，单位为 μm。也可用公约数将 x、y 缩小整数倍。

3）计数长度 J，按计数方向 Gx 或 Gy 取该直线在 X 轴和 Y 轴上的投影值。决定计数长度时，要和选计数方向一并考虑。

4）应取程序最后一步的轴向为计数方向，对直线而言，取 x、y 中较大的绝对值和轴向作为计数长度 J 和计数方向。

5）加工指令按直线走向和终点所在象限不同而分为 L1、L2、L3、L4，其中与 +X 轴重合的直线算作 L1，与 +Y 轴重合的算作 L2，与 −X 轴重合的算作 L3，与 −Y 轴重合的算作

L4。而与 *X*、*Y* 轴重合的直线，编程时 *X*、*Y* 均可作 0，且在 B 后可不写。

3. 圆弧的编程

1）把圆弧的圆心作为坐标原点。

2）把圆弧的起点坐标值作为 *x*、*y*，均取绝对值，单位为 μm。

3）计数长度 *J* 按计数方向取 *X* 轴或 *Y* 轴上的投影值，以 μm 为单位。如圆弧较长，跨越两个以上象限，则分别取计数方向 *X* 轴（或 *Y* 轴）上各个象限投影值的绝对值相累加，作为该方向总的计数长度，也要和选计数方向一并考虑。

4）计数方向也取与该圆弧终点时走向较平行的轴作为计数方向，以减少编程和加工误差。对圆弧来说，取终点坐标中绝对值较小的轴向作为计数方向（与直线相反）。最好也取最后一步的轴向作为计数方向。

5）加工指令对圆弧而言，按其第一步所进入的象限可分为 R1、R2、R3、R4；按切割走向又可分为顺圆和逆圆，于是共有 8 种指令即 SR1、SR2、SR3、SR4、NR1、NR2、NR3、NR4。

4. 工件的编程示例

从图 1-12-3 中可以看出，该图形由三条直线和一条圆弧组成，故分四段程序编制。

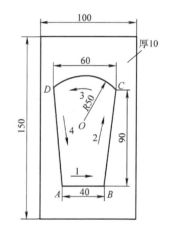

图 1-12-3　线切割工件

1）加工直线 *AB*：坐标原点取 *A* 点，*AB* 与 *X* 轴重合。故程序为：

BBB40000GxL1（或 B40000BB40000GxL1）

2）加工斜线 *BC*：坐标原点取 *B* 点，终点 *C* 的坐标是（10000，90000）。故程序为：

B1B9B90000GyL1

3）加工圆弧 *CD*：坐标原点 *O*，起点 *C* 的坐标是（30000，40000）。故程序为：

B30000B40000B60000GxNR1

4）加工斜线 *DA*：坐标原点取 *D* 点，终点 *A* 的坐标为（10000，90000）。故程序为：

B1B9B90000GyL4

5. 注意事项

1）手工编程容易出错，所以编好的程序一定要仔细检查。

2）在实际进行线切割加工和编程时，要考虑钼丝半径 *r* 和单面放电间隙 *S* 的影响。对于切割孔和凹体时，应将编程轨迹减小（*r* + *S*）距离；对于凸体，则应增大（*r* + *S*）距离。

第二节　光化学加工

光化学加工（PCM）是将曝光制板技术与化学腐蚀技术结合起来加工复杂精细图形的一种工艺方法。它主要用于对壁厚 2.4mm 以下、复杂的薄壁零件及亚微米级深度以上的零件表面进行刻蚀。

一、光化学加工原理

光化学加工的基本原理是利用辐射线曝光技术，把复制模板（Mask，又称为掩模）的图形精确地复制到涂有光敏胶（又称为光致抗蚀剂）的工件表面，只有未被复制模板遮住的光敏胶才能受到光线的照射，光敏胶吸收光能发生光化学反应，致使光敏胶的溶解性发生本质变化，在特定的显影液中从不溶解改变成完全溶解。显影后，再利用光敏胶的耐腐蚀特性，对未被保护的工件表面进行化学腐蚀，从而获得所需形状和尺寸精度的零件。光化学加工主要有两种类型：腐蚀法和电成形法。它们之间的主要区别在于：前者直接对工件材料未被保护的部位腐蚀加工成形，而后者是将抗蚀层制作在导电的衬底上，将零件材料电铸到衬底上，再把零件材料与衬底分离而获得所需的零件（图 1-12-4）。在集成电路制造中，衬底一般是硅片。

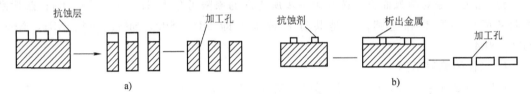

图 1-12-4　光化学加工成形示意图

a）腐蚀法　b）电成形法

二、光化学加工工艺过程

光化学加工的工艺过程是非常复杂的，图 1-12-5 所示为光化学加工的主要工艺过程。

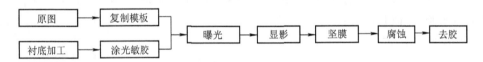

图 1-12-5　光化学加工的主要工艺过程

1. 原图与复制模板

通过计算机绘图，将原图变成一个个计算机数据文件，将原图文件直接输入到光绘机中，通过激光头的运动，在涂有卤化银的底片上将图形直接打印，然后经过显影等工作，即可以将模板加工好。

2. 衬底加工和涂光敏胶

（1）衬底加工　主要是指对工件材料进行前期预处理，使用化学或物理的方法，完成除油、除氧化皮、粗化等工作。其目的在于提高光敏胶与工件表面的黏附力。

（2）涂光敏胶　无论是光化学加工的腐蚀法还是电成形法，光敏胶的制作方法基本相同，所不同的是前者的光敏胶直接涂覆在工件欲加工表面上，而后者的光敏胶是制作在导电的支撑体上，工件的成形是通过电铸法间接获得的。涂覆胶膜厚度的均匀性与一致性直接影响加工图形的分辨率和精度。一个厚度相差明显、严重凹凸不平的胶面甚至连曝光、显影的条件都难以掌握，当然不会有好的加工结果。因此，光敏胶的涂覆方法是一个非常重要的环节，必须引起足够的重视。

光敏胶可按以下方法分类：

1）按曝光辐射源分。①紫外线光敏胶；②电子束光敏胶；③X 射线光敏胶；④离子束光敏胶。

2）按物理性能分。①液体光敏胶——湿法；②干膜光敏胶——干法。

光敏胶涂覆方法可分为干法和湿法。

1）湿法的涂覆方法。液体光敏胶的涂覆方法有浸涂法、喷涂法、离心法和滚涂法。

2）干法的涂覆方法。干膜光敏胶由于工艺简单、操作方便、不污染环境，故发展比较迅速。目前，广泛应用在高精度印制电路板和机构、薄壁件的加工。干膜光敏胶是由聚酯层、抗蚀层、聚乙烯层组成的，其结构如图 1-12-6 所示。

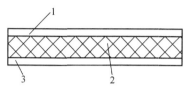

图 1-12-6　干膜光敏胶结构
1—聚酯层　2—抗蚀层　3—聚乙烯层

光化学加工中，国内外广泛使用的干膜光敏胶是无污染的水溶剂型，其贴膜厚度在 40μm 以下。其涂覆方式比较简单，采用贴膜的方式，具体过程如图 1-12-7 所示。首先将干膜光敏胶的聚乙烯层撕开，使光敏层直接贴附在工件表面，同时用滚筒以 0.8 ~ 1m/min 的速度、0.08 ~ 0.35MPa 的压力滚压，以增强黏附力，在曝光之后才撕去聚酯层。曝光时由于存在 25μm 左右的聚酯隔离层，所以分辨率不太高。

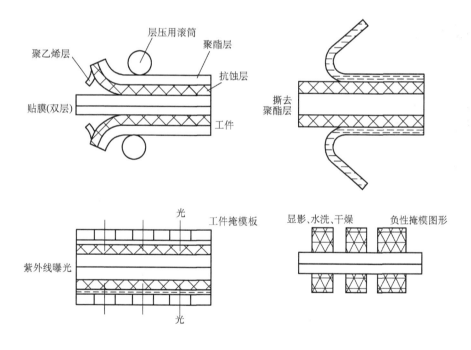

图 1-12-7　干膜光敏胶制作掩模工艺过程

3. 曝光

用紫外线等光波透过掩模板，对已涂覆光敏胶的薄膜进行选择性照射，使照射的部分充分完成光化学反应，从而改变照射部分的光敏胶在显影液中的溶解度。曝光光源的波长应与光敏胶感光范围相适应，一般采用紫外线。对于要求 1μm 以下最细的刻痕，紫外线不能满足要求，需采用电子束、离子束或 X 射线等曝光技术。电子束曝光可以刻出宽度为 $0.25\mu m$ 的窄槽。曝光时间一般在几十秒至几分钟的范围内。常用的曝光方式有：接触式曝光、接近式曝光、光学投影式曝光、电子束曝光、离子束曝光及 X 射线曝光，如图 1-12-8 所示。

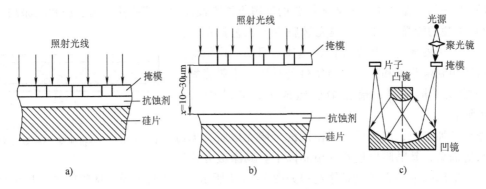

图 1-12-8　光化学加工的紫外线曝光方式
a）接触式曝光法　b）接近式曝光法　c）光路图

4. 显影

显影是在显影液中进行的，其目的在于利用曝光后的光敏胶在显影液中溶解度的不同除去不需要保护的光敏胶薄膜、保留保护表面的光敏胶薄膜的工艺过程。显影时间由显影液种类、性质、温度、显影方法、曝光等条件决定。显影后，非保护表面不应有残留的光敏胶，而保护表面的光敏胶薄膜在加工过程中不应脱落。

5. 坚膜

坚膜又称为后烘，就是将显影液漂洗后的工件在一定的温度下进行烘焙。其目的是去除残余的溶剂，改善由于溶剂浸泡造成的聚合物软化和膨胀情况，使胶膜致密坚固，并通过胶连作用，进一步提高光敏胶薄膜与工件表面的粘结力，从而减少腐蚀加工过程中产生针孔等缺陷。

6. 腐蚀

腐蚀就是把工件表面无光敏胶薄膜保护的加工表面腐蚀掉，而使有光敏胶薄膜掩蔽的区域保存下来。这是完成光化学加工复制模板的图像向工件材料转移的过程，是光化学加工的另一个重要环节。它的基本要求是图形边缘整齐，光敏胶薄膜及其保护表面无损伤。实际上，工件在腐蚀过程中形成的加工断面形状如图 1-12-9 所示。可见，腐蚀不仅在深度方向进行，还引起了侧向腐蚀。腐蚀深度越大，侧向腐蚀就越严重，因此，光化学加工只适用于薄壁零件。在加工进行之前，要根据工艺实验或者相关手册，了解侧向腐蚀的程度，并相应地更改原图尺寸。腐蚀的方法有化学腐蚀、电化学腐蚀、等离子腐蚀及反应离子腐蚀等。其中最常用的就是化学腐蚀。对于不同的工件材料，必须选择不同的腐蚀液。腐蚀速度为 $0.001\sim0.005mm/min$。腐蚀速度取决于工件材料的种类及其金相组织。

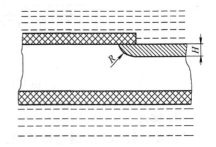

图 1-12-9　工件在腐蚀过程中形成的加工断面形状

7. 去胶

在腐蚀加工完成之后，去除工件表面的光敏胶薄膜的过程称为去胶。最常用的是化学法，包括湿法去胶和干法去胶。

三、光化学加工的工艺特点

光化学加工不受工件材料、力学性能的限制，特别适合加工脆、硬材料。其加工精度与加工深度有关。一般尺寸加工精度可达到 $0.005 \sim 0.01\mu m$，表面无硬化层或再铸层，不会产生残余应力，是半导体、集成电路和微型机械制造中的关键技术之一。径向腐蚀的同时，由于存在侧向腐蚀，导致保护层下金属也有腐蚀，这就使得光化学加工只能用于加工厚度小于 2.4mm 的材料。厚度为 $0.025 \sim 0.50mm$ 的复杂零件，最适合用光化学加工。

四、光化学加工的应用

光化学加工已在印刷工业、电子工业、机械工业及航空航天工业中得到了广泛的应用。

1. 荫罩群孔加工

荫罩是彩色显像管的主要零件，它使电子束分别准确地打到红、绿、蓝各种荧光粉点上。荫罩材料一般是厚度为 $0.025 \sim 0.50mm$ 的软钢板，规则排列着（30～60）万个圆孔、矩形孔或条状孔。使用常规的机械加工方法很难制造或根本制造不出来，而采用光化学方法就能够满足设计要求。

制造用的复制模板材料采用软片，由放大图经制版机缩小或通过激光绘图直接排出软片，其显影液为 ED-12。考虑到侧向腐蚀的影响，复制掩模的尺寸比零件设计尺寸要小，加工时采用双面加工，上下复制模板采用 P. V. A 胶粘剂。

除油：工件在碱性溶液中煮 12h。

毛化：先用酸酐与水以 1∶10（质量比）的比例浸泡，3s 后用三氯化铁与水 1∶10（质量比）溶液再浸泡 3s。

工件经离心法涂覆光敏胶、紫外线接触式曝光、显影、腐蚀、去胶等工艺后即完成加工。

2. 有关磁性材料的应用

光化学加工在磁性材料方面应用最广泛的就是加工录音机机头的铁心片。各种数字带的读数头等用的高导磁材料（如铁镍高磁导率合金）铁心片彼此重叠并缠绕起来，就成为一个芯子。有 9 条磁路的读/写磁头的芯子包含有 40 片 0.025mm 厚的铁心片，并要求铁心片有尽可能高的磁导率。当采用冲压加工时，由于应力的作用，其磁导率大大降低（材料磁性能与应力关系密切），必须经过退火处理，磁导率才能恢复到原有水平。而采用光化学加工，不需要经过任何处理就可以满足要求。特别是这种加工方法没有毛刺，铁心片可以精确而紧密地贴合在一起，便于缠绕。

3. 印制电路板的制造

印制电路板的制造，是在一块非金属板上压敷上一层薄铜膜，然后再通过以上加工，去掉不必要的部分膜，剩下的形成导电回路。去除不必要金属膜的过程有一种工艺方法就是采用光化学加工。首先，在计算机相应软件（国内常用 Protel）上绘制布线图，通过光绘机将布线图移植到涂有卤化银的胶片上，然后在显影液中显影、停影，在定影液中定影。通过这一系列工序，复制模板的工作即告完成。再在敷铜板上涂上一层光敏抗蚀层，将模板放在敷铜板上，经过曝光、显影、坚膜、腐蚀、去胶等工序，一块印制电路板就制作成功了。

第三节 其他常用的特种加工

一、电火花成形加工

1. 电火花成形加工的工作原理

电火花成形加工是通过工具电极（简称工具）和工件电极（简称工件）之间脉冲放电的电蚀作用，对工件进行加工的方法。电火花成形加工与电火花线切割加工一样都属于放电加工或电蚀加工。其原理如图 1-12-10 所示。

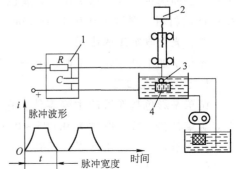

电火花成形加工时，被施加脉冲电压的工件和工具（纯铜或石墨）分别作为正、负电极。两者在绝缘工作液（煤油或矿物油）中彼此靠近时，极间电压将在两极间相对最近点击穿，形成脉冲放电。在放电通道中产生的高温使金属熔化和气化，并在放电爆炸力的作用下将熔化金属抛出，由绝缘工作液带走。由于极性效应（即两极的蚀除量不相等的现象），工件电极的电蚀速度比工具电极的电蚀速度大得多。这样，在电蚀过程中，若不断地使工具电极向工件作进给运动，就能按工具的形状准确地完成对工件的加工。

图 1-12-10 电火花成形加工原理示意图
1—脉冲发生器 2—间隙调节器
3—工具电极 4—工件

2. 电火花成形加工工艺特点

1）可以加工任何硬、脆、韧和高熔点的导电材料，如硬质合金、淬火钢和不锈钢等。

2）加工时，"无切削力"有利于加工小孔、薄壁及各种复杂截面的型孔、型腔等零件。

3）加工精度可达 0.01mm，表面粗糙度 Ra 值为 0.8μm；微精加工时，可达 0.002 ~ 0.004mm，表面粗糙度 Ra 值为 0.1μm。

3. 电火花成形加工的应用

1）加工各种截面形状的型孔、小孔。

2）加工各种锻模、挤压模、压铸模等型腔体及整体叶轮、叶片等各种曲面零件，表面强化和刻字。

3）进行电火花线切割加工。

4. 电火花成形加工设备

1）电火花穿孔成形设备 D6125。

2）电火花镗磨机床 D6310。

3）电火花表面强化机及刻字装置 D8105。

二、电解加工

1. 电解加工的工作原理

电解加工是利用金属在电解液中产生阳极溶解的电化学反应的原理，对工件进行成形加工的方法。其原理如图 1-12-11 所示。

电解加工时，工件接正极，工具电极接负极，工件和工具电极之间通以低压大电流。在两极之间的狭小间隙内，注入高速流动的电解液。由于金属在电解液中的阳极溶解作用，当

工具电极向工件不断进给时，工件材料就会按工具型面的形状不断地溶解，且被高速流动的
电解液带走其电解产物，于是在工件上就能加工出和工具
型面相应的形状。

2. 电解加工工艺特点

1）可以加工高硬度、高强度和高韧性的导电材料，如
淬火钢、硬质合金和不锈钢等，且生产率高。

2）加工时无宏观切削力和切削热，适于加工易变形零
件（如薄壁零件）。

3）加工精度为 ±(0.03～0.2)mm，表面粗糙度 Ra 值为
0.2～0.8μm，无残余应力，但成形精度不是很高。

4）工具电极使用寿命较长。

5）电解液对机床有腐蚀作用，电解产物处理回收困难。

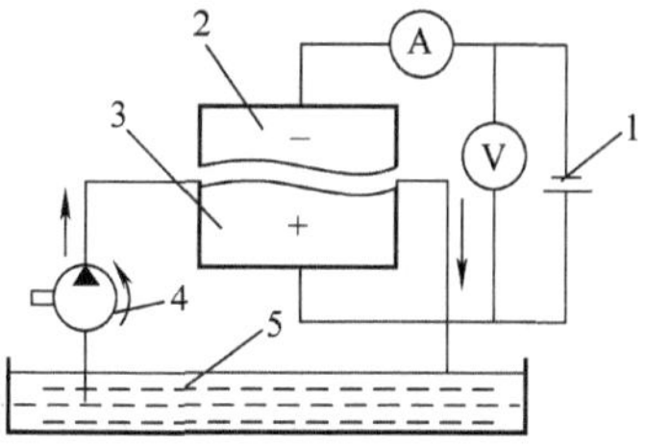

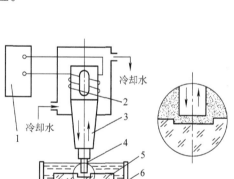

图 1-12-11　电解加工原理示意图
1—直流电源　2—工具阴极
3—工件阳极　4—电解液泵
5—电解液

3. 电解加工的应用

电解加工广泛应用于深孔、扩孔、花键孔，形状复杂、尺寸较小的型孔，精度要求较低
的型腔模具，异形零件的套料加工和电解倒棱，去毛刺。

4. 电解加工设备及其组成

1）稳压电源。

2）电解液系统（包括液压泵、储液池）。

3）机床主体，用来安装工件及一套工具进给装置。

三、超声波加工

1. 超声波加工的工作原理

超声波加工是利用工具作超声波的高频振动，
并通过磨料对工件进行加工的方法。其工作原理
如图1-12-12所示。

超声波加工时，超声波发生器产生的超声频
电振荡通过换能器变为振幅很小的超声频机械振
动，并通过振幅扩大器将振幅放大（放大后的振
幅为 0.01～0.15mm），再传给工具使其振动。同
时，在工件与工具之间不断注入磨料悬浮液。这
样，作超声频振动的工具端面就会不断锤击工件
表面上的磨料，通过磨料将加工区的材料粉碎成
很细的微粒，由循环流动的磨料悬浮液带走。工
具逐渐伸入工件内部，其形状便被复制在工件上。

冷却水

冷却水

图 1-12-12　超声波加工原理示意图
1—超声波发生器　2—换能器　3—振幅扩大器
4—工具　5—工件　6—磨料悬浮液

2. 超声波加工工艺特点

1）适合加工各种不导电的硬、脆材料，如玻璃、陶瓷、宝石、金刚石等。

2）易于加工出各种形状复杂的型孔、型腔和成形表面，采用中空形状工具，还可以实
现各种形状的套料。

3）加工时工具对工件的宏观作用力小，热影响小，对某些不能承受较大机械应力的零
件加工比较有利。

4）工具材料硬度可比工件材料硬度低。

5）精度可达 $0.01 \sim 0.05\text{mm}$，表面粗糙度 Ra 值可达 $0.1 \sim 0.8\mu\text{m}$，但生产率较低。

3. 超声波加工的应用

1）适于加工薄壁、窄缝、薄片零件。

2）广泛应用于硬、脆材料的孔、套料、切割、雕刻及金刚石拉丝模的加工，与其他加工方法配合，还可进行复合加工。

4. 超声波加工设备及其组成

超声波加工设备主要包括：①超声波发生器；②超声波振动系统；③机床主体和磨料工作液及循环系统。

四、激光加工

1. 激光加工的工作原理

激光加工是利用单色性好、方向性强并具有良好的聚焦性能的相干光的激光，经聚焦后功率密度达 $10^7 \sim 10^{11}\text{W/cm}^2$，温度达 10^4℃ 以上，来照射被加工材料，使其瞬时熔化直至汽化，并产生强烈的冲击波爆炸式地除去材料。

激光加工就是利用上述原理进行打孔、切割和焊接的，如图 1-12-13 所示。

2. 激光加工工艺特点

1）几乎可以加工所有的金属材料和非金属材料。

2）加工速度极高，易于实现自动化生产和流水作业，同时热变形也很小。

3）加工时无需使用刀具，属于非接触加工，无机械加工变形。

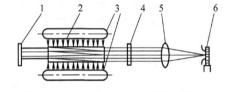

图 1-12-13　激光加工原理示意图
1—全反射镜　2—激光工作物质　3—光泵
（激励脉冲氙灯）　4—部分反射镜　5—透镜
6—工件（1、4 组成谐振腔）

4）可以透过空气、惰性气体或光学透明介质进行加工。

5）加工精度可达 $0.01 \sim 0.02\text{mm}$，表面粗糙度 Ra 值可达 $0.1\mu\text{m}$。

3. 激光加工的应用

多用于金刚石拉丝模、钟表宝石轴承、陶瓷、玻璃、硬质合金、不锈钢等材料的小孔加工，孔径一般为 $0.01 \sim 1\text{mm}$，最小孔径可达 0.001mm，孔的深径比可达 $50 \sim 100$，可用于切割、焊接和精细加工。

4. 激光加工设备及其组成

激光加工的基本组成包括：激光器、电源、光学系统及机械系统。

五、水射流加工

1. 水射流加工的工作原理

水射流加工是利用高速高压的液流对工件的冲击作用来去除材料的。使水获得压力能的方式有两种：一种是直接采用高压水泵供水，压力可达到 $35 \sim 60\text{MPa}$；另一种是采用水泵和增压器，可获得 $100 \sim 1000\text{MPa}$ 的超高压和 $0.5 \sim 25\text{L/min}$ 的较小流量。用于加工的水射流速度可达 $500 \sim 900\text{m/s}$。图 1-12-14 所示为带有增压器的水射流加工系统原理图。经过滤的水经水泵后通过增压缸增压，蓄能器可使脉冲的液流平稳。水从 $0.1 \sim 0.6\text{mm}$ 直径的人造宝石喷嘴喷出，以极高的压力和流速直接压射到工件的加工部位。当射流的压强超过材料的极限强度时，便可切割材料。

2. 水射流加工工艺特点

水射流加工与其他切割技术相比，具有一些独有的特点：

1）采用常温加工对材料不会造成结构变化或热变形，这对许多热敏感材料的加工十分有利。这是锯切、火焰切割、激光切割和等离子切割所不能比拟的。

2）切割力强。可切割 180mm 厚的钢板和 250mm 厚的钛板等。

3）切口质量较高。水射流切口的表面平整光滑、无毛刺，切口公差可达 ±（0.06～0.25）mm。同时切口可窄至 0.015mm，可节省大量的材料消耗，尤其对贵重材料更为有利。

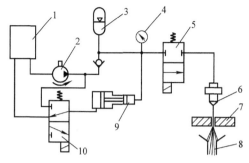

图 1-12-14　水射流加工系统原理图
1—水箱　2—泵　3—蓄能器　4—压力计
5—二位二通阀　6—喷嘴　7—工件　8—排水口
9—增压缸　10—二位三通阀

4）由于水射流加工的流体性质，因此可从材料的任一点开始进行全方位加工，特别适宜复杂工件的加工，也便于实现自动控制。

5）由于属湿性切割，切割中产生的"屑末"混入液体中，工作环境清洁卫生，不存在火灾与爆炸的危险。

水射流加工也有其局限性：①整个系统比较复杂，初始投资大；②在使用磨料水射流加工时，喷嘴磨损严重，有时一只硬质合金喷嘴的使用寿命仅为 2～4h。

3. 水射流加工的应用

由于水射流加工有上述特点，它在机械制造和其他许多领域获得日渐增多的应用。

汽车制造与维修业采用水射流加工技术加工各种非金属材料，如石棉制动片、橡胶基地毯、车内装潢材料和保险杠等。

造船业用水射流加工各种合金钢板（厚度可达 150mm），以及塑料、纸板等其他非金属材料。

航空航天工业用水射流加工高级复合材料、钛合金、镍钴高级合金和玻璃纤维增强塑料等，可节省 25% 的材料和 40% 的劳动力，并大大提高劳动生产率。

铸造厂或锻造厂可采用水射流高效地对毛坯表层的砂型或氧化皮进行清理。

水射流技术不但可用于切割，而且可对金属或陶瓷基复合材料、钛合金和陶瓷等高硬材料进行车削、铣削和钻削。图 1-12-15 所示为磨料水射流车削加工示意图。

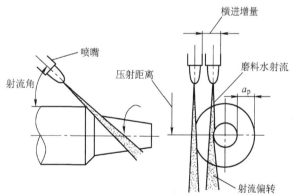

图 1-12-15　磨料水射流车削加工示意图

4. 水射流加工设备

图 1-12-16 所示为带有数控系统的双喷嘴水射流加工设备。

六、特种加工新技术简介

1. 电子束加工

电子束加工是利用高能密度的高速电子流，在一定真空度的加工舱中使工件材料熔化、蒸发和汽化而予以去除的高能束加工。

电子束加工装置由四大基本系统组成：电子枪系统、真空系统、控制系统和电源系统。

电子束加工方法分为热型和非热型两种。热型加工适合打孔、切割槽缝、焊接及其他深结构的微细加工。非热型加工是利用电子束的化学效应进行刻蚀、大面积薄层等的微细加工。

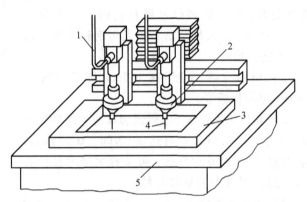

图 1-12-16　带有数控系统的双喷嘴水射流加工设备
1—高压水管　2—喷嘴　3—工件　4—水射流　5—工作台

2. 离子束加工

离子束加工是将惰性气体电离，并使正离子加速、集束和聚集到处于一定真空条件下的工件加工部位上，依靠机械冲击作用去除材料的高能束加工。

离子束加工装置包括：离子源系统、真空系统、控制系统、电源系统。

3. 化学铣切

化学铣切依靠化学溶液使工件表面溶解，利用化学腐蚀和电化学腐蚀原理加工工件，是一种无刀痕、无切屑的特种加工。

第十三章

常用非金属材料的切削加工

第一节 塑料的切削加工

塑料制品在一次成型后，有些需切除其浇口和毛边即可，有些还需进行切削加工和其他加工。

一、工程塑料切削加工的特点

一般工程塑料均可在金属切削机床上加工，但与金属材料切削相比有很多特点。

1）塑料切削时，切削功率一般较切削金属小（因为其强度和硬度低）。

2）塑料切削时，宜采用大前角、大后角的刀具，并保持切削刃锋利。精加工时，夹紧力不能过大，特别是镗孔时更要注意。

3）宜采用较小的切削用量，以防止切削温度太高。但有时为了提高表面质量，也采用较高的切削速度（此时进给量、背吃刀量应较小）进行切削。为防止切削温度太高，加工时常采用风冷或水冷等方式进行冷却。

4）性质较脆或易产生内应力的塑料，在进行机械加工时，其切入和切出操作都必须缓慢，最好采用手动走刀，以防崩裂。

5）加工一般塑料可采用碳素工具钢、合金工具钢、高速工具钢、硬质合金等刀具，加工玻璃钢制品多采用单晶和多晶金刚石刀具。凡是切削金属材料的工艺方法，均可用于塑料的加工，如车、铣、刨、钻、镗、锯等。

二、工程塑料切削加工实例

由于塑料种类多，有的呈脆性，如酚醛塑料等热固性塑料；有的属热塑性塑料，如尼龙、聚四氟乙烯等，还有的属层压塑料或者压塑料，加工特点各不相同，加工时必须区别对待。

1. 层压塑料

加工层压塑料所用的车刀如图 1-13-1 所示。一般用 K20 加工。$v_c = 50 \sim 100\text{m/min}$，$f \leqslant 0.2\text{mm/r}$，$a_p = 0.3 \sim 1.0\text{mm}$，$\gamma_o = 18° \sim 20°$，$\alpha_o = 12° \sim 15°$，$\lambda_s = -14° \sim -10°$，以防止表面起层、开裂和剥落。

2. 压塑料（电木）

电木通常以木粉为填料，如酚醛电木，其组织不均，性脆，切削时对刀具有磨料作用，应选耐磨性、导热性较好的硬质合金 K01、K20，$\gamma_o \approx 20°$，$\alpha_o = 6° \sim 12°$，$v_c \approx 100\text{m/min}$，$f \leqslant 0.3\text{mm/r}$，$a_p = 0.5\text{mm}$。注意防止工件烧焦。

3. 有机玻璃（丙烯酸酯塑料板）

它是不含填料的热塑性塑料，切削加工性较好，但要注意防止过热及产生内应力，温度

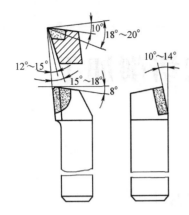

图1-13-1 层压塑料车刀

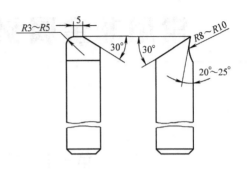

图1-13-2 有机玻璃车刀

不要超过40℃；背吃刀量不宜大，以防碎裂；进给量不宜大，以防止挤压变形。为保证表面光整透明，切削速度应小些，刀具前角要大，刃口要锋利。通常 $v_c = 15 \sim 20$m/min，$f = 0.15 \sim 0.25$mm/r，$a_p = 0.2 \sim 0.5$mm。所用车刀如图1-13-2所示。用T8A、T10A锉刀改制即可。

4. 尼龙（聚酰胺）和聚四氟乙烯

两者均属热塑性塑料，塑性大，切削时不易断屑，到一定温度还会粘刀，使加工表面粗糙。线胀系数大，大多为 $(160 \sim 170) \times 10^{-6}$℃$^{-1}$，约为金属材料的10倍，加工后尺寸变化大，必须使用切

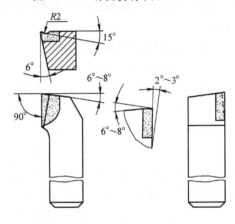

图1-13-3 加工尼龙的车刀

削液，以降低切削温度。所用刀具如图1-13-3所示。刀具材料：K10，$v_c = 80 \sim 130$m/min，$f = 0.18$mm/r，$a_p = 2$mm。

第二节 工程陶瓷的切削加工

经烧结得到的工程陶瓷坯件，其尺寸收缩一般在10%以上，因此不能直接作为机械零件使用，必须经过切削加工才能满足使用要求。

工程陶瓷的切削加工包括用刀具进行的切削加工和用磨料进行的磨削加工。前者是用刀具直接切削陶瓷坯件，有车、铣、钻、刨等方法；后者是用砂轮磨削、珩磨，或用磨料进行研磨、抛光等，以得到精度高、表面质量好的工件。

一、工程陶瓷切削加工的特点

工程陶瓷是脆性材料，具有硬度高、弹性模量大、抗压强度高、抗拉强度低、塑性差、韧性差、热导率小、线胀系数小等特性，其切削加工特点与金属、塑料的切削不同，主要表现在以下几方面：

1) 工程陶瓷材料的去除机理是刀具刃口附近的被切削材料产生脆性破坏，而金属则是产生剪切滑移变形。

2）只有金刚石和立方氮化硼（CBN）刀具才能胜任工程陶瓷的切削工作。

3）刀具磨损快、寿命低，加工效率低。

4）切削所致的脆性龟裂会残留在已加工表面上，对零件的使用产生很大影响。

5）磨削工程陶瓷时，磨削力大，砂轮磨损大，磨削效率低；零件磨削后的强度降低，且与磨削条件密切相关。

二、几种陶瓷材料的切削加工

陶瓷材料的切削加工性，依其种类、制造方法等的不同有很大差别。下面就 Al_2O_3 陶瓷、Si_3N_4 陶瓷、SiC 陶瓷、ZrO_2 陶瓷等加以说明。

（一）Al_2O_3 陶瓷材料的切削

1. 切削加工特点

（1）刀具磨损　刀尖圆弧半径 r_ε 影响刀具的磨损。适当加大 r_ε，可增强刀尖处的强度和散热性能，减小刀具磨损。

切削液（乳化液）使用与否及切削刃研磨强化情况对刀具磨损也有影响。使用乳化液效果非常显著，当刀具后面的磨损量 VB 相同时，切削时间可增加近 10 倍。因为干切时，切削温度高会使金刚石刀具产生氧化而碳化，加速刀具磨损。

切削用量也影响 VB，切削速度 v_c 高，VB 就加大；背吃刀量 a_p 和进给量 f 越大，VB 也越大。

（2）切削力　切削 Al_2O_3 陶瓷时，背向力 F_p 明显大于主切削力 F_c 和进给力 F_f，这与硬质合金车刀车削淬硬钢极其相似，这也是切削硬脆材料的共同特点。其原因是切削硬度高的材料时，刀具切削刃难以切入。切削力 F_c 小的原因在于陶瓷材料断裂韧度低。

（3）加工表面状态　由于陶瓷材料加工表面有残留龟裂纹，陶瓷零件强度将大大降低。切削用量 v_c、a_p 和 f 对加工表面粗糙度的影响也与金属材料不完全相同。切削速度 v_c 越低，表面粗糙度值越小；a_p 和 f 的增加将使表面粗糙度值增大，加重了表面的恶化程度。

2. 切削实例

Al_2O_3 陶瓷材料切削实例见表 1-13-1。

表 1-13-1　Al_2O_3 陶瓷材料切削实例

Al_2O_3 陶瓷材料的力学性能	$\rho = 3.83\text{g/cm}^3, \sigma_{bb} = 300\text{MPa}, R_{mc} = 2800\text{MPa}, 2100 \sim 3000\text{HV}$
切削条件	$v_c = 30 \sim 60\text{m/min}$ $a_p = 1.5 \sim 2.0\text{mm}$，湿切，烧结金刚石刀具，$\phi 13\text{mm}$ 圆刀片 $f = 0.05 \sim 0.12\text{mm/r}$
结　果	加工效率为 $83.3 \sim 240\text{mm}^3/\text{s}$，是金刚石砂轮磨削的 $3 \sim 8$ 倍

（二）Si_3N_4 陶瓷材料的切削

Si_3N_4 陶瓷材料是共价键结合性强的混合原子结构，离子键与共价键的比为 3:7，因各向异性强，原子滑移面少，滑移方向被限定，变形更困难，就是在高温下也不易产生变形。

1. 切削加工特点

（1）刀具磨损　用烧结金刚石刀具切削 Si_3N_4 陶瓷材料时，无论是湿切或干切，边界磨损为主要磨损形态。当 $v_c = 50\text{m/min}$ 干切时，刀具磨损量较小，湿切时磨损量反而增大。其原因在于低速湿切时，温度升高不多，陶瓷强度没怎么降低，刀具刃口附近的陶瓷材料破坏规模加大，作用在刀具上的负荷加大，使得金刚石颗粒破损、脱落。

金刚石烧结体强度不同，切削 Si_3N_4 陶瓷时的耐磨性也不同。强度较高的 DA100 的磨损量比强度不足的烧结金刚石 B（B 的粒径为 $20 \sim 30\mu m$）的磨损量要小得多。

（2）切削力 湿切时各项切削分力均比干切大，F_p 大得最多，F_f 大得最少，F_c 居中。无论湿切或干切，均有 $F_p > F_c > F_f$ 的规律。

（3）加工表面状态 加工表面状态与 Al_2O_3 的加工表面状态类似。

2. 切削实例

切削实例见表 1-13-2。

表 1-13-2 反应烧结 Si_3N_4 陶瓷切削实例

Si_3N_4 陶瓷材料的力学性能	$\rho = 3.15\text{g/cm}^3 , \sigma_{bb} = 400\text{MPa} , 900 \sim 1000\text{HV}$
切削条件	$v_c = 50 \sim 80\text{m/min}$，刀具 DA100，$\phi 13\text{mm}$ 圆刀片，$\gamma_o = -15°$ $a_p = 1.0 \sim 2.0\text{mm}$，湿切 $f = 0.05 \sim 0.20\text{mm/r}$
结　　果	加工效率为 $167 \sim 534\text{mm}^3/\text{s}$，是金刚石砂轮磨削的 $3 \sim 10$ 倍

（三）SiC 陶瓷材料的切削

SiC 陶瓷材料是共价键结合性特别强的混合原子结构，共价键与离子键之比为 9∶1，因各向异性强，高温下原子都不易移动，故切削加工更困难。

1. 刀具磨损

湿切时的 VB 比干切时要大，且随着 v_c 的增加，VB 增大很快，原因同切削 Si_3N_4。而干切时 v_c 对 VB 几乎无影响，原因在于 DA100 强度较高，不易产生剥落，也未引起组织上的化学变化和热磨损。

2. 切削力

背向力 F_p 最大，F_f 最小，F_c 居中，且湿切时的切削力比干切时要大，与切削 Si_3N_4 相类似。

（四）ZrO_2 陶瓷材料的切削

ZrO_2 陶瓷材料是以离子键为主的混合原子结构，易产生剪切滑移变形，具有较高的韧性。

1. 刀具磨损

由于 ZrO_2 的硬度比 Al_2O_3、Si_3N_4 低，切削时刀具磨损较小，切削条件相同时，后面磨损值只是切削 Al_2O_3 陶瓷的 $1/2$，是切削 Si_3N_4 陶瓷的 $1/10$。当 $v_c = 20\text{m/min}$ 时，切削 ZrO_2 陶瓷材料 50min 后，VB 才近似为 0.04mm，还可继续切削；而切削 Si_3N_4 陶瓷材料仅 5min，VB 就达到 0.12mm，且有微小崩刃产生。

2. 切屑形态

干切 ZrO_2 陶瓷材料的切屑为连续针状屑，而干切 Al_2O_3 陶瓷材料时切屑为粉末屑。

3. 切削力

切削 ZrO_2 时，背向力 F_p 也是三个切削分力中最大的，这与切削 Al_2O_3 相似，然而主切削力 F_c 比进给力 F_f 大，这又与切削淬硬钢相似。

4. 加工表面状态

切削 ZrO_2 时，a_p 和 f 的增大对表面粗糙度虽然有影响但不明显。从扫描电子显微镜 SEM 图像可看到与切削金属一样的切削条纹，可认为这类似金属的切削机理。但也可看到加工表面有残留龟裂，这又是硬脆材料的切削特点。也有的研究认为，后者不是残留龟裂，而是气孔所致。

第十四章

钳 工

钳工是采用以手工操作为主的方法进行工件加工、产品装配及零件（或机器）修理的一个工种。

钳工常用的设备包括钳工工作台、台虎钳、钻床等。其基本操作有划线、锯切、錾削、锉削、钻孔、扩孔、铰孔、攻螺纹、套螺纹、刮削、研磨等，也包括机器的装配、调试、修理及矫正、弯曲、铆接、简单热处理等操作。

钳工在机械制造及修理工作中起着十分重要的作用：完成加工前的准备工作，如毛坯表面的清理、在工件上划线（单件小批生产时）等；某些精密零件的加工，如制作样板及工具、夹具、量具、模具用的有关零件，刮配、研磨有关表面；产品的组装、调整试车及设备的维修；零件在装配前进行的钻孔、铰孔、攻螺纹、套螺纹及装配时对零件的修整等；单件、小批生产中某些普通零件的加工。一些采用机械设备不能加工或不宜用机械加工的零件，也常由钳工来完成。

钳工的主要工艺特点是：工具简单，制造、刃磨方便；大部分是手持工具进行操作，加工灵活、方便；能完成机加工不方便或难以完成的工作；劳动强度大、生产率低，对工人技术水平要求较高。

第一节 划 线

划线是根据图样要求，在毛坯或半成品上划出加工界线的操作。其作用是：确定工件上各加工面的加工位置，作为加工工件或安装工件的依据；通过划线及时发现和处理不合格的毛坯，避免造成更大的浪费；通过划线使加工余量不均匀的坯件得到补救（俗称借料），从而提高坯件的合格率；在型材上按划线下料，可合理使用材料。

划线用工具包括：支撑工具（平板、方箱、V 形铁、千斤顶、角铁及垫铁等，其中平板又称平台，是划线的主要基准工具）、划线工具（划针、划卡、划线盘、划规、样冲、高度游标卡尺等）、量具（金属直尺、高度尺、直角尺、高度游标卡尺等）。图 1-14-1 所示为部分划线工具的外形图。

划线可分为平面划线和立体划线两种类型（图 1-14-2）。前者是在毛坯或工件的一个平面上划线（图 1-14-2a）；后者是在毛坯或工件的长、宽、高三个方向上划线（图 1-14-2b）。

一、划线过程

（1）准备工作 按图样检查毛坯；清理铸件上的浇道、冒口及粘在表面上的型砂，锻件上的飞边及氧化皮，半成品上的毛刺、油污；在划线部位涂色；找孔的中心。

（2）选择基准 划线时应以工件上某一个（条）或几个（条）面（或线）为依据，划

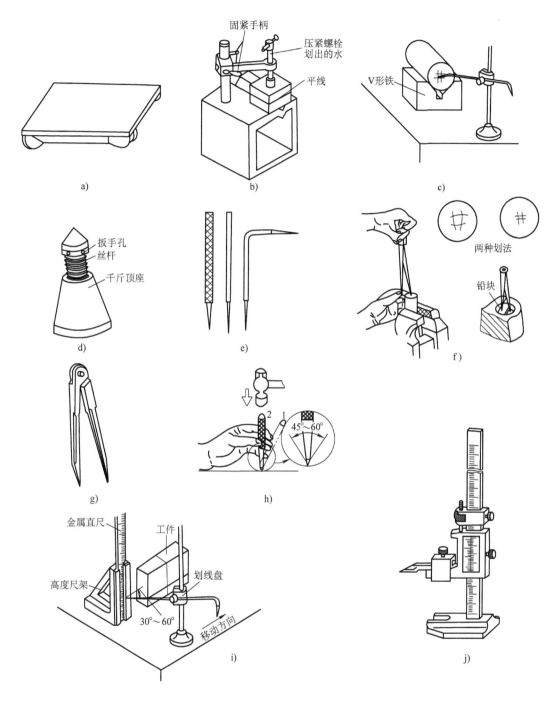

图 1-14-1 部分划线工具的外形图

a）划线平板 b）方箱 c）V形铁 d）千斤顶 e）划针 f）划卡

g）划规 h）样冲 i）划线盘 j）高度游标卡尺

出其余的线，这种作为划线依据的面或线就称为划线基准。一般选择重要的中心线或某些已加工过的表面作为划线基准。

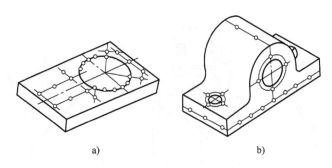

图 1-14-2　划线的种类

a）平面划线　b）立体划线

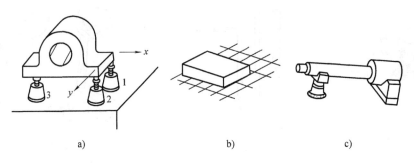

图 1-14-3　工件定位

a）三点定位　b）已加工平面定位　c）V 形架定位

（3）工件定位　选用适当的工具支撑工件，使其有关表面处于合适的位置。一般工件定位采用三点支撑，图 1-14-3a 就是一例；用已加工过的平面作基准的工件定位，可将它置于平板上（图 1-14-3b）；圆柱形工件定位宜用 V 形铁等工具（图 1-14-3c）。

（4）划线　先划出基准线，再划其他线。划完线后，要仔细检查划线的准确性，看是否有漏划的线条，检查后再用样冲冲眼。

二、划线方法

平面划线与平面作图方法类似，在工件的表面上按图样要求划出所需的线或点。

立体划线常用工件翻转移动、工件固定不动等方法进行。前者即将所需划线的工件支撑在平板上，并使其有关表面处于合适的位置（即找正）后，划一个平面上的线条，然后翻转移动工件，重新支撑并找正，划另一个平面上的线条。这种划线方法能对零件进行全面检查，可方便地在任意平面上划线。但其调整找正难，精度较低，不宜用于较大的工件。后者是在工件固定的情况下进行的划线，精度较高，适用于大型工件。实际工作中，对于中小工件，有时将其固定在支撑工具上，划线时使其随支撑工具翻转。此法兼有上述两种方法的优点。

图 1-14-4 所示为对轴承座进行划线的实例。其步骤如下：

1）研究图样，检查毛坯质量，清理毛坯，在划线部位涂色、堵孔。该工件需划线的部位有底面、两端面、φ50mm 轴承座内孔、两个 φ13mm 孔（图 1-14-4a）。

2）确定划线基准、装夹方法。该工件上的 φ50mm 孔是其重要部位，划线时应以该内孔的中心线为基准，这样才能保证孔壁厚度均匀。此工件需划线的尺寸分布在三个方向上，因此，工件要安放三次才能完成划线工作。

3）用三个千斤顶支撑底面，调整千斤顶的高度，用划线盘找正，将轴承内孔两端中心初步调整到同一高度，并使其底面尽量处于水平位置（图1-14-4b）。

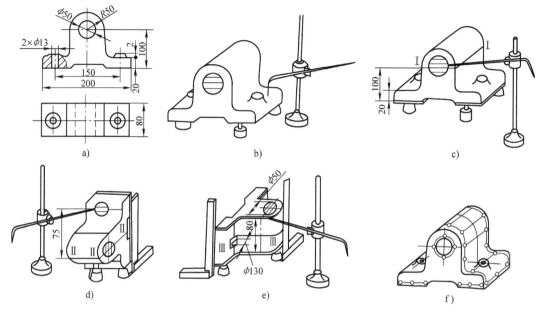

图1-14-4 轴承座的划线

a）零件图 b）根据孔中心及上平面找正，调节千斤顶，使工件水平 c）划水平基准线及底面四周加工线
d）翻转90°，用直角尺找正，划垂直基准线及两小孔的一条中心线 e）再翻转90°，用直角尺在两个方向
找正，划两小孔的另一中心线及两端面加工线 f）打样冲眼

4）划线。

① 划水平基准线及底面四周加工线（图1-14-4c）：先以 R50mm 外轮廓线为找正基准，求 φ50mm 的轴承座内孔及 R50mm 外轮廓的中心，试划 φ50mm 圆周线。若内孔与外轮廓偏心过大，则应作适当的借料（即通过划线使各待加工部位的余量重新分配，使有误差的毛坯得到补救），同时用划线盘试划底面四周加工线。若加工余量不够，则应借料把中心适当提高。中心确定后，即可划出水平基准线Ⅰ—Ⅰ及底面四周加工线。

② 划垂直基准线及两小孔的一条中心线（图1-14-4d）：将工件翻转90°，用三个千斤顶支撑，并用直角尺找正，使轴承孔两端中心处于同一高度，同时用直角尺按底面加工线找正垂直位置，划出垂直基准线Ⅱ—Ⅱ，然后再划出两小孔的一条中心线。

③ 划两小孔的另一中心线及两端面加工线（图1-14-4e）：将工件再翻转90°，使用直角尺，通过调整千斤顶的高度来找正。试划两小孔的中心线Ⅲ—Ⅲ，然后以两小孔的中心为依据，试划两端面的加工线。若有偏差，则调整两小孔中心，并适当借料，再划出两端面的加工线。

④ 划其他加工界线：划轴承孔及两小孔的轮廓线。

5）检查所划线是否正确，并打样冲眼（图1-14-4f）。

第二节 锯 切

锯切是用锯条切割开工件材料，或在工件上切出沟槽的操作。

一、手锯

钳工多用手锯进行锯切。手锯由锯弓和锯条两部分组成。锯弓用来安装锯条；锯条是锯切用的刀具。常用锯条约长 300mm、宽 12mm、厚 0.8mm。锯齿形状如图 1-14-5 所示。锯齿按齿距的大小可分为粗齿、中齿和细齿三种，分别适用于锯软材料或厚工件；普通钢、铸铁及中等厚度的工件；硬材料或薄工件。

二、锯切方法

（1）选用锯条　根据工件材料的硬度和厚度选择齿距合适的锯条。

（2）安装锯条　安装时，锯齿应向前（图1-14-5）；松紧应适当，否则锯切时易折断锯条。调整好的锯条不能歪斜或扭曲。

（3）装夹工件　工件夹持要牢靠，伸出钳口要短，应尽可能装在台虎钳左边。

（4）锯切工件　起锯时，应用左手拇指靠住锯条，右手稳推手柄，起锯角度稍小于 15°（图 1-14-6），锯弓

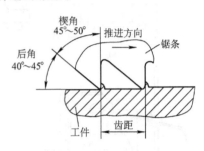

图 1-14-5　锯齿形状

往复速度应慢，行程要短，压力要小，锯条平面与工件表面要垂直，锯出切口后，锯弓逐渐改为水平方向；正常锯切时，左手握在锯弓前端部，以稳稳地掌握锯弓，前推时均匀加压，返回时从工件上轻轻滑过，速度一般为每分钟往返 20 ~ 40 次；快锯断时，应减小压力，放慢速度。锯切钢件时，应使用全损耗系统用油进行润滑。

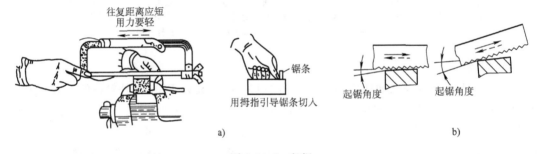

图 1-14-6　起锯
a）起锯姿势　b）起锯角度

第三节　锉　削

锉削是用锉刀对工件表面进行加工的操作。

一、锉刀

锉刀是用以锉削的工具，它由锉身（即工作部分）和锉柄两部分组成（图 1-14-7）。其规格以工作部分的长度表示，常用的有 100mm、150mm、200mm、300mm 等。

锉削工作是由锉面上的锉齿完成的。锉齿的形状及锉削原理如图 1-14-8 所示。

锉刀的种类按用途不同，可分为钳工锉、整形锉、特种锉三种。钳工锉用于一般工件表面的锉削，其截面形状不同，应用场合也不相同（图 1-14-9）；整形锉又称为什锦锉、组锉，适用于修整工件上的细小部位及进行精密工件（如样板、模具等）的加工；特种锉用

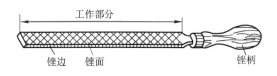

图 1-14-7　锉刀

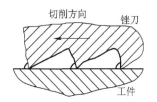

图 1-14-8　锉刀齿形

于加工各种工件的特殊表面。按齿纹密度（以锉刀齿纹的齿距大小表示）不同，锉刀可分为五种：粗（齿）锉、中（齿）锉、细（齿）锉、双细（齿）锉、油光锉，以适应不同的加工需要。一般用粗齿锉进行粗加工及加工有色金属；用中齿锉进行粗锉后的加工，锉钢、铸铁等材料；用细齿锉来锉光表面或锉硬材料；用油光锉进行修光表面工作。

二、锉削方法

1. 平面的锉削方法

锉平面可采用交叉锉法、顺向锉法或推锉法（图1-14-10）。交叉锉一般用于加工余量较大的情况；顺向锉一般用于最后的锉平或锉光；推锉法一般用于锉削狭

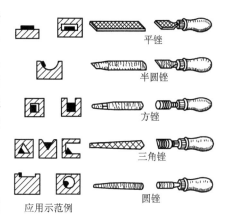

图 1-14-9　钳工锉的截面形状

长平面。当用顺向锉法推进受阻碍、加工余量较小又仅要求提高工件表面的完整程度和修正尺寸时也常采用推锉法。

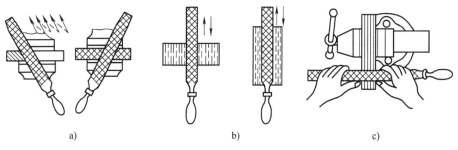

a)　　　　　　　　　　b)　　　　　　　　　　c)

图 1-14-10　平面的锉削方法
a) 交叉锉法　b) 顺向锉法　c) 推锉法

平面锉削时，其尺寸可用金属直尺和游标卡尺等检查；其平直度及直角要求可使用有关器具通过是否透光来检查。

2. 曲面的锉削方法

锉削外圆弧面一般用锉刀顺着圆弧锉的方法（图1-14-11a），锉刀在作前进运动的同时绕工件圆弧中心作摆动。当加工余量较大时，可先用锉刀横着沿圆弧面锉的方法去除余量（图1-14-11b），再顺着圆弧精锉。

锉削内圆弧面时，应使用圆锉或半圆锉，并使其完成前进运动、左右移动、绕锉刀中心线转动三个动作（图1-14-11c）。

曲面形体的轮廓检查，可用曲面样板通过塞尺或用透光法进行。

3. 锉削注意事项

锉削时，应注意：①铸件及锻件的硬皮、粘砂等，须先用砂轮磨去或錾去，然后再锉削；②工件须牢固地夹持在台虎钳钳口的中间，且加工部位略高于钳口，夹紧已加工表面时，须垫铜或铝制垫片于钳口与工件间；③锉刀必须装柄使用；④严禁用手摸刚锉过的表面，以防止再锉时打滑；不准让锉刀沾水，以防锈蚀；防止锉刀沾油，否则使用时易打滑；⑤锉面被堵塞后，应用钢丝刷顺着锉纹方向刷去锉屑；⑥锉削速度不可太快（一般约每分钟40次），否则易打滑；⑦不能用嘴吹切屑，以防切屑飞进眼睛。

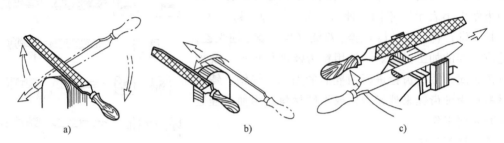

图 1-14-11 曲面的锉削方法
a）顺着外圆弧面锉 b）横着沿外圆弧面锉 c）锉内圆弧面

第四节 螺纹加工

攻螺纹是用丝锥在孔壁上加工内螺纹的操作，套螺纹是用板牙在圆杆上加工外螺纹的操作。

一、攻螺纹

攻螺纹用的工具包括丝锥和铰杠（图 1-14-12）。M6 ~ M24 的丝锥由两支合成一套，分别称为头锥、二锥。头锥有一段锥度，约到第八牙才是全牙；二锥约二、三牙后即为全牙。M6 以下及 M24 以上的丝锥由头锥、二锥、三锥三支丝锥组成一套，依次使用。

攻螺纹前的底孔直径要大于螺纹的小径（因为攻螺纹时，丝锥有挤压金属的作用，使螺纹牙顶端要凸起一部分），其值可查表或用下面的经验公式计算。

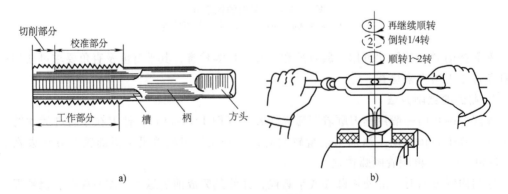

图 1-14-12 丝锥与攻螺纹操作
a）丝锥 b）攻螺纹操作

对于脆性材料（如铸铁等）　　　$d_0 = D - 1.1P$

对于塑料材料（如钢材等）　　　$d_0 = D - P$

式中　d_0——钻头直径（mm）；

　　　D——螺纹大径（mm）；

　　　P——螺距（mm）。

攻螺纹操作方法如图 1-14-12b 所示。

二、套螺纹

套螺纹用的工具包括板牙（图 1-14-13）和板牙架。板牙有整体式（固定式）和开缝式（可调式）两种。开缝式板牙螺纹的直径可在 $0.1 \sim 0.25$mm 范围内调整。

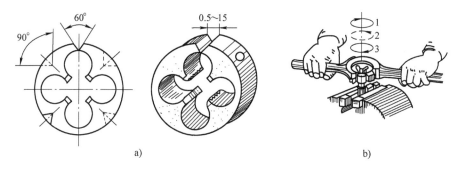

图 1-14-13　板牙与套螺纹操作
a）板牙　b）套螺纹操作

套螺纹前，应将圆杆端部倒成小于 60°的锥面，以利于板牙套入。圆杆直径 d_0 可查表或由下式计算

$$d_0 = D - 0.13P$$

套螺纹操作方法如图 1-14-13b 所示。

三、废品及其产生的原因

攻螺纹及套螺纹时易出现的废品与产生的原因有以下几个方面。

（1）螺纹牙型不完整　产生的原因是孔太大、杆太小。

（2）螺纹被破坏　产生的原因是加工过程中未加润滑剂，定位不正，刃钝，板牙松动，切屑堵塞，丝锥、板牙未及时倒转等。

（3）丝锥断在孔内　产生的原因是孔太小；丝锥未及时倒转；攻入时螺纹攻歪斜或强行纠正；用力过猛、疏忽大意。

第十五章

装配与调试

第一节　机械零、部件的装配

装配是根据总装配图将合格零件按规定的技术要求装配、调试成合格产品的过程。它是机械制造过程中重要的和最后的一个阶段。该阶段的工作包括装配、调整、检测、试验等。产品的质量必须由装配最终保证。

任何机器都是由许多零件组成的，零件是组成机器的基本单元。通常以某一零件作为基准零件，将若干个零件组装在基准零件上，构成在结构上及装配操作中有一定独立性的部分称为组件（如车床主轴箱内的主轴组件）。将若干个零件、组件组装在基准零件（或组件）上而构成的具有相对独立性的部分称为部件（如车床的主轴箱）。将若干个零件、组件、部件共同安装在基准件上，就组装成了机器（如车床），这就是总装配。显然，机器的装配包含组件装配、部件装配和总装配。

一、装配的技术准备工作

研究和熟悉机械设备及各部件总成装配图和有关技术文件与技术资料。了解机械设备及零、部件的结构特点，各零、部件的作用；各零、部件的相互连接关系及其连接方式。对于那些有配合要求、运动精度较高或有其他特殊技术条件的零、部件，尤应引起特别的重视。

根据零、部件的结构特点和技术要求，确定合适的装配工艺、方法和程序。准备好必备的工量具及夹具和材料。

按清单清理检测各备装零件的尺寸精度与制造或修复质量，核查技术要求，凡有不合格者一律不得装配。对于螺栓、键及销等标准件，只要稍有损伤，就应予以更换，不得勉强留用。

零件装配前必须进行清洗。对于经过钻孔、铰削、镗削等机械加工的零件，要将金属屑末清除干净；润滑油道要用高压空气或高压油吹洗干净；有相对运动的配合表面要保持洁净，以免因脏物或尘粒等混入其间而加速配合件表面的磨损。

二、装配的一般工艺原则

装配时的顺序应与拆卸顺序相反。要根据零、部件的结构特点，采用合适的工具或设备，严格按顺序装配，注意零、部件之间的方位和配合精度要求。

对于过渡配合和过盈配合零件的装配，如滚动轴承的内、外圈等，必须采用相应的铜棒、铜套等专门工具和工艺措施进行手工装配，或按技术条件借助设备进行加温加压装配。如遇有装配困难的情况，应先分析原因，排除故障，提出有效的改进方法，再继续装配，千万不可乱敲乱打。

对油封件必须使用心棒压入；对配合表面要经过仔细检查和擦净，若有毛刺应经修整后方可装配；螺栓联接按规定的扭矩值分次均匀紧固；螺母紧固后，螺柱露出的螺牙不少于两个且应等高。

凡是摩擦表面，装配前均应涂上适量的润滑油，如轴颈、轴承、轴套、活塞、活塞销和缸壁等。各部件的密封垫（纸板、石棉、钢皮、软木垫等）应统一按规格制作。自行制作时，应细心加工，切勿让密封垫覆盖润滑油、水和空气的通道。机械设备中的各种密封管道和部件，装配后不得有渗漏现象。

过盈配合件装配时，应先涂润滑油脂，以利于装配和减少配合表面的初期磨损。另外，装配时应根据零件拆卸下来时所做的各种安装记号进行装配，以防装配出错而影响装配进度。

某些有装配技术要求的零、部件，如装配间隙、过盈量、灵活度、啮合印痕等，应边安装边检查，并随时进行调整，以避免装配后返工。

在装配前，要对有平衡要求的旋转零件按要求进行静平衡或动平衡试验，合格后才能装配。

每一个部件装配完毕，必须严格、仔细地检查和清理，防止有遗漏或错装的零件。严防将工具、多余零件及杂物留存在箱体之中。确信无疑之后，再进行手动或低速试运行，以防机械设备运转时引起意外事故。

三、装配的方法

一般装配法及适用范围见表 1-15-1。

表 1-15-1 一般装配法及适用范围

装配方法	特　点	适用范围
完全互换法	配合零件公差之和小于或等于装配允许偏差，零件完全可互换，操作方便，易于掌握，生产率高，便于组织流水作业，对零件加工精度要求较高	适用于配合零件数较少、批量较大、零件采用经济加工精度制造的场合
不完全互换法	配合零件公差平方和的平方根小于或等于装配允许偏差，可以不加选择进行装配，零件可互换。操作方便，易于掌握，生产率高，便于流水作业。公差较完全互换放宽，经济合理；有少数零件需返修或更换	适用于零件略多、批量大或零件加工精度需放宽制造的场合
分组选配法	配合副中零件的加工公差按装配允许偏差放大若干倍，对加工后的零件测量分组，按对应的组进行装配，同组可互换。零件按经济精度制造，配合精度高；增加了测量分组工作；由于各组配合零件不可能相同，容易造成部分零件的积压	适用于成批生产或大量生产、配合零件数少、装配精度较高的场合
调整法	选定配合副中一个零件制造成多种尺寸，装配时利用它来调整到装配允许偏差，或采用可调整装置改变有关零件的相互位置来达到装配允许的偏差；或采用误差抵消法。零件可按经济精度制造，能获得较高装配精度，装配质量在一定程度上依赖于操作者的技术水平	适用于多种装配场合
修配法	在某零件上预留修配量，或在装配后再进行一次精加工，综合消除其积累误差，可获得很高的装配精度，很大程度上依赖操作者的水平	适用于单件或小批量生产或装配精度要求高的场合

过盈连接的装配方法有压装法、热装法和冷装法等，其选择可见表 1-15-2。

四、装配工艺过程

装配工作的一般步骤：

（1）准备工作

1）研究产品图样及技术要求，熟悉产品的工作原理、结构、零件作用及相互连接关系。

2）确定装配方法、顺序。

3）准备所用的工具。

4）对进行装配的所有零件进行集中、清洗、去毛刺，并根据要求进行涂润滑油等工作。

（2）装配工作　按"组件装配→部件装配→总装配"的次序进行组装。同时，在组装中按技术要求逐项进行检测、试验、调整、试车，使产品达到规定的技术要求。

（3）喷漆、涂油、钉铭牌、装箱。

表 1-15-2　过盈连接装配方法的选择

装配方法		设备或工具	工艺特点	适用范围
压装法	冲击压装	用锤子或重物冲击	简便,导向性差,易歪斜	适用于配合要求低、长的零件。多用于单件生产
	工具压装	螺旋式、杠杆式、气动式压装工具	导向性较冲击压装好,生产率高	适用于小尺寸连接件的装配。多用于中小批量生产
	压力机压装	螺旋式、杠杆式、气动压力机或液压机	压力范围 $10^4 \sim 10^7 \text{N/cm}^2$,配合夹具使用,导向性较高	适用于采用轻型过盈配合的连接件。成批生产中广泛采用
热装法	火焰加热	喷灯、氧乙炔、丙烷加热器、炭炉	加热温度小于 350℃,使用加热器,热量集中,易于控制,操作方便	适用于局部加热的中型或大型连接件
	介质加热	沸水槽、蒸汽加热槽、热油槽	沸水槽温度 80～100℃ 蒸汽槽温度 120℃ 热油槽温度 90～320℃ 去污,热胀均匀	适用于过盈量较小的连接件
	电阻和辐射加热	电阻炉、红外线辐射、加热箱	加热温度达 400℃ 以上,加热时间短,温度调节方便,热效率高	适用于采用特重型和重型过盈配合的中、大型连接件
	感应加热	感应加热器	加热温度可达 400℃ 以上,热胀均匀,表面洁净,易于自控	适用于中、小型连接件成批生产
冷装法	干冰冷缩	干冰冷箱装置(或以酒精、丙酮、汽油为介质)	可冷至 -78℃,操作简便	适用于过盈量小的小型连接件的薄壁衬套等
	低温箱冷缩	各种类型低温箱	可冷至 -140～-40℃,冷缩均匀,表面洁净,冷缩温度易于自控,生产率高	适用于配合面精度较高的连接件,在热套下工作的薄壁套筒件
	液氮冷缩	移动或固定式液氮槽	可冷至 -195℃,冷缩时间短,生产率高	适用于过盈较大的连接件

五、典型零、部件的装配

（一）螺纹连接装配

用螺纹连接零部件是一种常用的可拆式连接方法。属于螺纹连接的常用零件有螺钉、螺栓。应注意以下几点：

1）螺纹配合应做到能用手自动旋入，过松、过紧都不行。

2）双头螺柱拧入零件后，其轴线应与零件端面垂直；不能有任何松动，而且松紧程度适当。

3）螺母端面应与螺栓轴线垂直，以使受力均匀。

4）用螺栓、螺钉与螺母连接零件时，其贴合面应平整光洁，否则螺纹易松动。可采用加垫圈的方法提高贴合质量。

5）装配成组螺纹连接件时，为保证零件贴合面受力均匀，应按图1-15-1所示的顺序来拧紧。拧紧时，要逐步进行：第一次按图示的顺序将它们拧紧到1/3程度；第二次拧紧到2/3程度；第三次将它们完全拧紧。

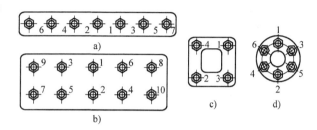

图1-15-1　螺母的拧紧顺序
a）条形　b）长方形　c）方形　d）圆形

（二）键、销连接装配

齿轮等传动件常用键连接来传递运动及转矩，如图1-15-2所示。选取的键长应与轴上键槽相配，键底面与键槽底部接触，而键两侧则应有一定的过盈量。装配轮毂时，键顶面与轮毂间应有一定间隙，但与键两侧的配合不允许松动。销联接主要用于零件装配时定位，有时用于联接零件。

（三）滚动轴承装配

滚动轴承的装配包括轴承内圈与轴颈、轴承外圈与轴承座孔两个组装过程。常用压入法和加热法装配。压入法是用压力将轴承压套到轴颈上或压进轴承座孔中。装配时，为了使轴承圈所受的压力均匀，常加垫套后再使用锤子或压力机压装（图1-15-3）。

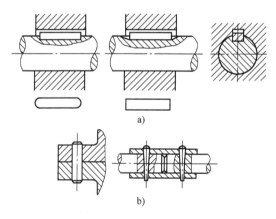

图1-15-2　键、销连接装配
a）键装配　b）销装配

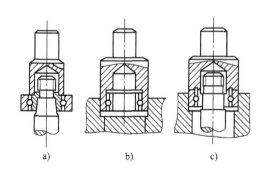

图1-15-3　压入法装配滚动轴承
a）将轴承压到轴颈上，要用垫套压轴承内圈端面
b）将轴承压到轴承座孔中，要用垫套压轴承外圈端面　c）将轴承同时压到轴颈上和轴承座孔中，要内外圈同时加压

加热法是将轴承放在温度为80~90℃的全损耗系统用油中加热，然后趁热装入。

当轴承内圈与轴为过盈量较大的过盈配合时，常采用此法装配。装配后，要检查滚动体是否被咬住，是否有合理的间隙（其作用是补偿轴承工作时的热变形）。

（四）齿轮传动机构的装配

齿轮传动是最常用的传动方式之一，它依靠轮齿间的啮合传递运动和动力。其特点是：

能保证准确的传动比，传递功率和速度范围大，传动效率高，结构紧凑，使用寿命长。但齿轮传动对制造和装配要求较高。

齿轮传动的类型较多，有直齿、斜齿、人字齿轮传动；有圆柱齿轮、锥齿轮以及齿轮齿条传动等。

1. 齿轮传动机构的装配技术要求

为保证装配质量，齿轮装配时应注意以下几点技术要求：

1）保证齿轮与轴的同轴度，严格控制齿轮的径向圆跳动和端面圆跳动。

2）齿侧间隙要正确。间隙过小，齿轮转动不灵活，甚至卡死，加剧齿轮的磨损；间隙过大，换向空行程大，产生冲击和噪声。

3）相互啮合的两齿轮要有足够的接触面积和正确的接触部位。

4）对转速高的大齿轮装配前要进行平衡检查。

5）封闭箱体式齿轮传动机构，应密封严密，不得有漏油现象，箱体接合面的间隙不得大于0.1mm，或涂以密封胶密封。

6）齿轮传动机构组装完毕后，通常要进行磨合试车。

2. 齿轮传动机构的装配方法

（1）齿轮与轴的装配　根据齿轮的工作性质，齿轮在轴上有空转、滑移和固定连接三种形式。

安装前，应检查齿轮孔与轴配合表面的表面粗糙度、尺寸精度及几何误差。

在轴上空转或滑移的齿轮，与轴的配合为小间隙配合，其装配精度主要取决于零件本身的制造精度，这类齿轮装配方便。齿轮在轴上不应有咬住和阻滞现象，滑移齿轮轴向定位要准确，轴向错位量不得超过规定值。

在轴上固定的齿轮，通常与轴的配合为过渡配合，装配时需要有一定的压力。过盈量较小时，可用铜棒或锤子轻轻敲击装入；过盈量较大时，应在压力机上压装。压装前，应保证零件轴、孔清洁，必要时，涂上润滑油，压装时要尽量避免齿轮偏斜和端面不到位等装配误差。也可以将齿轮加热后，进行热套或热压。

（2）齿轮轴部件和箱件的装配　齿轮部件在箱体中的位置，是影响齿轮啮合质量的关键。箱体主要部件的尺寸精度、形状和位置精度均必须得到保证，主要有孔与孔之间的平行度、同轴度以及中心距。装入箱体的所有零、部件必须清洗干净。装配的方式，应根据轴在箱体中的结构特点而定。

如箱体组装轴部位是开式的，装配比较容易，只要打开上部，齿轮轴部件即可放入下部箱体，比如一般减速器装配。但有时组装轴承部位是一体的，轴上的零件（包括齿轮、轴承等）是在装入箱体过程中同时进行的，在这种情况下，轴上配合件的过盈量通常都不会大，装配时可用铜棒或锤子将其敲入。

采用滚动轴承结构的，其两轴的平行度和中心距基本上是不可调的。采用滑动轴承结构的，可结合齿面接触情况作微量调整。

齿轮传动机构中，如支撑轴两端的支撑座与箱体分开，则其同轴度、平行度、中心距均可通过调整支撑座的位置以及在其底部增加或减少垫片的办法进行调整，也可通过实测轴线与支撑座的实际尺寸偏差，将其返修加工的方法解决。

对于大型开式齿轮，一般在现场进行安装施工。安装时应特别注意孔轴的对中要求。通常采用紧键联接，装配前配合面应加润滑油（脂）。轮齿的啮合间隙应考虑摩擦发热的影响。

3. 锥齿轮传动机构的装配

锥齿轮传动机构的装配与圆柱齿轮传动机构的装配基本类似，不同之处是其两轴线在锥顶相交，且有规定的角度。锥齿轮轴线的几何位置，一般由箱体加工精度来决定，轴线的轴向定位，以锥齿轮的背锥作为基准，装配时使背锥面平齐，以保证两齿轮的正确位置，应根据接触斑点偏向齿顶或齿根，沿轴线调节和移动齿轮的位置。轴向定位一般由轴承座与箱体间的垫片来调整。

锥齿轮因为作垂直两轴间的传动，因此箱体两垂直轴承座孔的加工必须符合规定的技术要求。

六、典型零、部件的装配示例

锥齿轮轴组件的装配步骤如下：

1）根据装配图将零件编号，并且零件对号计件。

2）清洗，去除油污、灰尘和切屑。

3）修整，修锉锐角、毛刺。

4）制订锥齿轮组件的装配单元系统图：

① 分析锥齿轮轴组件装配图和装配顺序，如图 1-15-4 和图 1-15-5 所示（装配顺序与拆卸顺序相反），并确定装配基准零件。

② 如图 1-15-6 所示，绘一横线，在横线左端画出代表基准件的长方格，在横线右端画出代表产品的长方格。

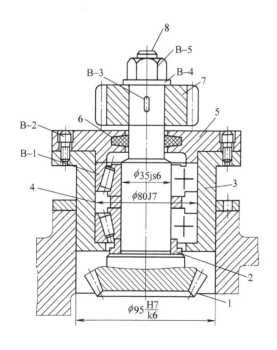

图 1-15-4 锥齿轮轴组件（装配图）

1—锥齿轮 2—衬垫 3—轴承套 4—隔圈 5—轴承盖
6—毛毡圈 7—圆柱齿轮 8—主轴 B-1—轴承 B-2—螺钉
B-3—键 B-4—垫圈 B-5—螺母

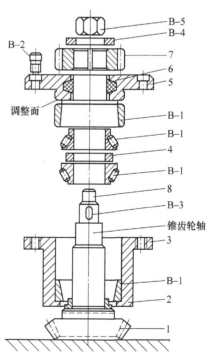

图 1-15-5 锥齿轮轴组件
的拆卸（装配）顺序

（图注同图 1-15-4）

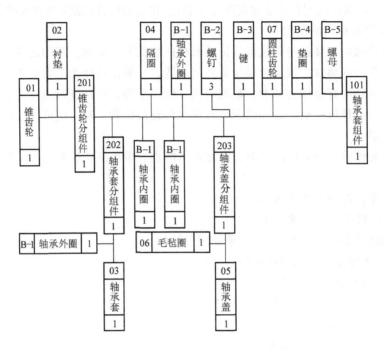

图 1-15-6　锥齿轮轴组件装配单元系统图

③ 按装配顺序，自左至右在横线上列出下列零件、组件的名称、代号、件数。

④ 至横线右端装毕，标上组件的名称、代号与件数于线的右端。

5）分组件组装，如 B-1 轴承外圈与 03 轴承套装配成轴承套分组件 202。

6）组件组装。以 01 锥齿轮为基准零件，将其他零件和分组件按一定的技术要求和顺序装配成锥齿轮轴组件。

7）检验：

① 按装配单元系统图检查各装配组件和零件的装配是否正确。

② 按装配图的技术要求，检验装配质量，如轴的转动灵活性、平稳性等。

8）入库。

第二节　机械零、部件装配后的调整

机械零、部件装配后的调整是机械设备修理的最后程序，也是最为关键的程序。有些机械设备，尤其是其中的关键零、部件，不经过严格的仔细调整，往往达不到预定的技术性能，甚至不能正常运行。

下面以锥齿轮轴组件为例说明调整的内容和方法。

一、滚动轴承装配后的调整

滚动轴承的间隙分为轴向间隙 c 和径向间隙 e，如图 1-15-7 所示。滚动轴承的间隙具有保证滚动体正常运转、润滑及热膨胀补偿作用。但是滚动轴承的间隙不能太大，也不能太小。间隙太大，会使同时承受负荷的滚动体减少，单个滚动体负荷增大，降低轴承寿命和旋转精度，引起噪声和振动；间隙太小，容易发热，磨损加剧，同样影响轴承寿命。因此，安装轴承时，间隙调整是一个十分重要的工作环节。

常用的滚动轴承间隙调整方法有两种：

（1）垫片调整法 如图 1-15-8 所示，先将轴承端盖紧固螺钉缓慢拧紧，同时用手慢慢转动轴。当感觉到转动阻滞时停止拧紧螺钉，此时已无间隙，将端盖与壳体间距离用塞尺测量，则得

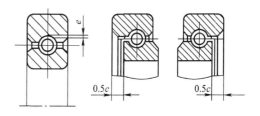

图 1-15-7 滚动轴承的间隙

到间隙为 δ，垫片的厚度应等于 δ 再加上一个轴向间隙 c（c 值可由表查得）。

（2）螺钉调整法 如图 1-15-9 所示。调整时，先松开锁紧螺母 2，再调整螺钉 3，推动压盖 1，调整轴承间隙至合适的值，最后拧紧锁紧螺母。

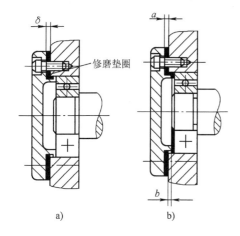

图 1-15-8 用垫片调整轴承间隙

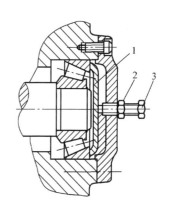

图 1-15-9 用调整螺钉调整轴承间隙
1—压盖 2—锁紧螺母 3—调整螺钉

二、齿轮装配后的调整

1. 直齿轮装配质量的检验和调整

齿轮轴部件装入箱体后，必须检验其装配质量，以保证各齿轮之间有良好的啮合精度。装配质量的检验包括侧隙的检验和接触精度的检验。

（1）侧隙的检验 装配时主要保证齿侧间隙，而齿顶的间隙有时只作参考，一般图样和技术文件都明确规定了侧隙的范围值（其值可由表查得）。其检验方法如下：

1）压铅软金属丝检查法。如图 1-15-10 所示，在齿面沿齿宽两端平行放置两条熔断丝，宽齿轮应放 3~4 条，其直径不宜超过最小侧隙的 4 倍。转动齿轮将其压扁后，测量其最薄处的厚度就是侧隙。此法在实践中常用。

2）百分表检查法。如图 1-15-11 所示，测量时，将一个齿轮固定，在另一齿轮上装夹紧杆，由于侧隙的存在，装有夹紧杆的齿轮便可摆动一定角度，从而推动百分表的测头，得到表针摆动的读数 C，则齿轮啮合的侧隙 C_n 为

$$C_n = C \frac{R}{L}$$

式中 R——装夹紧杆齿轮的分度圆半径（mm）；

L——测量点到轴心的距离（mm）。

图 1-15-10　压熔断丝检查侧隙

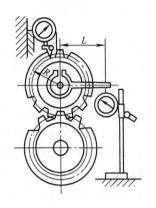

图 1-15-11　用百分表检查齿轮侧隙

对于模数比较大的齿轮，也可用百分表或杠杆百分表直接抵在可动齿轮的齿面上，将接触百分表测头的齿轮从一侧啮合转到另一侧啮合，百分表上的读数差值就是侧隙数值。

圆柱齿轮的侧隙是由齿轮的公法线长度偏差及中心距来保证的，对于中心距可以调整的齿轮传动装置，可通过调整中心距来改变啮合时的齿轮侧隙。

（2）接触精度的检验　接触精度的主要技术指标是齿轮副的接触斑点。检验时将红丹粉涂于大齿轮齿面上，使两啮合齿轮进行空运转，然后检查其接触斑点情况。转动齿轮时，被动轮应轻微制动。双向工作的齿轮，正反两个方面都应检查。

一对齿轮正常啮合时，两齿轮工作表面的接触斑点，按精度不同，其面积大小及分布位置也不同，根据接触斑点的面积、位置情况，还可以判断装配时产生误差的原因。

当发生接触斑点不正确的情况时，可通过调整轴承座的位置解决，或采用修刮的方法达到接触精度要求。直齿圆柱齿轮啮合接触斑点调整方法见表 1-15-3。

表 1-15-3　直齿圆柱齿轮啮合接触斑点调整方法

接触斑点	原因分析	调整方法
正常接触	正确啮合	
	中心距太大	
	中心距太小	可在中心距允许范围内刮削轴瓦或调整轴承座
同向偏接触	两齿轮轴线不平行	

（续）

接触斑点	原因分析	调整方法
异向偏接触	两齿轮轴线歪斜	可在中心距允许范围内刮削轴瓦或调整轴承座
单向偏接触	两齿轮轴线不平行,同时歪斜	
游离接触在整个齿圈上,接触区由一边逐渐移至另一边	齿轮端面与回转轴线不垂直	检查并找正齿轮端面与轴线的垂直度
不规则接触	齿面有毛刺或有碰伤隆起	去除毛刺,修准

2. 锥齿轮的检验和调整

图 1-15-12a 所示为检验垂直度的方法。将百分表装在心轴 1 上，再固定心轴 1 的轴向位置，旋转心轴 1，百分表在心轴 2 上 L 长度内的两点读数差，即为两孔在 L 长度内的垂直误差。

图 1-15-12b 所示为两孔的对称度检查。心轴 1 的测量端做成叉形槽，心轴 2 的测量端按对称度公差做成两个阶梯形，即通端和止端。检验时，若通端能通过叉形槽而止端不能通过，则对称度合格，否则为超差。

锥齿轮装配后侧隙的检验方法与圆柱齿轮基本相同，锥齿轮传动的侧隙要求可查表。

锥齿轮通常也是用涂色法检查其啮合情况，在无载荷的情况下，轮齿的接触部位应靠近轮齿的小端。涂色后，齿轮表面的接触面积在齿高和齿宽方向均应不少于 40%，如图 1-15-13 所示。

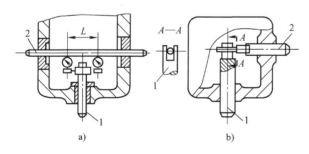

图 1-15-12　两孔位置精度检查
a）垂直度　b）对称度
1、2—心轴

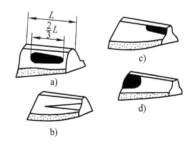

图 1-15-13　直齿锥齿轮的接触斑点
a）正常啮合　b）侧隙不足
c）夹角过大　d）夹角过小

下篇 机械制造理论基础（专题）

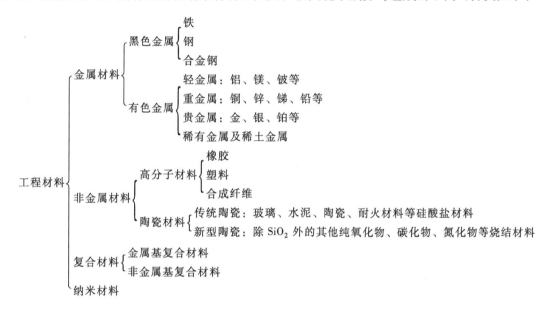

第一章
常用工程材料及其选择

工程材料是指工业、农业、国防和科学技术各类工程建设中所需的材料，通常分为金属材料、非金属材料、复合材料和纳米材料四大类。按其化学成分与组成的不同可分类如下：

工程材料
- 金属材料
  - 黑色金属
    - 铁
    - 钢
    - 合金钢
  - 有色金属
    - 轻金属：铝、镁、铍等
    - 重金属：铜、锌、锑、铅等
    - 贵金属：金、银、铂等
    - 稀有金属及稀土金属
- 非金属材料
  - 高分子材料
    - 橡胶
    - 塑料
    - 合成纤维
  - 陶瓷材料
    - 传统陶瓷：玻璃、水泥、陶瓷、耐火材料等硅酸盐材料
    - 新型陶瓷：除 SiO_2 外的其他纯氧化物、碳化物、氮化物等烧结材料
- 复合材料
  - 金属基复合材料
  - 非金属基复合材料
- 纳米材料

第一节　工程材料的主要性能

工程材料的主要性能包括使用性能和工艺性能两类。使用性能包括力学性能、物理性能和化学性能；工艺性能包括铸造性、锻造性、焊接性、切削加工性和热处理性等。工程材料的主要性能是进行结构设计、选材和制订工艺的重要依据。

一、工程材料的力学性能

工程材料的力学性能是指它在受各种外力作用时所反映出来的性能，如强度、硬度、塑性、冲击韧度、疲劳强度等。

（一）弹性和塑性

材料受外力作用时产生变形，当外力去除后能恢复其原来形状的性能，称为弹性。这种随外力的消失而消失的变形，称为弹性变形。

材料在外力作用下产生永久变形而不破坏的性能，称为塑性。这种在外力消失后保留下来，不可恢复形状的变形，称为塑性变形。材料的塑性常用断后伸长率 A 或断面收缩率 Z 表示

$$A = \frac{L_u - L_0}{L_0} \times 100\%$$

$$Z = \frac{S_0 - S_u}{S_0} \times 100\%$$

式中　L_0——试样的原始标距长度（mm）；

　　　L_u——试样受拉伸断裂后的标距长度（mm）；

　　　S_0——试样的原始截面积（mm^2）；

　　　S_u——试样受拉伸断裂处的截面积（mm^2）。

A 或 Z 越大，则材料的塑性越好。良好的塑性是金属材料进行塑性加工的必要条件。

（二）强度

强度是材料在外力作用下抵抗塑性变形和断裂的性能。根据外力性质的不同，强度可分为抗拉强度、抗压强度、抗弯强度、抗剪强度和抗扭强度等。在工程上常用来表示材料强度的指标有屈服点和抗拉强度等。

金属材料的屈服点和抗拉强度是通过拉伸试验测定的。先将被测金属材料制成标准试样，如图2-1-1a所示。测试时，将标准试样装夹在拉伸试验机的两个夹头上，在试样两端缓慢施加拉力。随着拉力的增大，试样逐渐发生变形，直至被拉断为止，如图2-1-1b所示。拉伸试验机自动地将每一瞬间试样所受拉力 P 及相应的伸长量 ΔL 记录下来，绘制成拉伸曲线，如图2-1-2所示。

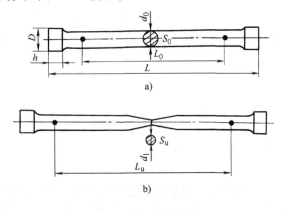

图 2-1-1　拉伸试样

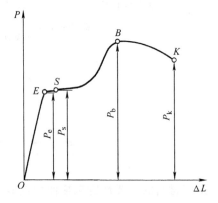

图 2-1-2　低碳钢的拉伸曲线

金属材料受外力作用时，其内部产生与外力相平衡的内力。其单位截面上的内力称为应力。

由图2-1-2可知，当外力小于 P_e 时，试样产生的变形属于弹性变形，即外力去除后材料将恢复到初始状态。当外力大于 P_e 后，试样除产生弹性变形外，还产生部分塑性变形。当外力增大至 P_s 时，在 S 点后的曲线几乎呈水平线段或锯齿形折线，说明外力虽然不再增大而试样仍继续产生塑性变形。这种现象称为"屈服"，是材料从弹性状态转变为塑性状态的标志。材料产生屈服现象时的应力，称为屈服强度，可按下式计算

$$R_e = P_s / S_0$$

式中 R_e——材料的屈服强度（MPa）；

    P_s——试样产生屈服现象时的拉力（N）；

    S_0——试样的初始截面积（mm^2）。

当材料达到屈服点后继续拉伸，载荷常有上下波动现象，其中应力较大的称为上屈服强度 R_{eH}，应力较小的称为下屈服强度 R_{eL}，材料力学中常以下屈服强度作为屈服强度的值。

有些材料（如铸铁、高碳钢等）的拉伸曲线没有明显的水平线段，难以测定其屈服强度。对于这类材料，通常规定将产生 0.2% 残余延伸率所对应的应力规定为其残余延伸强度，用符号 R_r 表示，即所谓的"条件屈服强度"。

当外力大于 P_s 后，曲线呈上升趋势，说明塑性变形随外力增大而显著增大。当外力增大至 P_b 后，试样发生局部变细的"缩颈"现象，塑性变形集中在缩颈处。由于截面减小，试样继续变形所需外力也下降。当外力减至 P_k 时，试样在缩颈处被拉断。试样在拉断前所能承受的最大标称拉应力，称为抗拉强度，可通过下式计算

$$R_m = P_b / S_0$$

式中 R_m——材料的抗拉强度（MPa）；

    P_b——试样在拉断前的最大拉力（N）。

屈服强度和抗拉强度是机器零件和构件设计及选材的主要依据。

（三）硬度

材料抵抗比其本身更硬的物体压入其内部的性能，称为硬度。它表征材料在一个小的体积范围内抵抗弹性变形、塑性变形及破断的能力，是材料性能的一个综合的物理量。常用的硬度指标有布氏硬度和洛氏硬度。

1. 布氏硬度

如图 2-1-3 所示，布氏硬度试验是采用直径为 D 的淬火钢球或硬质合金球，在相应的试验力 P 的作用下垂直地压入试样表面，保持规定的时间后卸载。以试验力 P 与压痕表面积的比值作为布氏硬度值，用 HBW 表示。布氏硬度适用于调质钢、正火钢、退火钢、铸铁、有色金属毛坯或半成品等硬度较低的材料，HBW 值越大，则材料的硬度越高。

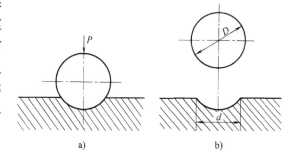

a)   b)

图 2-1-3 布氏硬度试验原理示意图

2. 洛氏硬度

洛氏硬度试验是利用压力将坚硬的金刚石压头压入被测材料的表面，根据压痕的深度在洛氏硬度计上直接读出其硬度值。当采用不同的压头和载荷相配合时，洛氏硬度有 HRA、HRB、HRC 等几种不同的标度。HRC 洛氏硬度机是以顶角为 120° 的金刚石圆锥为压头，可以测定高硬度材料的硬度，而且压痕很小，几乎不损伤工件表面，故在钢的热处理检验中应用最多。HRC 值越大，则材料越硬。

布氏硬度和洛氏硬度可以采用特制的表格进行换算。调质钢与淬火钢的硬度范围为20～67HRC，相当于230～700HBW。

硬度和强度之间存在着一定的关系。通常材料的强度越高，其硬度也越高。

（四）冲击韧度

材料抵抗冲击载荷作用，在断裂前单位横截面上的冲击吸收功，称为冲击韧度。通常用一次摆锤弯曲冲击试验来测定材料的冲击韧度。其方法是将带有缺口的标准冲击试样一次击断，用试样缺口底部单位截面积所吸收的冲击功 a_K 作为材料的冲击韧度指标，单位为 J/m^2。a_K 值越小，则表明材料的韧性越低，脆性越大。

a_K 值对材料的组织缺陷很敏感，可以灵敏地反映材料的内部质量，因此，在生产中常用于检验原材料的缺陷，以及铸件、锻件、热处理件的质量。

（五）疲劳强度

有些机器零件（如轴、齿轮、弹簧等）是在方向、大小反复变化的交变载荷下工作的。这种承受交变载荷的机件，往往在应力远低于 R_{eL} 的条件下发生断裂，这种现象称为疲劳破坏。一般认为，产生疲劳破坏的原因在于材料存在夹杂、表面划痕及其他引起应力集中的缺陷导致产生微裂纹，在交变载荷的长期作用下，微裂纹逐渐扩展，最终致使零件不能承受所施加的载荷而突然破坏。

材料在无数次重复交变载荷作用下不致引起断裂的最大应力，称为疲劳强度，用符号 σ_{-1} 表示。实际上不可能进行无数次试验，因而对各种材料分别规定有一定的应力循环基数。例如，钢材的应力循环基数为 10^7；有色金属和某些超高强度钢的应力循环基数为 10^8。如果材料达到规定的应力循环基数仍未发生破坏，即认为不会再发生疲劳破坏。

改善零件的结构形状，避免应力集中，降低零件的表面粗糙度值，以及进行表面热处理、表面滚压和喷丸处理等措施，均可有效地提高其抗疲劳能力。

二、工程材料的物理、化学性能

工程材料的主要物理性能有密度、熔点、热膨胀性和导电性等。不同的机器零件有不同的用途，对材料物理性能的要求也不相同。例如，飞机零件应选用密度小、强度高的铝合金制造，以减轻飞机的自重；电气零件应选用导电性良好的材料；内燃机活塞应选用热膨胀性小的材料。

材料的化学性能是指其在室温或高温下抵抗各种化学作用的性能，包括耐酸性、耐碱性、抗氧化性等。在腐蚀介质中或在高温下工作的零件比在空气中或在室温下工作的零件腐蚀更加强烈。设计这类零件时，应特别注意材料的化学性能。例如，设计化工设备、医疗器械时可采用耐蚀性好的不锈钢、工程塑料等材料。

三、工程材料的工艺性能

工程材料的工艺性能是其物理、化学、力学性能的综合反映。根据工艺方法的不同，材料的工艺性能可分为热处理性、铸造性、锻造性、焊接性和切削加工性等。在设计零件和选择工艺方法时，为了使工艺简便，成本低廉，并能保证产品质量，必须要求材料具有良好的工艺性能。例如，灰铸铁的铸造性、切削加工性很好，而锻造性和焊接性很差，故只能用于制造铸件。低碳钢的锻造性和焊接性都很好，而高碳钢的锻造性和焊接性都较差，切削加工性也不好。

材料的各种工艺性能将在有关章节中分别介绍。

第二节　常用金属材料

一、钢

钢是以铁为主要元素，所含碳的质量分数一般在2%以下，并含有其他元素的材料。

钢的种类繁多，常用的分类方法有：按化学成分将其分为非合金钢和合金钢；按用途将其分为结构钢、工具钢、特殊性能钢；按性能将其分为普通钢、优质钢、高级优质钢；按脱氧程度将其分为镇静钢、半镇静钢、沸腾钢。

（一）非合金钢

非合金钢简称碳钢，其所含碳的质量分数低于1.5%，并含有少量硅、锰、硫、磷等杂质元素。

含碳量的高低对碳钢力学性能的影响极大，如图2-1-4所示。当碳的质量分数低于0.9%时，碳钢的强度与硬度随含碳量的增加而提高，塑性和韧性则随含碳量的增加而降低；当碳的质量分数高于0.9%时，碳钢的硬度仍随含碳量的增加而提高，但其强度、塑性和韧性均随含碳量的增加而降低。硅、锰能使钢强化（强度、硬度提高），锰还能降低硫的有害影响，它们是钢中的有益元素；硫使钢热脆（在800~1200℃进行热加工时，易引起破断），磷导致钢冷脆（在低温时变脆），它们是钢中的有害元素。

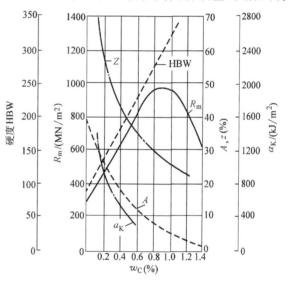

图2-1-4　碳钢的力学性能与含碳量的关系（正火状态）

1. 碳钢的分类

碳钢的主要分类方法如下：

（1）按质量分数分类　根据钢中碳的质量分数的多少，碳钢可分为三类：

低碳钢：$w_C \leqslant 0.25\%$。

中碳钢：$w_C = 0.25\% \sim 0.60\%$。

高碳钢：$w_C \geqslant 0.60\%$。

（2）按性能分类　根据有害杂质P、S含量的多少，碳钢可分为三类：

普通碳素钢：$w_P \leqslant 0.045\%$，$w_S \leqslant 0.050\%$。

优质碳素钢：$w_P \leqslant 0.040\%$，$w_S \leqslant 0.040\%$。

高级优质碳素钢：$w_P \leqslant 0.035\%$，$w_S \leqslant 0.030\%$。

（3）按用途分类　根据用途不同，碳钢可分为两大类：

碳素结构钢：主要用于制造各种工程构件（如桥梁等）和机器零件（如轴、螺钉等）。这类钢一般为低碳钢和中碳钢。

碳素工具钢：主要用于制造各种模具、量具、刀具。这类钢一般为高碳钢。

2. 碳钢的编号与应用

碳钢的编号方法与应用举例见表 2-1-1。

（二）合金钢

为了改善碳钢的性能，有目的地往碳钢中加入一定量的其他合金元素所获得的钢，称为合金钢。硅、锰含量超过一般碳钢正常含量（即 $w_{Si} > 0.5\%$，$w_{Mn} > 1.0\%$）的钢，也属于合金钢。

在合金钢中，常见的合金元素有 Mn、Si、Cr、Ni、Mo、W、V、Ti、Nb、B、Co、Al、RE（稀土元素）等。它们在合金钢中所起的具体作用各有不同。部分合金元素对钢的性能的影响见表 2-1-2。

1. 合金钢的分类 合金钢常用的分类方法如下：

（1）按合金元素的含量分类 按合金元素的含量多少，合金钢可分为三类：

低合金钢：合金元素总的质量分数 < 5% 。

中合金钢：合金元素总的质量分数为 5% ~ 10% 。

高合金钢：合金元素总的质量分数 > 10% 。

（2）按用途分类 按照合金钢的用途不同，可将其分为低合金钢、合金结构钢、合金弹簧钢、滚动轴承钢、合金工具钢、特殊性能钢等几大类。

2. 合金钢的编号与应用

合金钢的编号方法与应用举例见表 2-1-1。

表 2-1-1 碳钢的编号方法与应用举例

类别	编号方法		主要性能特点	应用	
	示例	说明		常用牌号	用途举例
碳素结构钢	Q235-AF 或 Q235AF	"Q"为"屈"的汉语拼音字首；"235"为屈服点（强度）值（MPa）；A、B、C、D 为质量等级，由 A 到 D 依次提高。F、Z、TZ 分别表示沸腾钢、镇静钢、特殊镇静钢，"Z"与"TZ"常省略	含碳量较低，含 S、P 等杂质较多，硬度较低，塑性较好，价格便宜	Q195、Q215A Q215B	薄板、焊接钢管、铁丝、钉、结构面板、烟囱等
				Q235A、Q235B Q235C、Q235D	薄板、中板、钢筋、条钢、钢管、焊接件、铆钉、小轴、螺栓、连杆、拉杆、外壳、法兰等
				Q275A、Q275B	拉杆、连杆、键、轴、销钉、强度要求较高的结构件
优质碳素结构钢	45 65Mn	正常含锰量时，以平均含碳量的万分数表示；较高含锰量（$w_C \leqslant 0.6\%$ 时，$w_{Mn} = 0.7\%$ ~ 1.0%；$w_C > 0.6$ 时，$w_{Mn} = 0.9\%$ ~1.2%）时，以平均含碳量的万分数（不足千分之一时，数前加零）后附"Mn"表示	含 P、S 等有害杂质较少，化学成分控制较严，力学性能较好，价格较低	08F、08、10F 10、15F、15 20、25	属低碳钢。塑性、韧性好，焊接性也好，用作冲压板、焊接件、渗碳件、一般螺钉、铆钉、轴、垫圈等
				30、35、40、45 50、55	属中碳钢，综合力学性能好，机械加工性能好，用作各种受力较大的零件（如连杆、齿轮等）。也用于制造具有一定耐磨性的零件（50、55 用作凸轮等）
				60、65、70、75 80、85	属高碳钢，强度、硬度较高，弹性较好，用作各种弹性元件如弹簧垫圈和耐磨零件（如凸轮、轧辊等）

（续）

类别	编号方法		主要性能特点	应用	
	示例	说明		常用牌号	用途举例
优质碳素结构钢	45 65Mn	正常含锰量时，以平均含碳量的万分数表示；较高含锰量（$w_C \leqslant$ 0.6% 时，$w_{Mn} = 0.7\% \sim 1.0\%$；$w_C > 0.6$ 时，$w_{Mn} = 0.9\% \sim 1.2\%$）时，以平均含碳量的万分数（不足千分之一时，数前加零）后附"Mn"表示	含 P、S 有害杂质较少，化学成分控制较严，力学性能较高，价格较低	15Mn、25Mn、30Mn、35Mn、40Mn、45Mn、50Mn、60Mn、65Mn、70Mn	性能与相应正常含锰量的各号钢基本相同，强度稍高，淬透性稍好，应用范围基本相同。宜制造截面尺寸较大，强度要求较高的零件
碳素工具钢	T10 T10A	"T"为"碳"的汉语拼音字首，后面的数值为碳的平均质量分数的千分数，当为高级优质碳素工具钢（$w_P \leqslant 0.02\%$，$w_S \leqslant 0.3\%$）时，其牌号后加"A"	碳的质量分数较高（0.65% ~ 1.35%），含 P、S 较低，属高碳优质钢，热处理后可获得较高硬度和耐磨性	T7、T7A、T8、T8A	韧性较高，用来制作要求有较高韧性的工具，如木工工具、冲头等
				T9、T9A、T10、T10A、T11、T11A	要求中等韧性、较高硬度的工具，如丝锥、铰刀、板牙等
				T12、T12A、T13、T13A	要求耐磨性好，但韧性可较低的工具，如量具、锉刀、刻字刀等
铸造碳钢（简称铸钢）	ZG200-400	"ZG"为"铸钢"的汉语拼音字首，其后的第一组数字为屈服强度数值（MPa），第二组数值为抗拉强度（MPa）	用铸造方法成形，其综合力学性能高于各类铸铁，适合制造形状复杂，强度、硬度和韧性要求都高的零件。由于其焊接性好，还便于采用铸-焊联合制造形状复杂的大型零件	ZG 200-400	塑性、韧性、焊接性均好，用作受力不太大、韧性要求高的各种机件，如机座、变速箱壳体等
				ZG 230-450	强度较高、塑性、韧性较好，焊接性好、切削加工性尚可，用作受力不太大，韧性要求较高的各种机件，如外壳、阀体等
				ZG 270-500	强度较高、塑性较好、铸造性及切削加工性好，焊接性尚可，用途较广，如轴承座、连杆、箱体、缸体、曲轴等
				ZG 310-570 ZG 340-640	强度、硬度高，耐磨性好，切削加工性中等，流动性好，焊接性较差，裂纹敏感性较强，用来制造齿轮、棘轮等
易切削结构钢	Y15 Y40Mn	"Y"为"易"的汉语拼音字首，其后的数字为碳的平均质量分数的万分数，数字后为化学元素符号（"正常含量"的化学成分，其化学元素符号不标出）	系含 S、P、Mn 较高的碳素结构钢（$w_S = 0.04\% \sim 0.33\%$，$w_P \leqslant 0.15$，$w_{Mn} = 0.4\% \sim 1.55\%$），切削加工性非常好，力学性能与相同含碳量的碳素结构钢基本相同	Y12、Y12Pb、Y15、Y15Pb、Y20、Y30、Y35、Y40Mn、Y45Ca 等	用途与相同含碳量的碳素结构钢基本相近

表 2-1-2 合金元素对钢性能的影响

合 金 元 素	对钢性能的影响
Si	提高强度、改善磁性，提高耐蚀性和耐热性，提高淬透性
Mn	减轻热脆性，提高强度、硬度、淬透性，是高锰耐磨钢的主要元素
Cr	提高强度、韧性、淬透性、抗氧化性和耐蚀性
Ni	提高强度、韧性、耐蚀性、耐热性、淬透性
Mo	提高淬透性，改善高温强度[①]，热硬性[②]，提高耐蚀性
W	提高硬度、耐磨性，改善高温强度、热硬性
V	提高耐磨性，改善强度和韧性
Ti	提高强度、硬度、耐热性
B	提高淬透性
Al	阻止晶粒长大，耐高温氧化（Al_2O_3）
Cu	增加强度，耐大气腐蚀
P	提高耐蚀性，改善切削加工性
RE	改善耐热、耐蚀与抗氧化性，提高冲击韧度、塑性

① 指材料在较高温度下的强度。

② 指材料在较高温度下仍然保持较高硬度的性能。

表 2-1-3 合金钢的编号方法与应用举例

类别		编号方法		主要性能特点	应 用	
		示例	说 明		常用牌号	用途举例
低合金结构钢	（原称普通低合金钢）	①60Si2Mn ② GCr15SiMn	①前面的数字为钢中碳的平均质量分数的万分数，其后依次为合金元素符号及其平均质量分数的百分数（合金元素的平均质量分数 <1.5% 时，数字略去） ②滚动轴承钢编号"G"为"滚"的汉语拼音字首，其后为铬的元素符号 Cr 及其平均质量分数的千分数，以后依次为其余合金元素的符号及其平均质量分数的百分数（合金元素的平均质量分数 <1.5% 时，数字略去）	较好的强度，较好的塑性和耐磨性，通常可以在热轧状态下直接使用	Q295、Q345、Q390 等	广泛用于制造锅炉、船舶、桥梁、压力容器、建筑结构、车辆等的各种构件
合金钢	合金结构钢			属低碳低合金钢，通过渗碳，整体强度高，"表硬内韧"	20Cr、20MnV、20CrMnTi、20MnVB、12CrNi、18Cr2Ni4WA 等	用于制造要求表面硬度高、耐磨且受冲击的零件，如汽车、矿用运输机上的齿轮，内燃机凸轮、活塞销等
				属中碳低合金钢，经调质处理后，综合力学性能和切削加工性好	40Cr、40MnB、40MnVB、30CrMnSi、35CrMo、40CrMnMo、38CrMoAl 等	用于制造承受较大交变载荷、冲击载荷及在复杂应力条件下工作的重要零件，如重要轴、连杆、齿轮、阀杆等
				弹性好，屈服点、疲劳强度高，塑性、韧性好，成形性能好	65Mn、60Si2Mn、50CrVA 等	用于制造各种弹性元件，如各种螺旋弹簧、板弹簧等
				强度、硬度高，耐磨性、韧性好，疲劳强度高，耐蚀性较好	GCr15、GCr9、GCr9SiMn、GCr15SiMn 等	用于制造各种滚动轴承元件（钢球、滚子、滚针、轴承套等）、各类工具及耐磨零件

合金渗碳钢 / 合金调质钢 / 合金弹簧钢 / 滚动轴承钢

（续）

类别			编号方法		主要性能特点	应用	
			示例	说明		常用牌号	用途举例
合金钢	合金工具钢	合金刃具钢 低合金刃具钢	9Mn2VCr12	前面的数字表示碳的平均质量分数的千分数（平均 $w_C \geqslant 1\%$ 时，不标出），其后为合金元素符号及其平均质量分数的百分数（平均质量分数 < 1.5% 时，数字不标出）。注意：高合金刃具钢（高速钢）的含碳量均不注出	高的硬度，较好的耐磨性、热硬性；较高的强度、冲击韧度，较好的塑性	9SiCr、9Mn2V、CrWMn、Cr2	用于制造各种低速切削刀具，如丝锥、板牙、刮刀等
		合金刃具钢 高合金刃具钢				W18Cr4V、W6Mo5Cr4V2、W9Mo3Cr4V	其热硬性高于低合金刃具钢，又称为高速钢、锋钢，用于较高速度的切削刀具如车刀，铣刀、钻头等
		合金模具钢 冷作模具钢			高的硬度和强度，较好的耐磨性和韧性	9SiCr、9Mn2V、CrWMn、Cr12、Cr12MoV	用于制造在室温下进行工作的模具，如冷冲模、冲镦模、冷挤压模、拉丝模等
		合金模具钢 热作模具钢			良好的抗疲劳能力、导热能力、抗氧化能力，较高的强度、硬度，较好的韧性、耐磨性	5CrMnMo、5CrNiMo、3Cr2W8V 等	用于制造在受热状态下进行工作的模具，如热锻模、热镦模、热挤压模等
		量具钢			高的硬度，良好的耐磨性、尺寸稳定性、加工工艺性	9SiCr、CrWMn、GCr15	用于制造各种测量用具，如块规、卡尺、塞规、样板等
	特殊性能钢	不锈钢 铬不锈钢	2Cr13，00Cr12，0Cr19Ni9	编号方法同合金工具钢，但当碳的平均质量分数 ≤0.03% 时，钢号前加"00"，平均碳质量分数 ≤0.08% 时，钢号前加"0"表示	不锈钢和耐酸钢的总称，前者可抗大气腐蚀，后者可耐化学介质腐蚀	1Cr13、2Cr13、3Cr13	用于制造耐大气腐蚀，能承受冲击载荷的零件，如汽轮机叶片、量具、刃具等
		不锈钢 铬不锈钢				1Cr17	可耐酸、耐大气腐蚀，通用性好，用于建筑装饰、家电、工厂设备等
		不锈钢 铬镍不锈钢				1Cr18Ni9、1Cr18Ni9Ti	耐酸，用于制作耐酸设备零件及建筑装饰、医疗器械等
		耐热钢 抗氧化钢			具有良好的抗高温氧化能力	3Cr18Mn12Si2V、0Cr19Ni9、2Cr20Mn9Ni	各种受力不大的炉用构件，如锅炉炉罩等
		耐热钢 热强钢			高温下具有良好的抗氧化能力和较高强度	1Cr18Ni9Ti、3Cr9Si2、4Cr14Ni14W2Mo	用于制造各种高温下受较大载荷的零件，如内燃机排气门、化工高压容器、螺栓等
		耐磨钢			又称高锰钢，在强烈冲击、高压或摩擦条件下，具有高的硬度和耐磨性，一般为铸造成形	ZGMn13	用于制造耐磨且耐强烈冲击的零件，如坦克和拖拉机的履带、挖掘机铲齿、铁路道岔等

二、铸铁

铸铁是以铁、碳、硅为主要元素组成，碳的质量分数大于 2.11% 的铁碳合金。铸铁中所含杂质较钢中多。

（一）铸铁的组织与性能

1. 碳在铸铁中的存在形式

碳在铸铁中有两种存在形式：一种是以化合状态 Fe_3C 存在，称为渗碳体；另一种是以游离状态存在，称为石墨。

2. 铸铁的石墨化

铸铁中析出碳原子形成石墨的过程称为石墨化。铸铁的组织取决于石墨化过程进行的彻底程度。它不仅决定了石墨析出的数量、大小形态和分布，也决定了铸铁的基体组织，从而决定了铸铁的性能。

（1）影响铸铁石墨化的因素 有关研究表明，石墨既可以从铁水中直接析出，也可以由渗碳体分解而得到。影响铸铁石墨化的主要因素包括化学成分和冷却速度。

1）化学成分。碳是形成石墨的元素，也是促进石墨化的元素。硅是强烈促进石墨化的元素。碳、硅含量过低则容易出现硬、脆的白口组织，并使熔化和铸造变得困难；反之则会形成强度甚低的铁素体灰铸铁。灰铸铁中 w_C 的范围为 2.7% ~ 3.9%，w_{Si} 为 1.1% ~ 2.6%。

锰和硫是铸铁中密切相关的两个元素。硫不仅强烈阻碍石墨化，而且使铸铁具有热脆性，使铸造性能变坏。因此，其含量必须严格限制，质量分数一般应低于 0.15%。锰虽然也阻碍石墨化，但它可与硫结合形成 MnS，减弱硫的有害影响。铸铁中锰的质量分数一般为 0.6% ~ 1.2%。

2）冷却速度。同一铸件的不同部分其组织往往不同。厚壁处或中心部位呈灰口，薄壁处或表面层则呈白口。这表明，冷却速度越慢，对石墨化越有利，反之则会阻碍石墨化。

（2）铸铁中石墨的作用 灰铸铁中的石墨是一种非金属夹杂物，其强度极低（$R_m <$ 20MPa），硬度约为 3HBW，$A \approx 0$，所以灰铸铁的组织相当于在碳钢的基体上布满了微裂纹。这不仅减小了金属基体承载的有效面积，更严重的是在石墨片的边缘处会引起应力集中，致使灰铸铁的抗拉强度远低于钢，且塑性和韧性极差。如果使灰铸铁中石墨的形状由片状改变为团絮状甚至球状，则可以减轻石墨对金属基体的割裂程度，改善铸铁的力学性能。当灰铸铁受压时，石墨主要是减小承载的有效面积，而应力集中较小，其不利影响较小，故表现出接近于钢的抗压强度。所以，灰铸铁适用于制造受压的零件。

石墨的存在虽然降低了铸铁的力学性能，但也造就了灰铸铁一系列的优良性能，如优良的铸造性能、良好的切削加工性、较好的耐磨性和减振性、较低的缺口敏感性等，使灰铸铁在工业中获得了极为广泛的应用。

（二）铸铁的分类

根据碳在铸铁中存在形式的不同，可将铸铁分为白口铸铁、灰铸铁和麻口铸铁，见表 2-1-4。

根据铸铁中石墨形态的不同（图 2-1-5）又可将其分为：

1）灰铸铁，其石墨呈片状。

2）可锻铸铁，其石墨呈团絮状。

3）球墨铸铁，其石墨呈球状。

4）蠕墨铸铁，其石墨呈蠕虫状。

根据灰铸铁基体显微组织的不同，又可将其分为：

1）珠光体灰铸铁。这是一种在珠光体基体上分布着细小均匀的石墨片，其强度和硬度高于其他基体灰铸铁，可用于制造较重要的机件。

2）珠光体-铁素体灰铸铁。这是一种在珠光体和铁素体的混合基体上分布着较粗大石墨片的灰铸铁组织，其强度虽较低，但仍可满足一般机件的要求，且其铸造性、切削加工性和减振性优于珠光体灰铸铁，故应用最广。

3）铁素体灰铸铁。它是在铁素体基体上分布着多而粗大石墨片的灰铸铁组织，不仅强度、硬度低，塑性和韧性也未得到改善，故很少应用。

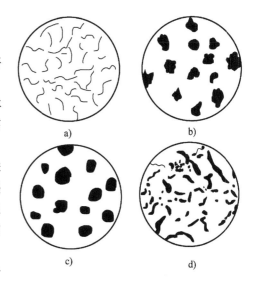

图 2-1-5　铸铁中石墨的形态

a）片状石墨　b）团絮状石墨
c）球状石墨　d）蠕虫状石墨

表 2-1-4　铸铁的分类

类　别	碳的存在形式	断口特征	性能特征	应　用
白口铸铁	除微量溶于铁素体外，全部以 Fe_3C 形式存在，组织中存在大量莱氏体	银白色	非常硬脆，难以机械加工	很少用于制造机器零件
灰铸铁	除微量溶于铁素体外，全部或大部以石墨形式存在	灰色	因石墨形态和基体组织的不同而异	在工业中应用广泛
麻口铸铁	组织中既有石墨，又有莱氏体，属于白口和灰口间的过渡组织	有黑白相间的麻点	很硬脆，难以机械加工	很少直接用于制造机械零件

铸铁具有许多优良的性能，且生产简便，成本低廉，是工程上常用的一类金属材料。

灰铸铁、可锻铸铁、球墨铸铁、蠕墨铸铁目前在生产中应用较广泛。铸铁的编号方法与应用举例见表 2-1-5。

表 2-1-5　铸铁的编号方法与应用举例

类别	编号方法		主要性能特点	应　用	
	示例	说　明		常用牌号	用途举例
灰铸铁	HT200	"HT"为"灰铁"汉语拼音字首，其后数字为抗拉强度最低值(MPa)	力学性能较低，铸造性、切削加工性、减振性、耐磨性好，缺口敏感性低	HT100	低载荷、不重要零件，如手轮、防护罩等
				HT150	中等载荷零件，如机座、变速箱体、支架等
				HT200 HT250	较大载荷的重要零件，如机体、床身、轴承座等
				HT300 HT350	高载荷、高耐磨性的重要零件，如凸轮、齿轮、重要机座等

（续）

类别	编号方法		主要性能特点	应用	
	示例	说明		常用牌号	用途举例
球墨铸铁	QT400-15	"QT"为"球铁"汉语拼音字首,其后第一组数字为抗拉强度最低值(MPa),第二组数字为断后伸长率最低值(%)	力学性能远超过灰铸铁,某些指标接近钢,保持灰铸铁优良的铸造性、切削加工性、耐磨性和低的缺口敏感性	QT400-18 QT400-15 QT400-10	强度要求较低的零件,如泵壳、阀体、机壳、齿轮箱等
				QT500-7	中等强度的零件,如机座、机架、齿轮、飞轮等
				QT600-3 QT700-2 QT800-2	较高强度和较好耐磨性的零件,如曲轴、缸体、缸套、连杆等
				QT900-2	高强度、高耐磨性的零件,如曲轴、凸轮轴、齿轮等
可锻铸铁	KTH300-06 KTZ450-06 KTB450-07	"KT"为"可铁"汉语拼音字首"H""Z""B"分别为黑心的"黑"、珠光体的"珠"、白心的"白"汉语拼音字首,其后第一组数字为抗拉强度的最低值(MPa),第二组数字为断后伸长率的最低值(%)	力学性能优于灰铸铁,适于制作薄壁、形状复杂的小型铸件,但生产工艺复杂。应当指出可锻铸铁并不可锻	KTH300-06	受低的动载荷及静载荷,要求气密性好的零件,如中、低压阀门等
				KTH330-08	受中等动载荷及静载荷的零件,如扳手、钢丝绳轧头等
				KTH350-10 KTH350-12	受较大冲击、振动及扭转负荷的零件,如差速器壳等
				KTZ450-06 KTZ550-04 KTZ650-02 KTZ700-02	受较大载荷,要求耐磨并有一定韧性的重要零件,如曲轴、凸轮轴、连杆、方向接头、棘轮等
				KTB350-04 KTB380-04 KTB400-05 KTB450-07	焊接性好。强度低和耐磨性较差。应用较少,用作厚度在15mm以下的薄壁铸件和焊后不需热处理的零件
蠕墨铸铁	RuT420	"RuT"为"蠕铁"汉语拼音字首,其后数字为抗拉强度的最低值(MPa)	性能介于球墨铸铁与灰铸铁之间,强度较高	RuT420 RuT380	要求强度高和耐磨性好的零件,如活塞环、制动盘等
				RuT340	要求较高强度、刚度及较好耐磨性的零件。如重型机床工作台、大型齿轮箱体等
				RuT300	要求较高强度与承受热疲劳的零件,如排气管、气缸盖等
				RuT260	承受冲击载荷及热疲劳的零件,如汽车底盘零件等

三、有色金属及其合金

有色金属及其合金泛指除以铁为基的纯金属与其合金以外的其他金属及其合金。这类材料具有钢铁材料所没有的许多特殊性能,在工程上应用极广。以下介绍其中的几种。

（一）铝及铝合金

纯铝的密度小，导电性和导热性优良，塑性好，耐大气腐蚀性能好。在纯铝中加入适量的 Cu、Mg、Si、Mn、Zn 等合金元素后，可形成同时具有纯铝的优良性能和较高强度的铝合金。纯铝及铝合金在工业上均应用广泛。

1. 工业纯铝

工业纯铝有冶炼产品（铝锭）和加工产品（铝材）两种，广泛应用于制造导线、电器仪表零件及装饰件等。

纯铝牌号的编制方法如下（四位字符牌号）：

第一位为阿拉伯数字，表示铝及铝合金的组别。1 表示铝的质量分数不小于 99.00%。

第二位为英文大写字母，表示原始纯铝的改型情况。A 表示为原始纯铝；B ~ Y（C、I、L、N、O、P、Q、Z 除外）表示为原始纯铝的改型，其元素含量略有变化。

最后两位为阿拉伯数字，表示最低铝的质量分数中小数点后面的两位。

2. 铝合金

铝合金就其成分和成形加工方法不同，可分为形变铝合金和铸造铝合金两类。

形变铝合金是合金元素含量低，塑性变形能力好，适于冷、热压力加工的铝合金。根据其性能特点不同，可分为防锈铝合金、硬铝合金、超硬铝合金、锻铝合金四种。

铸造铝合金是合金元素含量较高、熔点较低、铸造性好、适于铸造成形的铝合金。由于主加合金元素分别为 Si、Cu、Mg、Zn，据此可将铝合金相应地分为铝硅合金（Al-Si 系，又称为硅铝明）、铝铜合金（Al-Cu 系）、铝镁合金（Al-Mg 系）、铝锌合金（Al-Zn 系）四种。

铝合金的编号方法与应用举例见表 2-1-6（四位字符牌号）。

表 2-1-6　铝合金的编号方法与应用举例

类别		编号方法		主要性能特点	应用	
		示例	说明		牌（代）号[①]	用途举例
形变铝合金	防锈铝合金	5A05	第一位为阿拉伯数字,表示铝及铝合金的组别。2 ~ 9 表示铝合金,组别按下列主要合金元素划分:2—Cu,3—Mn,4—Si,5—Mg,6—Mg + Si,7—Zn,8—其他元素,9—备用组　第二位为英文大写字母,表示原始合金的改型情况。A 表示为原始合金;B ~ Y(C、I、L、N、O、P、Q、Z 除外)表示为原始合金的改型,其化学成分略有变化　最后两位为阿拉伯数字,无特殊意义,仅用来识别同一组中的不同合金	分为铝锌合金和铝镁合金。铝锌合金比纯铝有更高的强度和更好的焊接性、塑性及耐磨性,但切削加工性较差。铝镁合金比纯铝的密度小,比铝锌合金的强度高,且有较好的耐蚀性	5A05 5A06 5A12	主要用于制造各种耐蚀性薄板容器、蒙皮和一些受力小的构件,在飞机、车辆及日用器具中应用很广
	硬铝合金	2A11		强度、硬度高,耐热性好,但塑性、韧性差	2A01 2A11 2A12	飞机的重要结构材料,如飞机大梁、肋骨、螺旋桨、铆钉及蒙皮等;在仪器制造业中也得到广泛应用
	超硬铝合金	7A04		室温强度最高的铝合金,其比强度相当于超高强度钢,其最大缺点是耐蚀性差,对应力腐蚀敏感	7A04 7A06	主要用于工作温度不超过 130℃ 的受力构件,如飞机蒙皮、大梁、起落架等
	锻铝合金	2A70		具有良好的热塑性、铸造性和锻造性,并有较高的力学性能	6A02 2A50 2A14	用锻造或其他压力加工方法制造复杂的零件

（续）

类别	编号方法		主要性能特点	应用	
	示例	说　明		牌(代)号①	用途举例
铸造铝合金	铝硅合金 ZL101	"ZL"为"铸铝"汉语拼音字首,首位数字表示种类(1—铝硅合金,2—铝铜合金,3—铝镁合金,4—铝锌合金),后面两位数字为顺序号	铸造性好,线收缩小,流动性好,热裂倾向小,具有较高的耐蚀性和耐热性,经变质处理后有良好的力学性能,但铸件的致密度不高	ZL101 ZL102	用于形状复杂的砂型、金属型和压力铸造零件,如飞机、仪表零件,电钻壳体等
				ZL105 ZL108	砂型、金属型、压力铸造的,形状复杂的,在225℃以下工作的零件,如风冷发动机的气缸头、油泵壳体等
	铝铜合金 ZL203		具有较好的高温性能。但铸造性不好,耐蚀性和比强度也低于优质铝硅合金	ZL201 ZL202	主要用于制造在200~300℃条件下工作的,要求较高强度的零件,如增压器的导风叶轮等
	铝镁合金 ZL301		密度小,耐蚀性好,强度高,但高温强度较低,铸造性不好,流动性差,比收缩率大,铸造工艺复杂	ZL301	多用于制造受冲击载荷、耐海水腐蚀、外形不太复杂、便于铸造的零件,如舰船零件等
	铝锌合金 ZL401		力学性能较高,流动性好,易充满铸型,但密度较大,耐蚀性差	ZL401	常用于压力铸造零件,工作温度不超过200℃,如结构形状复杂的汽车、飞机零件

①　表中介绍了形变铝合金的牌号和铸造铝合金的代号,铸造铝合金的牌号可参阅有关资料。

（二）铜及铜合金

纯铜的导电、导热性能极好,无磁性,且具有优良的耐蚀性和塑性、韧性。铜合金不仅具有纯铜的优良性能,且强度、硬度等性能有所提高。铜及铜合金在工业上应用极广。

1. 工业纯铜

工业纯铜常用于制造电线、电缆、导热及耐蚀器材、电气元件等,一般不用于制造结构零件。

2. 铜合金

工程上常用的铜合金为黄铜、青铜。

（1）黄铜　黄铜是以锌为唯一的或主要的合金元素的铜合金,其外观色泽呈金黄色。

黄铜可分为普通黄铜（简单黄铜）与特殊黄铜（复杂黄铜）两类。只含锌不含其他合金元素的黄铜称为普通黄铜;除锌以外还含有其他合金元素的黄铜称为特殊黄铜。按照生产方法不同,黄铜可分为压力加工黄铜与铸造黄铜两类。

黄铜强度较高,工艺性能较好,耐大气腐蚀,在工程上及日用品制造中应用广泛。

（2）青铜　除了以锌为主加元素之外的其余铜合金统称为青铜,其外观色泽呈棕绿色。

青铜可分为普通青铜（以锡为主加元素的铜基合金,又称为锡青铜）和特殊青铜（不含锡的青铜合金,又称为无锡青铜）。按照生产方法的不同,青铜又可分为压力加工青铜和铸造青铜两类。

青铜的耐磨性一般比黄铜好,机械制造中应用较多。

常用铜合金的编号方法与应用举例见表 2-1-7。

表 2-1-7　铜合金的编号方法及应用举例

类别		编号方法		主要性能特点	应用	
		示例	说明		牌(代)号[①]	用途举例
黄铜	普通黄铜	H62 ZCuZn38	"H"为"黄"的汉语拼音字首,后面数字为铜的平均质量分数 铸造铜合金牌号表示方法由"Z"和"Cu",主要合金元素符号以及表明合金化元素名义百分量的数字组成	耐蚀性好,但经冷加工的黄铜件在潮湿的大气中会因残余内应力的存在而发生应力腐蚀破坏,塑性好,可进行冷、热压力加工,流动性好,偏析倾向小,铸件组织致密	H62	用于制作销钉、铆钉、垫圈、导管、散热器等
					ZCuZn38	用作一般结构件。耐蚀件,如法兰、支架等
	特殊黄铜	HPb59-1 ZCuZn-33Pb2	"H"是"黄"的汉语拼音字首。表示方法为:代号"H" + 除锌以外的主加元素符号 + 铜的质量分数 + 主加元素的质量分数 铸造铜合金牌号表示方法由"Z"和"Cu",主要合金元素符号以及表明合金化元素名义百分量的数字组成	与普通黄铜相比较,特殊黄铜具有更高的强度、硬度及更好的耐磨性、抗蚀性、切削加工性	HPb59-1 (铅黄铜)	适于热冲压及切削加工零件,如销子、螺钉、垫圈等,又称易切削黄铜
					HAl59-3-2(铝黄铜)	用作船舶电动机等常温下工作的高强度耐蚀零件
					ZCuZn31Al2	海运机械、通用机械的耐蚀零件
					ZCuZn33Pb2	选矿机大型轴套及滚动轴承的轴承套
青铜	普通青铜	QSn4-3 ZCuSn3 Zn8Pb6Ni1	"Q"是"青"的汉语拼音字首,表示方法为:代号"Q" + 主加元素符号 + 主加元素含量的质量分数(+ 其他元素含量的百分数) 铸造铜合金牌号表示方法由"Z"和"Cu",主要合金元素符号以及表明合金化元素名义百分量的数字组成	锡的质量分数小于7%的锡青铜塑性良好,可以压力加工;锡的质量分数大于10%的锡青铜塑性低,强度较高,可用于铸造,铸造收缩率小,适于铸造形状复杂、对尺寸精度要求较高的铸件,但其疏松倾向大,致密度低,有良好的耐蚀性	QSn4-3 (锡青铜)	弹性元件,化工机械耐磨零件和抗磁零件
					QSn4-4-2.5	航空、汽车、拖拉机用承受摩擦的零件,如轴套等
					QSn6.5-0.4	用作金属网、弹簧及耐磨零件
青铜	特殊青铜	QSi3-1 ZCuPb30	"Q"是"青"的汉语拼音字首,表示方法为:代号"Q" + 主加元素符号 + 主加元素的质量分数(+ 其他元素的质量分数)	与普通青铜相比,特殊青铜具有更高的强度、硬度和更好的耐蚀性与耐磨性。铸造流动性很好,可得到致密铸件,但收缩率大	QSi3-1 (硅青铜)	弹簧、耐蚀零件以及蜗轮、蜗杆、齿轮、制动杆等
					ZCuPb30 (铅青铜)	航空发动机、柴油发动机曲轴和连杆的轴承
					ZCuAl18Mn13Fe3Ni2 (铝青铜)	形状简单的大型铸件,如衬套、齿轮和轴承
					ZCuAl18Mn13Fe3 (铝青铜)	较高荷载的轴套、齿轮和轴承

① 表中介绍了铜合金代号的编制方法,铜合金牌号的编制方法可参阅有关资料。

第三节　常用非金属材料

一、塑料

(一)组成

塑料是一种以合成树脂为主要成分的高分子材料,它由合成树脂和添加剂组成。合成树脂是其主要成分；添加剂是为了改善塑料的使用性能或成形工艺性能而加入的其他组分，包括填料（又称填充剂或增强剂）、增塑剂、固化剂（又称硬化剂）、稳定剂（又称防老化剂）、润滑剂、着色剂、阻燃剂、发泡剂、抗静电剂等。

（二）分类及应用

工程上应用于制造机械零件、工程结构件的塑料，称为工程塑料，如聚甲醛、ABS 等。这类材料具有类似金属的力学性能。

常用工程塑料按其加热和冷却时所表现的性质，可分为热塑性塑料和热固性塑料两类。

1. 热塑性塑料

热塑性塑料又称为热熔性塑料。这类塑料受热时软化，并可使之熔融为可流动的黏稠液体，冷却后成型并保持既定形状；若重新加热，则又可软化成熔融状，如此可反复进行多次。聚氯乙烯、聚苯乙烯、聚乙烯、聚酰胺（尼龙）、ABS、聚四氟乙烯（F-4）、聚甲基丙烯酸甲酯（有机玻璃）等，均属于这类塑料。

2. 热固性塑料

热固性塑料的软化与固化是不可逆的。这类塑料在一定温度下软化熔融，可以塑成一定形状，继续加热一段时间或加入固化剂后即硬化成型；固化后不能再加热软化，温度过高便会自行分解变质。酚醛塑料、氨基塑料、环氧树脂塑料均属于这类塑料。

工程塑料具有以下主要优点：质轻、比强度高；耐蚀性、耐磨性与自润滑性能良好，绝缘性、耐电弧性、隔声性、吸振性优良；工艺性能好。其主要缺点是：强度、硬度、刚度低；耐热性、导热性差，热膨胀系数大；易燃烧，易老化。

工程塑料主要用于制造各种罩壳，轻载齿轮，干摩擦轴承，轴套，密封件，各种耐磨、耐蚀结构件，绝缘件等。

二、橡胶

橡胶是在生胶（天然橡胶或合成橡胶）中加入适量的硫化剂和配合剂组成的高分子弹性体。最常用的硫化剂是硫黄，将一定量的硫化剂加入生胶，按照规定的工艺进行加热、保温，使塑性的生胶变成高弹性的硫化胶的过程，称为硫化。配合剂是为了使橡胶具有其他必要性能而加入的除硫化剂以外的各种添加剂，如补强剂、软化剂、填充剂、防老化剂（抗氧化剂）、硫化促进剂、活性剂及着色剂等。

橡胶材料的特点是：极高的弹性、可挠性，优良的化学稳定性、耐蚀性、耐磨性、吸振性、密封性，较高的韧性，以及能很好地与金属、线织物、石棉等材料相连接。

橡胶按用途可分为通用橡胶和特种橡胶两大类。通用橡胶有丁苯橡胶、顺丁橡胶、丁腈橡胶、氯丁橡胶等，主要用于制造在一般条件下工作的传动件及减振、防振件和密封件，如轮胎、运输带、管道、胶板、耐油垫圈、防振件等；特种橡胶有聚氨酯、乙丙橡胶、氟橡胶、硅橡胶、聚硫橡胶等，主要用于制造在某些特殊环境下工作的各种制品，如耐磨件、散热管、电绝缘件、高级密封件、耐热零件等。

三、陶瓷

（一）组成

陶瓷是以离子键及共价键为主要结合力，由金属元素和非金属元素的无机化合物构成的多相无机非金属材料，其显微结构中一般由结晶相、玻璃相及气孔组成，且各相的组成、数量、形状及分布又极不相同，故不同品种的陶瓷在性能上有很大的差别。

（二）性能特点

1. 力学性能

（1）硬度 一般陶瓷都具有很高的硬度和较好的耐磨性，如氧化铝陶瓷（Al_2O_3）与氮化硅陶瓷（Si_3N_4）都具有极高的硬度，常用作刀具材料。

（2）塑性 陶瓷的塑性很差，受外力作用时，一般只产生小的弹性变形，几乎不产生塑性变形。

（3）强度 陶瓷中的气孔较多，起应力集中作用，所以抗拉强度和抗剪强度很低。但陶瓷的结合键属于强结合键，其抗压强度很高。

（4）高温性能 陶瓷的重要特点之一是耐高温，熔点一般都在 2000℃ 以上，具有很高的高温硬度和抗氧化能力，广泛用作高温材料。如电炉的炉膛、发动机的燃烧室、喷嘴等。

2. 化学性能

陶瓷的结构稳定，不易氧化，对大多数酸、碱、盐的腐蚀具有良好的抗力，可用于化工生产。但多数陶瓷材料均不耐熔盐与熔融金属的侵蚀。

3. 功能特性

功能材料是指工业应用中具有电、磁、光、声、热等特定物理功能的各类材料。陶瓷具有很多优良的特定功能，是重要的功能材料之一。

（1）电性能 陶瓷的电阻率极高，是优良的绝缘材料，常用作绝缘陶瓷（如绝缘子、绝缘套管等）、装置陶瓷（如电子管座、波段开关等）。有些陶瓷具有半导体特性，可用作整流元件。

（2）磁性能 磁性瓷（又名铁氧体或铁淦氧）是优异的非金属磁性材料，具有很高的高频磁导率，常用来制作铁心和用作磁带的重要记录材料。

（3）光学性能 某些陶瓷材料（如 Al_2O_3 等金属氧化物）掺有铬离子时可产生激光，是重要的固体激光器材料。光导陶瓷纤维常用作光通信的传输介质，还可用作光敏电阻材料等。此外，陶瓷还常用作热敏电阻材料、光敏电阻材料、超声换能器、水声换能器、机械能与电能相互转换的功能转换材料等。

（三）分类与应用

根据陶瓷的化学组成、显微结构及性能的不同，可将陶瓷分为普通陶瓷和工程陶瓷两大类。

1. 普通陶瓷

普通陶瓷即传统意义上的陶器和瓷器。其主要制作原料有粘土、高岭土、石英、长石等。这类陶瓷具有质地坚硬、绝缘、耐蚀、耐高温（1200℃）等特点，工艺性能好，成本低廉，用量很大；主要缺点是脆性大。在工业上常用于电器绝缘瓷、建筑用瓷和化学陶瓷等。

2. 工程陶瓷

工程陶瓷即所谓的特种陶瓷，其种类很多，在工业上应用非常广泛。下面简要介绍几种重要的工程陶瓷。

（1）氧化铝陶瓷 氧化铝陶瓷是一种以 Al_2O_3 为主要成分的陶瓷（Al_2O_3 的质量分数大于45%），具有熔点高、耐热性好、抗氧化能力强、硬度高（室温硬度仅次于金刚石和立方氮化硼）、强度高（比普通陶瓷高5倍）、高电阻率和低热导率等特点，常用作高温材料

（如火花塞、坩埚、电炉炉管等）、耐磨材料（刀具等）、绝缘材料与绝热材料。

（2）氮化硅陶瓷 氮化硅陶瓷具有硬度高、摩擦因数小、自润滑性能好、耐蚀性能优异（可耐除氢氟酸以外的各种无机酸、碱溶液及镍、锌、铝等有色金属熔融液的侵蚀）、耐高温性好（1200℃以下力学与化学性能稳定，热胀系数小）等特点，常用作高温轴承、耐磨耐蚀的密封环、气缸、活塞、刀具和模具等。

（3）氮化硼陶瓷 氮化硼陶瓷晶体结构有两种：一是六方晶型，可按粉末冶金工艺成型，其制品硬度低，切削性能好，具有耐热、抗热冲击、自润滑性、高温下绝缘、耐蚀等特点，常用作各种高温耐磨材料、绝缘材料与容器材料；二是立方晶型，主要特点是硬度高（其硬度仅低于金刚石），主要用作耐磨刀具、高温模具和磨料等。

第四节 新 材 料

一、复合材料
（一）组成与性能特点

复合材料由基体材料与增强材料两部分组成。其基体材料一般为强度较低、韧性较好的材料；增强体材料一般是高强度、高弹性模量的材料。基体材料、增强体材料均可以是金属、陶瓷或树脂等材料。通过"复合"，使不同组分的优点得到充分发挥，缺点得以克服，满足使用性能的要求。建筑上的钢筋混凝土、汽车轮胎（在橡胶中加入尼龙帘子线或钢丝增强体）都是典型的复合材料。

复合材料的性能特点是：密度小；比强度、比弹性模量高；抗疲劳性能、高温性能好；具有隔热、耐磨、耐蚀、减振性以及特殊的光、电、磁方面的特性。

（二）复合材料的分类

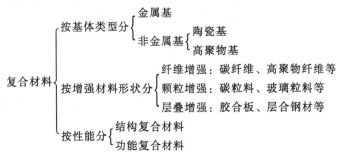

（三）几种常用的复合材料
1. 碳纤维树脂复合材料

碳纤维树脂复合材料是由碳纤维（增强体）与树脂（基体，一般是聚四氟乙烯、环氧树脂、酚醛树脂等）复合而成的材料。其优点是比强度、比弹性模量大，冲击韧度高，化学稳定性好，摩擦因数小，耐湿、耐热性好，耐 X 射线能力强。缺点是：各向异性程度高，基体与增强体的结合力还不够大；耐高温性能不够理想。常用于制造机器中的承载、耐磨零件及耐蚀件，如连杆、活塞、齿轮、轴承、泵、阀体等；在航空、航天、航海等领域内用作某些要求比强度、比弹性模量高的结构件材料。

2. 玻璃钢

玻璃钢是由玻璃纤维织物（增强体）与热固性塑料（基体，如环氧树脂等）复合而成的材料。其比强度高，耐蚀性、吸振消声性、介电性能优良，易透过电波，但刚度较低，耐热性较差，易老化。这是目前应用非常广泛的一种复合材料，常用于制造要求自重小的受力结构件，如飞机、舰艇上的高速运动零件，各类车辆的车身、发动机罩等；在电气、石油化工等工程上也得到了广泛应用，如抗磁、绝缘仪表的元器件、压力容器等。

3. 金属陶瓷

金属陶瓷是一种将颗粒状的增强体均匀分散在基体内得到的复合材料。其增强体材料是硬度高、强度高、耐磨性好、耐热性好以及膨胀系数很小的氧化物（如 Al_2O_3、MgO、BeO、ZrO 等）及碳化物（如 TiC、WC、SiC 等）；基体材料是 Fe、Co、Mo、Cr、Ni、Ti 等金属。常用的硬质合金就是以 WC、TiC 等为增强体，金属 Co 为基体的金属陶瓷。金属陶瓷常用作耐高温零件及切削加工刀具的材料。

二、纳米材料

纳米材料是 20 世纪 80 年代初发展起来的新材料领域，它具有奇特的性能和广阔的应用前景，被誉为 21 世纪的新材料。纳米材料又称超微细材料，其核子粒径范围在 $1 \sim 100nm$（$1nm = 10^{-9}m$）之间，即指至少在一维方向上受纳米尺度（$0.1 \sim 100nm$）限制的各种固体超细材料。纳米技术是研究电子、原子和分子运动规律和特性的高新技术。

纳米材料分类如下：

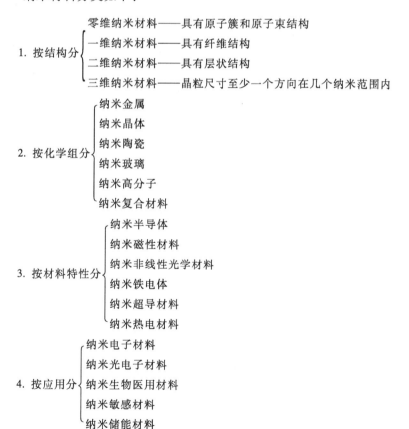

纳米材料具有一系列优异的电、磁、光、力学、化学等宏观特性，从而使其作为一种新型材料在电子、冶金、宇航、生物和医学领域展现出广阔的应用前景。

三、信息材料

1. 集成电路材料

单晶硅目前占半导体材料的 95% 左右，20 世纪 80 年代单晶硅尺寸为 $\phi203.2mm$（8in），现已达 $\phi254mm$（10in），大大提高了集成度，但还不适应发展需求。利用分子束外延技术制造超晶格是当前最活跃的领域。利用这种技术，可使集成电路超小型化和多功能化。此外继硅之后又发展了化合物半导体，如砷化镓 GaAs，它具有高效率、低能耗、高速度集成电路的性能。

2. 信息存储材料

过去存储以磁记录为主，其材料包括 Pe_2O_3-Fe_3O_4、CO-Fe_2O_3、CrO_2 等，20 世纪 50 年代开始研究金属膜记录材料。目前发展出沉积在有机膜上的 Co、CoNi、CoNiCr 等溅射连续膜及 CoCr/NiFe 垂直记录膜，其密度都超过了铁氧体粉记录膜。

近年来光存储和磁光存储材料发展很快，这些材料不仅密度高、寿命长，而且保真度高。磁光材料最初为稀土与过渡族金属非晶态薄膜，如 GdCo，近年来三元合金如 GdTbFe 和 CoTbFe 有更好的效果。我国要建立自己的高性能磁头产业，必须突破薄膜制造，开发面密度为 $1 \sim 10Gbit/in^2$ 的硬磁盘介质。

此外，可擦重写光盘目前又主要分为用稀土——过渡金属（RE-TM）合金为记录介质制成的磁光盘和用多元半导体元素为记录介质制成的相变光盘。

3. 光通信材料

光通信材料以近几年来得到快速发展的光导纤维为主。光通信就是由电信号通过半导体激光器变为光信号，而后通过光导纤维作长距离传输，最后再由光信号变为电信号为人接收。光传输损耗小、输送量大、距离长，其他方式传输则需要中间放大。传输质量完全取决于光导纤维的材质，较早的光导纤维是高纯石英加上少量掺物（如 P、Ge），近期的光导纤维光损耗已降到 $0.01 \sim 0.001dB/km$。新研制的新型氟化玻璃有可能实现 $3 \times 10^{-4}dB/km$ 的低损耗，这样，即使很长距离传输也无需中间放大。

4. 传感器与敏感材料

传感器是控制系统的耳目，而敏感材料又是传感器的基础。外界条件的变化，如声、光、电、热、磁力和各种气氛的变化可能引起材料发生变化，这就发展了敏感材料。

目前这方面很多是采用陶瓷材料，如热敏材料，一般采用金属氟化物的烧结体，形成负温度系数热敏电阻，其灵敏度可达 $10^{-6}℃$；湿度敏感材料 ZrO-Cr_2O_3 系陶瓷对空气中水蒸气十分敏感，可用作湿敏器件；气体敏感材料 SnO_2 用于可燃气体的检测；V_2O_3 加微量银制成薄膜，可测体积分数为 1×10^{-6} 的 NO_2。压力传感器是利用陶瓷的压电效应，如 $BaTiO_3$、$PbTiO_3$ 等都对压力的变化很敏感。目前发展的趋势是多功能化，即一个敏感器上具有多重功能，如 $MgCr_2O_4$-TiO_2 及 $BaTiO_3$-Sr-TiO_2 系多孔陶瓷，分别为温度-气体及温度-湿度传感器。

四、能源材料

凡是涉及能源的产生、转化、输送与存储等方面的材料都认为是能源材料。

1. 高临界温度超导材料

1911 年发现超导现象，但在相当长的时间内一直没有突破液氢温度（4K），如 NbTi 和 Nb_3Sn 等。1986 年 4 月瑞士科学家发现更高温度（30K）的 LaBaCuO 系超导体，受到全世界的重视。我国 1992 年成功研究出最高临界温度为 127.5K 的 Ti 系超导材料。但当前的氧化物高温超导作为实用材料还存在很大差距，主要是制造工艺、稳定性和高电流密度等问题还没有完全解决。

2. 永磁材料

磁性材料主要用于信息产业，如信息存储、控制元件等。现代永磁材料钕铁硼（$Fe_{14}Nd_2B$）在制造永磁电极、磁性轴承、耳机及微波装置等方面有十分重要的用途，目前最好的磁性材料 Co_5Sm 将被它代替。为了探索更好的稀土永磁合金，最近又出现了钐铁氮系永磁合金（$Fe_{17}Sm_2N_{3\sim8}$），它有较高的居里点（470℃），但 N 的偏析问题尚未很好地解决。

3. 太阳能转化技术

据估计地球表面每年从太阳获得的能量折算为电能达 $6\times10^{17}kW\cdot h$，比全球年耗总量大一万倍，利用太阳能的关键是光电转换材料，它必须高效、长寿、价廉。当前最高效的是 GaAs（转换效率达20%），但价格太高，难以普及；现在多晶硅又得到重视，其转换效率在 10% 以上，相对 GaAs 价格不高，稳定性较好。目前着重通过弄清光电转换机制，在微观的层次上，使用分子设计的方法发展新型光电转换材料。

4. 有机分离膜

当前大多数化工合成和分离都是在高温高压下进行的，工艺和装备复杂，又耗能。近年来利用膜的不同孔径把不同物质分开，从而达到节能的目的，目前已实现工业化。如合成氮气中的氢（体积分数为 5%）可通过分离膜而回到流程中再利用。海水淡化也可利用分离膜把盐和水分开。当前更热门的是氮氧分离，氧的富集可以提高燃烧效率，如氧达 40%（体积分数）时，燃烧效率可提高 30%。目前已研究出兼有催化功能的分离膜，从而可以实现化学合成与组分分离的同时进行。

5. 环境材料

材料科学是与环境、能源密切相关的科学技术。在材料的提取、制备、生产以及制品的使用与废弃过程中，常需消耗大量的资源和能源，并排放出废气、废水、废渣，污染着人类生存的环境。1988 年，日本人提出了环境调和型材料的概念，简称为环境材料。开发环境相容的新材料及其制品，并对现有材料进行环境协调性改进，是环境材料研究的主要内容。目前环境材料在完善各种材料的 ICA 评价体系的基础上，还研究了天然材料的开发（如多孔性人工木材）、可回收材料的设计和开发（如金属材料）、超高性能材料的开发（如超纯净钢）。

在常规材料中也有许多与能源有关的材料科学问题，如为了提高动力机械的热效率，很大程度上依赖于材料性能的改善，提高材料的耐热温度和绝热材料的绝热能力就是途径之一，在该领域研究得较多的是工程陶瓷。为了节能，发展运动机械的轻量化技术已被充分重视，这就促进了高比强度和高比刚度的新材料的发展。

五、生物材料和智能材料

生物材料是指用于生物体的材料。这类材料自 20 世纪 60 年代开始发展，已形成很大产业。它所包括的范围很广，如人工器官、生物传感器、血液制品、药物输送机构、外科材料等。生物材料一般要求十分严格，必须无毒、不产生过敏反应、与生物组织相容性好、不致癌、不产生血凝或血溶、在生物体内不分解或产生沉淀等。

常用生物材料有金属（钛、不锈钢、钴铬钼合金）、陶瓷（氧化铝、铝酸钙、生物玻璃 $Na_2O\text{-}CaO\text{-}Si_2O\text{-}P_2P_5$）、碳素材料及多种高分子材料和各种复合材料。到目前为止，除了神经系统外，几乎各种器官都能做出来，而且有好的生物功能，如人工肌肉与人工心脏的伸缩功能、人工肾脏的选择渗透功能、人工血液的输氧功能以及人工脾脏的生物活性物质分泌功能等，这些多数是有机高分子材料，如聚乙烯、聚胺基甲酸乙酯、聚四氟乙烯等。但有机材料的老化是一个亟待解决的问题。

从能源观点来看，生物体系有极高的效率；从信息处理系统来看，人的耳、眼的能量感度和舌、鼻的物质感度都是人工传感器的百万倍以上，人脑的存储量也大大高于现代计算机。因此，生物材料这一研究领域的深度和广度目前尚不可预测。

受生物的启发，近年来又提出了智能材料的设想，所谓智能材料就是对材料的工作环境可进行判断并产生相应的反应，从而使材料性能与使用要求相适应。类似人手在劳动过程中产生老茧，高锰钢在受到冲击载荷之后表面变硬，从而成为保险柜、坦克、拖拉机履带的材料。像有的生物具有自愈合功能一样，有的材料也可产生自愈合，或者在应力作用下裂纹尖端产生松弛作用而阻止裂纹生长。形状记忆合金也是一种智能材料。另一种智能材料具有预报材料损伤情况的功能，从而提高材料的使用安全程度，它通过在材料中埋入传感器，用光纤连接，进行监控，以做到最合理地使用材料。

第五节　机械零件的选材

材料是构成机械零件实体的物质，也是零件制造过程中进行加工处理的基本对象。因此，材料的选择对零件的制造质量与制造工艺过程的经济性等具有极其重要的影响。

一、选材的一般原则

选择机械零件的材料及其强化方法时，必须满足使用性能、工艺性能和经济性三方面的要求。

1. 使用性能

零件的使用性能是指其在一定的工作条件下工作所必须具有的性能，主要包括力学性能、物理性能和化学性能。

机械零件在使用过程中丧失其规定功能的现象称为失效。其主要失效形式有变形、断裂和表面损伤三种类型，见表2-1-8。

表2-1-8　机械零件的主要失效形式

失效形式		含　义	零件举例
变形	过量弹性变形	工作载荷和（或）温度使零件产生的弹性变形量超过零件匹配所允许的数值	细长轴、薄壁件以及尺寸与匹配关系要求严格的精密零件
	塑性变形	零件承受的工作应力大于材料的屈服强度,导致产生塑性变形	连杆螺栓、软齿面齿轮等
断裂	低应力脆性断裂	一些含有裂纹源的高强度构件,在工作应力远低于材料屈服点的条件下,因裂纹扩展、失稳而快速断裂的现象	硬质合金刀具、冷作模具等
	疲劳断裂	零件在交变应力作用下,导致微裂纹的产生与扩展,使之在工作应力远低于材料屈服强度的条件下快速断裂的现象	弹簧、桥梁、压力容器、曲轴、连杆、齿轮等
	蠕变断裂	在长期高温和应力作用下产生塑性变形而导致断裂	高温炉管、换热器等
表面损伤	磨损	因相对摩擦而使零件的尺寸变化,质量减小	量具、刃具、推土机铲斗等
	表面接触疲劳	在交变接触应力作用下,使金属次表层产生裂纹,因裂纹扩展而使零件表面局部剥落	凸轮、齿轮、滚动轴承等点或线接触的高副传动机构零件
	腐蚀	零件在周围介质的化学或电化学作用下,表面状态受到破坏,有效截面积减小	化工容器、管道等

变形、断裂、表面损伤等失效形式在零件失效前都会出现一定的宏观变化，较易发现并容易防止发生重大事故。低应力脆断失效在零件失效前没有宏观先兆，往往是突然发生，危险性和破坏性极大，在选材、加工制造过程中尤应严格要求。

进行机械零件选材时，主要以零件的使用性能要求作为选材的首要依据。一般零件都在受力条件下工作，因此通常以材料的力学性能要求作为选材的主要指标。只有零件在特殊条件下工作时，才将材料的物理性能和化学性能上升为选材的主要指标。

寻求既具有高强度，又具有足够韧性的材料，即实现材料的强韧化，对于生产具有极其重要的意义。一般来说，材料的强度提高，则其塑性和韧性下降。在合理匹配材料的强度和韧性时，应注意防止以下两种倾向：①盲目追求韧性储备，使材料的使用强度水平下降，导致产品粗大笨重，效率低，成本高；②盲目追求高强度，忽视韧性储备，导致零件容易发生断裂失效。

对于在特殊环境下工作的零件来说，选材时必须充分考虑其物理性能和化学性能。例如，热作模具必须考虑材料的耐高温冲击性能，常选铬锰铝钼、铬钨钼、铬镍钼等钢种，耐酸容器与管道必须考虑材料的耐蚀性，常选用不锈钢和工程塑料等材料；变压器铁心要求有良好的导磁性，因而选用硅钢片制造。

2. 工艺性能

材料具有良好的工艺性能，便于加工制造，则既容易保证制造质量，又能够降低制造成本。反之，则会增加制造工艺的复杂性，提高制造成本，也难以保证制造质量。因此，选材时必须对材料的工艺性能，即材料适应制造工艺的能力进行分析。小批量生产时，材料工艺性能的影响不是很大；大批量生产时，材料工艺性能的好坏则可能成为决定性的因素。

对于不同的工艺性能来说，同一种材料可能有不同的表现。例如，灰铸铁的铸造性和切削加工性很好，但其锻造性和焊接性却很差。因此，选材时应从整个制造过程考虑材料的工艺性能，进行综合权衡。此外，即使对于同一种工艺性能，由于工艺条件的不同，同一种材料的表现也不一样。因此，生产中常通过改变工艺规范、调整工艺参数、改进刀具和设备或通过热处理改性等途径来改善材料的工艺性能。

3. 经济性

在满足使用性能要求的前提下，选材时应充分重视材料的经济性，以降低零件的总成本。

价格是影响材料经济性的重要因素。在金属材料中，碳钢和铸铁的价格较低，同时又有较好的工艺性能，可以降低制造成本，在满足零件使用性能要求的前提下应尽量选用。资源的丰富与否是影响材料价格的一个重要因素。我国铬资源较少，镍、铬类合金钢的价格一般较高，所以应尽量选用我国资源丰富的锰、硅、硼、铝、钒类合金钢来代替镍、铬合金钢。此外，采用适当的强化方法，提高廉价材料的使用价值，往往可以获得良好的经济效益。

分析材料的经济性，仅考虑其自身价格是不够的，还必须考虑所选材料对总的制造费用和零件质量、寿命的影响。制造费用在零件的总成本中往往占相当大的比例。采用制造工艺复杂的廉价材料制造零件，不一定比采用工艺性能好而价格较高的材料经济性好。例如，模具的制造费用昂贵，而其材料费用只占总成本的 6% ~ 20%。因此，采用价格较贵但使用寿命长的合金钢或硬质合金制造模具比采用价格低廉但使用寿命短的碳素工具钢更为经济。

材料的经济性还表现在其供应条件方面。选材时应尽量选用标准化、系列化和通用化的材料，同时应尽量减少一个企业所需材料的品种和规格，就近避远，以保证材料供应，简化有关的管理工作，降低材料的采购、保管成本。

二、典型零件的选材举例

根据前述机械零件材料选择的基本原则，同时考虑到材料的强化对其性能的影响，一些常用机械零件材料的选择示例见表 2-1-9。

表 2-1-9 常用机械零件材料的选择示例

零件类型	工作条件		选用材料	改性工艺	性能	应用举例
轴	低速，轻、中载荷，稍有冲击		45	淬火 + 中温回火	40 ~ 45HRC	小轴、心轴等
	中速、中载，承受交变弯曲与扭转应力，但冲击较小		45、40MnVB 40Cr、40MnB	调质，轴颈局部表面淬火	整体：220 ~ 250HBW 轴颈表面：46 ~ 51HRC	滚齿机和机床主轴等
	低、中载及低速条件下工作的大轴		50Mn2	调质	250 ~ 280HBW	重型机床大轴等
	低、中速，承受交变应力及冲击		QT600-3	正火，轴颈局部表面淬火	整体：240 ~ 300HBW 轴颈表面：46 ~ 50HRC	低、中速柴油机曲轴等
			45，40Cr 45Mn2	同上	整体：160 ~ 217HBW 轴颈表面：55 ~ 63HRC	
齿轮	低速、轻载、冲击小	小齿轮	45	正火	170 ~ 200HBW	精度低的一般齿轮
		大齿轮	QT600-3	正火	197 ~ 269HBW	
	中速、中载、承受一定冲击、传动较平稳	小齿轮	45	调质	200 ~ 250HBW	机床齿轮等
			45	整体淬火	38 ~ 48HRC	
			40Cr，40MnB	调质	230 ~ 280HBW	
		大齿轮	35	调质	190 ~ 230HBW	
			45，50	调质	220 ~ 250HBW	
	中速重载、承受较大冲击	小齿轮	45	整体淬火	38 ~ 48HRC	汽车、拖拉机变速器齿轮等
				表面淬火	45 ~ 50HRC	
			40Cr，40MnB，40MnVB	整体淬火	35 ~ 42HRC	
				表面淬火	52 ~ 56HRC	
		大齿轮	35	表面淬火	35 ~ 40HRC	
			45	调质	220 ~ 250HBW	
			45，50	表面淬火	45 ~ 50HRC	
箱体	工作平稳，低、中载		HT200	去应力退火或自然时效	$R_m = 200MPa$	机床箱体
	载荷较大、冲击较强		ZG270-500	去应力退火	$R_{eL} = 270MPa$ $R_m = 500MPa$	轧钢机架、重型减速器箱体

第二章

毛坯制造方法的选择

毛坯的选用主要包括毛坯的材料、类型和生产方法的选用。选用正确与否直接关系到毛坯的制造质量、工艺和成本，并影响到机械加工质量、工艺和成本等。

毛坯的质量主要是指合格毛坯本身能满足用户要求的程度。它主要包括外观质量、内在质量和使用质量。其中，外观质量包括毛坯表面粗糙度值、尺寸精度、质量偏差、形状偏差和表面缺陷等；内在质量包括毛坯的物理性能、力学性能、金相组织、化学成分、偏析、内应力、致密度、内部缺陷等；使用质量包括毛坯的抗疲劳性能、高温及低温力学性能、耐磨性、耐蚀性和精度保持性等。毛坯材料的选用是保证产品内在质量的一个主要因素，已在本书相关篇章中述及，这里不再重复。本章重点讨论毛坯类型及生产方法的选用。

机械制造中常用的毛坯有各种轧制型材、铸件、锻件、焊接件、冲压件、粉末冶金件以及注射成形件等。随着现代焊接工艺的不断发展和完善，"铸-焊"、"锻-焊"等联合加工提供毛坯的方法日益广泛地得到应用。

影响毛坯选用的制约因素很多，包括零件的性能要求和工作条件、零件的设计形状和尺寸、生产批量、生产条件等。

毛坯的选用是一个比较复杂的系统工程问题，必须遵循正确的原则和方法，进行系统的分析与综合，以达到优质、高效、经济性好的总目标。

第一节　毛坯选用的原则

一、满足材料的工艺性能要求

零件的选材与毛坯的选择有着密切的关系，零件材料的工艺性能直接影响着毛坯生产方法的选用。按工艺方法的不同，金属材料可分为铸造合金和压力加工合金两大类。各种材料与毛坯生产方法的关系见表2-2-1。表中"○"表示各种材料适宜或可以采用的毛坯生产方法。

表 2-2-1　材料与毛坯生产方法的关系

材料 ＼ 毛坯生产方法	砂型铸造	金属型铸造	压力铸造	熔模铸造	锻造	冷冲压	粉末冶金	焊接	挤压型材改制	冷拉型材改制	备注
低碳钢	○			○	○	○	○	○	○	○	
中碳钢	○			○	○	○	○	○		○	
高碳钢	○			○	○	○	○	○		○	
灰铸铁	○	○						○			
铝合金	○	○	○		○	○	○	○	○	○	
铜合金	○	○	○		○	○	○	○		○	
不锈钢	○			○	○	○	○	○		○	

（续）

材料 ＼ 毛坯生产方法	砂型铸造	金属型铸造	压力铸造	熔模铸造	锻造	冷冲压	粉末冶金	焊接	挤压型材改制	冷拉型材改制	备注
工具钢和模具钢	○	○		○	○		○	○			
塑料								○	○		可压制及吹塑
橡胶									○		可压制

表2-2-1可以帮助我们粗略地估计各种毛坯生产方法所能适用的材料及各种材料所能适应的毛坯生产方法。例如，碳钢主要适用于锻造生产，但其中某些牌号的碳钢也有较好的铸造性能。这时就应在满足力学性能要求的前提下，根据材料工艺性能的好坏来作出抉择。应当指出，由于铸铁、铸铝等铸造合金的焊接性一般都较差，因而在采用"铸-焊"方法制备毛坯时，主要是利用各种铸钢。

二、满足零件的使用性能要求

零件的使用要求包括零件的工作条件（通常指零件的受力状况、工作环境和接触介质等）对零件形状、尺寸及性能的要求。

1. 不同结构零件的毛坯生产方法的选用

各种零件具有不同的结构、形状与尺寸，应选择各自相适应的生产方法。通常，质量超过100kg的毛坯，宜采用砂型铸造、自由锻造或拼焊这三种毛坯制造方法。砂型铸造生产的毛坯不受尺寸和形状的限制。自由锻造生产的毛坯比较简单。质量超过1.5t的锻件需用水压机进行锻造。拼焊的大型毛坯可用厚钢板、铸钢件或锻件作为毛坯组件，再通过焊接而成毛坯。小型毛坯的生产方法较多，应根据其具体的形状选用适当的生产方法，选用时可参考表2-2-2。

表2-2-2 常用毛坯生产方法的特性比较

毛坯生产方法		最大质量/kg	最小壁厚/mm	形状的复杂性	生产类型	尺寸公差等级	毛坯尺寸公差/mm	表面粗糙度 Ra 值/μm	主要适用材料	对材料工艺性能的要求
铸造	木模手工砂型	不限制	5	最复杂	单件及批量生产	IT14~IT16	1~8		各种铸铁、铸钢和非铁合金	流动性好，收缩率小，产生偏析及气孔的倾向小
	金属模机器造型	≤250	3	最复杂		IT14级左右	1~3			
	离心铸造	≤200	3~5	主要是空心旋转体	大批及批量生产	IT15~IT16	1~8	12.5		
	金属型铸造	≤100	1.5	受能否起模限制		IT12~IT14	0.1~0.5	6.3~12.5	各种非铁合金，也可用于铸铁	
	压力铸造	≤10~16	0.5（锌）1.0（其他合金）			IT11~IT13	0.05~0.15	0.8~3.2	各种非铁合金	
	熔模铸造	小型零件	0.85	非常复杂	单件、成批及大批生产	IT11~IT14	0.05~0.2	1.6~12.5	高熔点合金及铸钢	
锻造	自由锻造	不限制	不限制	简单	单件、小批生产	IT14~IT16	1.5~10		低、中碳钢及合金钢	塑性好、变形抗力小
	锤上模锻	≤100	2.5	受能否起模及制造难易限制	成批及大批量生产	IT12~IT14	0.4~2.5	12.5		
	卧式锻造机上模锻	≤100	2.5			IT12~IT14	0.4~2.5	12.5		
	精密模锻	≤100	1.5			高于IT10	0.05~0.1	0.8~3.2		
冷挤压		小型零件		简单	大批量	IT6~IT7	0.02~0.05	0.8~1.6	低碳钢、有色金属及其合金	

（续）

毛坯生产方法		最大质量/kg	最小壁厚/mm	形状的复杂性	生产类型	尺寸公差等级	毛坯尺寸公差/mm	表面粗糙度 Ra 值 /μm	主要适用材料	对材料工艺性能的要求
冷冲压		材料厚度：0.2~6mm		受能否拔模及制造难易限制	大批量	IT9~IT12	0.05~0.5	0.8~1.6	低碳钢、合金钢、非铁合金	足够的塑性
粉末冶金		尺寸范围：宽:5~12mm 高:3~40mm		简单	大批量	IT6~IT9	0.02~0.05	0.1~0.4		成形性与可塑性好
熔焊	气焊	不限制	1	较复杂	单件及成批生产	IT14~IT16	1~8		碳钢、合金结构钢、有色金属及其合金	良好的焊接性
	焊条电弧焊		2							
	电渣焊		40	简单						
	压力焊		<3							
型材	热轧	圆钢直径范围：$\phi10$~$\phi250$mm		圆钢方钢扁钢角钢槽钢六角钢	各种	IT14~IT16	1~2.5	6.3~12.5	碳钢、合金结构钢、非铁合金	
	冷拉	圆钢直径范围：$\phi3$~$\phi60$mm			大批量	IT9~IT12	0.05~0.5	1.6~3.2		

2. 不同内在质量零件的毛坯生产方法的选用

一般来说，铸件的力学性能低于同材质的锻件。因此，对于受力复杂或在高速重载下工作的零件常选用锻件。焊接结构由于主要使用轧材或配合使用锻件/铸钢件装配焊成，故其内在质量也比较高。

3. 不同条件下工作零件的毛坯生产方法的选用

零件的工作条件不同，对其性能要求也不相同，相应的毛坯材料及生产方法必须满足这些要求。例如，由于灰铸铁的抗振性能好，机床床身和动力机械的缸体常选用灰铸铁，并选用铸造方法生产，即可满足其使用性能与工艺性能要求。但是对轧钢机机架来说，由于其受力较大而且比较复杂，为了防止变形，要求结构刚度和强度较高，故常采用铸钢件。

三、降低制造成本

零件的制造成本包括所消耗的材料费用、燃料和动力费、工资、设备和工艺装备的折旧费和修理费、废品损失费以及其他辅助费用等。在选择毛坯的类型及生产方法时，通常是在满足零件使用要求和工艺性要求的前提下，对几个可供选择的方案从经济上进行分析比较，从中选择总成本较低的方案。

毛坯的生产成本与批量的大小关系极大。当零件的生产批量很大时，应采用高生产率的毛坯生产方法，如冲压、模锻、注射成形以及压力铸造等。这样虽然模具费用高、设备复杂，但批量越大，单件产品分摊的模具费用就越少，成本就相应下降。当零件的批量小时，则应采用自由锻造、砂型铸造等毛坯生产方法。某种连杆毛坯的三种制造方法（自由锻、模锻和铸钢）的毛坯生产成本同生产批量之间关系的曲线如图 2-2-1 所示。图中，三条曲线的交点 A、B、C 分别表示采用这三种毛坯生产方法的经济批量的临界值。当批量小于 A 点的件数（11件）时，自由锻造比铸钢经济；当批量大于11件时，每件铸钢毛坯的模样费用由于分摊而减小，铸钢就比较合理，模锻与铸钢的成本曲线相交于 C 点（393 件），说明批量超过 393 件时，以模锻最经济。

分析毛坯生产方法的经济性时，不能单纯考虑毛坯的生产成本，还应比较毛坯的材料利用率和后续的机械加工成本，从而选用总制造成本最低的最佳毛坯生产方法。这就要求在选择毛坯的生产方法时，必须密切注意毛坯制造技术的发展状况，大力采用新技术、新工艺。

目前，多种少、无切削的毛坯生产方法已经得到广泛应用。它们既能节约大量金属材料，又能大大降低机械加工费用，从而使生产成本显著下

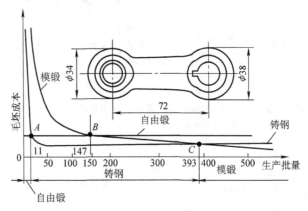

图 2-2-1 不同毛坯生产方法的连杆
毛坯成本和生产批量之间的关系

降。例如，汽车的差速齿轮生产采用精密模锻毛坯后，机械加工量大幅度减少，使班产量由 16 件猛增至 600 件，单件成本由 17 元骤降至 6 元，经济效益非常显著。此外，在选用毛坯时，采用以焊代铸，以铸代锻，以精冲代替切削加工，也能显著提高经济效益。例如，矿车制动闸由铸造毛坯改为焊接毛坯后，节约材料约 40%，节约工时近 50%。

四、符合生产条件

选用毛坯生产方法时，还必须分析本企业的设备条件和技术水平，充分考虑外协的可能性。当对外订货的价格低于本厂生产成本，且能满足交货期要求时，应当向外订货，以降低成本。

以上四项原则是相互联系的，应在保证毛坯质量要求的前提下，力求选用高效、低成本、制造周期短的毛坯生产方法。

第二节　典型机械零件毛坯的选用

常用机械零件按其形状和用途的不同，可分为轴杆类、盘套类和机架箱体类三大类。下面介绍这几类零件的结构特征、工作条件和毛坯的一般生产方法。

一、轴杆类零件毛坯的选择

轴杆类零件的结构特征是其轴向尺寸远大于径向尺寸。常见的有实心轴、空心轴、直轴、曲轴、同心轴、偏心轴、各类管件和杆件等。按承载不同，轴又可分为：转轴——工作时既承受弯矩，又传递转矩的轴，如车床的主轴、带轮轴等；心轴——仅承受弯矩而不传递转矩的轴，如自行车、汽车的前轴等；传动轴——主要传递转矩而不承受或仅承受很小弯矩的轴，如车床的丝杠等。

轴杆类零件一般都是各种机械中的重要受力和传动零件。装有齿轮和轴承的轴，其轴颈处要求有较好的综合力学性能，常选用中碳结构钢；承受重载或冲击载荷以及要求耐磨性较高的轴多选用合金结构钢。用这些材料制造的轴多采用锻件毛坯。某些具有异形断面或弯曲

轴线的轴，如凸轮轴、曲轴等可选用球墨铸铁件毛坯，以降低生产成本。一般直径变化不大的直轴可采用圆钢直接切削加工，而大多数轴杆类零件都采用锻造毛坯。在有些情况下，这类零件毛坯的生产方法也可采用锻-焊或铸-焊结合的方法。例如，汽车排气门零件采用将合金耐热钢的头部与普通碳钢的杆部焊成一体的方法生产毛坯，节约了较贵重的耐热钢材料。图 2-2-2所示的 12000t 水压机立柱毛坯也是铸-

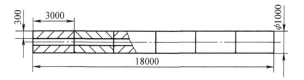

图 2-2-2 铸-焊结构的水压机立柱毛坯

焊结构毛坯。该立柱长 18m，净重 80t，采用 ZG 270-500，分成 6 段铸造，经粗加工后采用电渣焊连接成整体毛坯。

二、盘套类零件毛坯的选择

盘套类零件的结构特征是轴向尺寸小于或接近径向尺寸。常见的有齿轮、带轮、飞轮、手轮、法兰、联轴器、套环、垫圈、轴承环等。这类零件在机械中的使用要求和工作条件各异，因此它的所用材料和毛坯生产方法也各不相同。

下面以齿轮为例进行说明。齿轮运转时，轮齿是主要受力部分，齿面承受很大的接触应力和摩擦力，齿根部分承受弯曲应力，运转时有时还要承受冲击力，且以上应力作用均为交变载荷，所以轮齿表面要求有足够的接触强度和硬度，轮齿根部则要求有一定的强度和韧性。根据以上分析，一般中小齿轮应选用综合力学性能良好的中碳结构钢制造，承受较大冲击载荷的重要齿轮应选用合金渗碳钢制造，其毛坯均采用型材经锻造而成。结构复杂的大型齿轮（直径 400mm 以上）可采用铸钢件毛坯或球墨铸铁件毛坯，在单件小批生产条件下也可采用焊接件毛坯。形状简单、直径较小（＜100mm）的低精度、小载荷齿轮，在单件小批生产条件下可选用圆钢为毛坯；形状简单、精度要求较高、负载较大的中、小型齿轮可选用模锻件毛坯，但在单件小批生产条件下则应选用自由锻造毛坯；低速轻载的开式传动齿轮可选用灰铸铁毛坯；高速轻载低噪声的普通小齿轮，常选用铜合金、铝合金、工程塑料等材料，并采用棒料作毛坯或采用挤压、冲压或压铸毛坯。例如，大量生产仪表齿轮时，就常采用压铸件或冲压件齿坯。

带轮、飞轮、手轮等受力不大或以受压为主的零件通常采用灰铸铁件毛坯，单件生产时也可采用低碳钢焊接毛坯。

法兰、套环、垫圈等零件，根据受力情况及形状、尺寸等，可分别采用铸铁件、锻件或圆钢作毛坯；厚度小（＜40mm）、批量小时，也可用钢板直接下料作为毛坯。

三、机架箱体类零件毛坯的选择

机架箱体类零件的结构特征是，结构比较复杂，形状不规则，壁厚不均匀等。其工作条件差别很大，一般以承压为主，有些同时承受压、拉和弯曲应力的作用，还有些则承受冲击载荷和摩擦力作用等。常见的机架箱体类零件有各种机械设备的机身、机架、底座、横梁、工作台、减速器箱体、箱盖、轴承座、阀体、泵体等。图 2-2-3 所示为机架、箱体类零件。这类零件多要求有良好的刚度、密封性和减振性等，有的还要求具有较好的耐磨性，如工作台、导轨等。

根据这类零件的结构特征和使用要求，一般多选用铸铁件毛坯；对受力较大，且较复杂的零件应采用铸钢件毛坯；单件小批量生产时也可采用焊接件毛坯。航空发动机中的这类零件通常采用铝合金铸件毛坯，以减小质量。在特殊情况下，形状复杂的大型零件可采用铸-焊或锻-焊组合件毛坯。

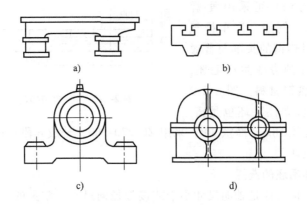

图 2-2-3 机架、箱体类零件

a）床身　b）工作台　c）轴承座　d）减速器箱体、箱盖

第三章

机械零件表面加工方法及其选择

机械产品都是由零件组成的。机械零件的种类尽管很多，形状各异，但都是由外圆表面、内圆表面、平面和特形面等最基本的几何表面组成的。

零件的加工过程，即零件表面经加工至符合要求的过程。合理选择各种表面的加工方法和加工方案，对保证零件质量、提高生产率和降低成本有重要的意义。

第一节　机械加工方法的选择原则

零件表面加工方案的选择，一般要考虑加工精度和表面粗糙度、零件材料、生产批量、热处理要求、零件结构特点及工厂的生产条件等。由于表面类型和要求不同，所采用的加工方法也不一样。但是，无论何种零件，在考虑它的加工时，都要遵循下述几条原则。

一、根据表面的尺寸精度和表面粗糙度 Ra 值选择

表面的加工方案在很大程度上取决于表面本身的尺寸精度和表面粗糙度 Ra 值。因为对于精度较高、表面粗糙度 Ra 值较小的表面，一般不采用一次加工，而要划分加工阶段逐步进行，以消除或减少粗加工时因切削力和切削热等因素所引起的变形，从而稳定零件的加工精度。

例如，在图 2-3-1 中，图 2-3-1a 所示为隔套，图 2-3-1b 所示为衬套，其上均有 $\phi40\mathrm{mm}$ 的内圆。两者虽同属轴套，都套装在轴上，且零件的材料、数量都相同，但由于前者是非配合表面，尺寸公差等级为未注公差等级（IT14），表面粗糙度 Ra 值为 $6.3\mu\mathrm{m}$；后者是配合表面，公差等级为IT6，表面粗糙度 Ra 值为 $0.4\mu\mathrm{m}$，从而，

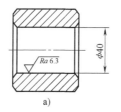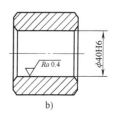

图 2-3-1　隔套和衬套

a）隔套　b）衬套

两者加工方案不同。隔套 $\phi40\mathrm{mm}$ 内圆的表面粗糙度 Ra 值为 $6.3\mu\mathrm{m}$，内圆的加工方案为：钻—半精车；衬套 $\phi40\mathrm{H6}$ 内圆的表面粗糙度 Ra 值为 $0.4\mu\mathrm{m}$，内圆的加工方案为：钻—半精车—粗磨—精磨。

二、根据零件的结构形状和尺寸选择

零件的结构形状和尺寸大小对表面加工方案的选择有很大的影响。这是因为有些加工方法的采用，常受到零件某些结构形状和尺寸大小的限制，有时甚至需要选用不同类型的机床和装夹方法。

例如，在图 2-3-2 中，图 2-3-2a 所示为双联齿轮，图 2-3-2b 所示为齿轮轴，其上均有

一个模数为2mm、齿数为32、精度为8GM的齿轮，且零件的材料和数量都相同，但由于零件的结构形状不同，致使两者齿形的加工方案完全不同。双联齿轮由于两齿轮相距很近，加工小齿轮时只能采用插齿；而齿轮轴由于零件轴向尺寸较长，不宜插齿，最好选用滚齿。

又例如，在图2-3-3中，图2-3-3a所示为轴承套，图2-3-3b所示为止口套，其上均有$\phi80h6$、表面粗糙度Ra值为$0.8\mu m$的外圆，零件的材料和数量也相同。如果仅从尺寸公差等级（IT6）、表面粗糙度Ra值（$0.8\mu m$）来看，两者外圆均可采用车、磨方案，但后者外圆长只有5mm，无法磨削，只能靠车削达到。因此，止口套$\phi80h6$、表面粗糙度Ra值为$0.8\mu m$外圆的加工方案为：粗车—半精车—精车。

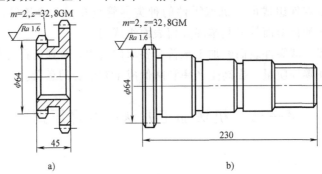

图2-3-2　双联齿轮和齿轮轴

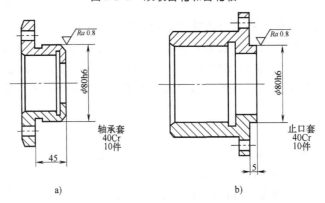

图2-3-3　轴承套和止口套

三、根据零件热处理状况选择

是否进行热处理及所选的热处理方法，对表面加工方案的选择有一定影响，特别是钢件淬火后硬度较高，用刀具切削较为困难，淬火后大都采用磨料切削加工。而且对绝大多数零件来说，热处理一般不能作为工艺过程的最后工序，其后还应该安排相应的加工，以便去除热处理带来的变形和氧化皮，提高精度和减小表面粗糙度Ra值。

例如，在图2-3-4中，图2-3-4a、b所示均为法兰零件，现拟加工它们上面的$\phi30H7$、表面粗糙度Ra值为$1.6\mu m$的内圆，这两种零件其他条件均相同，只因为其中一种要求淬火处理，致使它们的加工方案差别较大。前者不要求淬火处理，其加工方案为：钻—半精车—精车；后者要求淬火处理，其加工方案为：钻—半精车—淬火—磨。

四、根据零件材料的性能选择

零件材料的性能，尤其是材料的韧性、脆性、导电等性能，对切削加工，特别是对特种

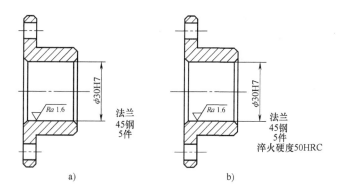

图 2-3-4　两种法兰零件

加工方法的选择有较大的影响。

　　例如，在图 2-3-5 中，同为阀杆零件上的 $\phi25h4$、表面粗糙度 Ra 值为 $0.05\mu m$ 的外圆，由于图 2-3-5a 所示零件的材料为 45 钢，其加工方案为：粗车—半精车—粗磨—研磨；而图 2-3-5b 所示零件的材料为铸造锡青铜，塑性较大，磨削时其屑末易堵塞砂轮，不宜磨削，常用精车代替磨削，其加工方案为：粗车—半精车—精车—研磨。

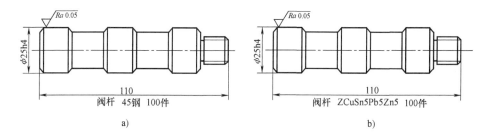

图 2-3-5　两种不同材料的阀杆

　　五、根据零件的批量选择

　　零件批量是根据零件年产量将零件分批投产，每批投产零件的数量。按照零件的大小、复杂程度和生产周期等因素，零件批量可分为单件、成批（小批、中批、大批）和大量生产三种。加工同一种表面，常因零件批量不同而选用不同的加工方案。在单件小批生产中，一般采用普通机床上的加工方法；在大批量生产中，应尽量采用高效率（专用机床或生产线）的加工方法。

　　以上介绍的仅为选择表面加工方案的主要依据，在实际应用中，这些依据常常不是独立的，而是相互重叠和交叉的。因此，在具体选用时，应根据具体条件全面考虑，灵活运用。只有这样，才能选出优质、高产、安全、低耗的加工方案。

　　六、各类零件的结构特点及制造方法比较

　　常用的机械零件按其形状特征可分为：轴杆类零件、盘套类零件和箱体机架类零件三大类。这三大类零件的结构特点、基本工作条件（受力状况）及其毛坯的一般制造方法大致如下。

　　1. 轴杆类零件

　　轴杆类零件的结构特点是其轴向（纵向）尺寸远大于径向（横向）尺寸。这类零件包括各种传动轴、机床主轴、丝杠、光杠、曲轴、偏心轴、凸轮轴、连杆、拨叉、锤杆、摇臂以及螺栓、销子等，如图2-3-6所示。

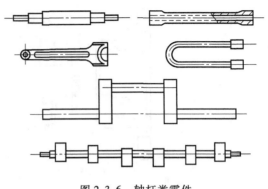

图2-3-6　轴杆类零件

轴杆类零件一般为各种机械中重要的受力和传动零件，因此，除直径无变化的光轴外，各种轴杆零件几乎都采用锻件为毛坯。材料常用30～50中碳钢，其中以45钢使用最多，经调质处理后，具有较好的综合力学性能。合金钢具有比碳钢更好的力学性能和淬透性能，可以在承受重载并要求减轻零件重量和提高轴颈耐磨性等情况下采用，常用的合金钢材料有40Cr、40CrNi、20CrMnTi、30CrMnTi等。在满足使用要求的前提下，某些具有异形截面或弯曲轴线的轴，如凸轮轴、曲轴等，也可采用QT450-10、QT500-7、QT600-3等球墨铸铁毛坯，以降低制造成本。在有些情况下，也采用锻—焊或铸—焊结合的方式制造轴杆类零件毛坯，图2-3-7所示是焊接的汽车排气阀的外形简图，该零件在高温状态下工作，要求材料为耐热钢，大批量生产。在保证满足零件使用性能的前提下，把耐热合金钢的阀帽与普通碳素钢的阀杆接成一体，从而节约了较贵重的耐热合金钢材料。

2. 盘套类零件

这类零件的轴向（纵向）尺寸一般小于径向（横向）尺寸，或者两个方向的尺寸相差不大，属于这类零件的有各种齿轮、带轮、飞轮、手轮、模具、联轴器、套环、轴承环以及螺母、垫圈等，如图2-3-8所示。

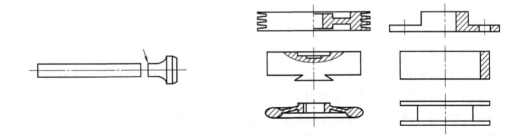

图2-3-7　焊接的汽车排气阀的外形简图　　　　图2-3-8　盘套类零件

由于这类零件的工作条件和使用要求差异很大，因此，它们所用的材料和毛坯也各不相同。以齿轮为例，它是各类机械中的重要传动零件。运转时，主要受力部位是轮齿，两个相互啮合的轮齿之间通过一个狭小的接触面来传递力和运动，因此，齿面上要承受很大的接触应力和摩擦力。这就要求轮齿表面要有足够的强度和硬度，同时，齿根部分要能承受较大的弯曲应力；齿轮在运转过程中，有时还要承受冲击力的作用，因此，齿轮的本体也要有一定的强度和韧性。根据以上分析，齿轮一般应选用具有良好综合力学性能的中碳结构钢（如40钢、45钢）制造，采用正火或调质处理。重要机械设备的齿轮，可选用40Cr、40CrNi、40MnB、40CrMo等合金结构钢，采用调质处理。

带轮、飞轮、手轮、垫块等受力不大或承压的零件，通常均采用铸铁（HT150或

HT200 等）件，单件生产时，也可采用低碳钢焊接件。

法兰、套环、垫圈等零件，根据受力情况及形状、尺寸等不同，可分别采用铸铁件、锻钢件或冲压件为毛坯，厚度较小的，单件或小批量生产时，也可直接用圆钢或钢板下料。

各种模具毛坯均采用合金钢锻造，热锻模常用 5CrMnMo、5CrNiMo 等热作模具钢，并经淬火和中温回火；冲压模常用 Cr12、Cr12MoV 等冷作模具钢，并经淬火和低温回火处理。

3. 箱体机架类零件

箱体机架类零件是机器的基础件，它的加工质量将会对机器的精度、性能和使用寿命产生直接影响。这类零件包括机身、齿轮箱、阀体、泵体、轴承座等，如图2-3-9所示。箱体类零件结构特点是：尺寸较大、形状较复杂、箱壁较薄且不均匀、内部呈腔形，有尺寸精度和位置精度要求较高的平面和孔，还有很多小的光孔、螺纹孔、检查孔和出油孔等。

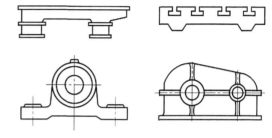

图 2-3-9　箱体机架类零件

由于箱体类零件的结构形状一般都比较复杂，且内部呈腔形，为满足减振和耐磨等方面的要求，其材料一般都采用铸铁。为满足结构形状方面的要求，最常见的毛坯是砂型铸造的铸件。当单件小批量生产、新产品试制或结构尺寸很大时，也可采用钢板焊接毛坯。

本章的任务就是通过对几种基本几何表面加工方法的综合分析，为合理选择加工方法和加工顺序打下基础。

第二节　外圆表面的加工方法及其选择

外圆表面是轴、套、盘类零件的主要表面或辅助表面，这类零件在机器中占有很大的比例。

对外圆表面通常有以下技术要求：

1）尺寸和形状精度。如直径和长度的尺寸精度及外圆表面的圆度、圆柱度等形状精度。

2）位置精度。与其他外圆表面或内圆表面的同轴度、与端面的垂直度等。

3）表面质量。主要是指表面粗糙度，此外，还有表面的物理、力学性能等。

一、外圆表面的加工方法

外圆表面加工最常用的方法有：车削、磨削；当精度及表面质量要求很高时，还需进行光整加工。

（1）粗车　粗车的主要目的是尽快去除毛坯的大部分加工余量，使之接近工件的形状和尺寸，为精加工做准备。因此，一般采用尽可能大的切削用量，以求较高的生产率。粗车的尺寸公差等级为IT11～IT12，表面粗糙度 Ra 值为 12.5～50μm。

（2）半精车　半精车是在粗车的基础上进行的，其背吃刀量与进给量比粗车小，常作为高精度外圆表面磨削或精车前的预加工；也可作为中等精度外圆表面的终加工。半精车的尺寸公差等级为IT9～IT10，表面粗糙度 Ra 值为 3.2～6.3μm。

（3）精车　一般作为高精度外圆表面的终加工，其主要目的是达到零件表面的加工要求。为此，需合理选择车刀几何角度和切削用量。精车的尺寸公差等级为IT7～IT8，表面粗糙度 Ra 值可达 1.6μm。

（4）精细车　精细车的尺寸公差等级为IT5～IT6，表面粗糙度 Ra 值可达 0.8μm。一般用于单件、小批量的高精度外圆表面的终加工。

（5）粗磨　粗磨采用较粗磨粒的砂轮和较大的背吃刀量及进给量，以提高生产率。粗磨的尺寸公差等级为IT7～IT8，表面粗糙度 Ra 值为 0.8～1.6μm。

（6）精磨　精磨则采用较细磨粒的砂轮和较小的背吃刀量及进给量，以获得较高的精度和较好的表面质量。精磨的尺寸公差等级为IT5～IT6，表面粗糙度 Ra 值可达 0.2μm。

（7）光整加工　如果工件精度要求IT5以上，表面粗糙度 Ra 值要求达 0.008～0.1μm，则在经过精车或精磨以后，还需进行光整加工。常用的外圆表面光整加工方法有研磨、超级光磨和抛光等。

外圆表面的车削加工，对于单件小批量生产，一般在卧式车床上加工；对于大批大量生产，则在转塔车床、仿形车床、自动及半自动车床上加工；对于重型盘套类零件，多在立式车床上加工。

外圆表面的磨削可以在普通外圆磨床、万能外圆磨床或无心磨床上进行。

二、外圆表面加工方法的选择

图 2-3-10 列出了外圆表面常用的加工方法，可供拟订零件加工过程时参考。

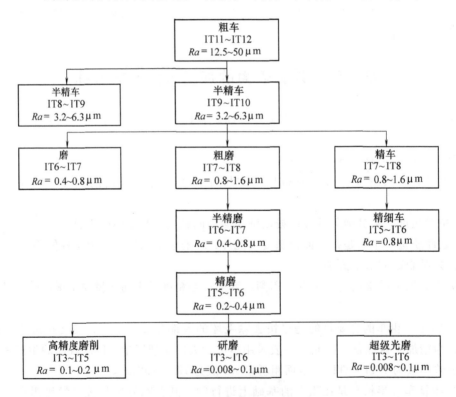

图 2-3-10　外圆表面常用的加工方法

（1）粗车　加工精度为IT11～IT12，表面粗糙度 Ra 值为 12.5～50μm，除淬硬钢以外的各种材料的外圆表面，只粗车即可。

（2）粗车—半精车　对于加工精度为 IT8 ~ IT9，表面粗糙度 Ra 值为 3.2 ~ 6.3μm，未淬硬工件的外圆表面，均可采用此方案。

（3）粗车—半精车—磨（粗磨或半精磨）　此方案适于加工精度为 IT6 ~ IT7，表面粗糙度 Ra 值为 0.4 ~ 0.8μm 的淬硬的和未淬硬的钢件、未淬硬的铸铁件的外圆表面。

（4）粗车—半精车—精车—精细车　此方案主要适用于精度要求高的有色金属零件的外圆表面的加工。

（5）粗车—半精车—粗磨—精磨—研磨（或超级光磨或镜面磨削）　此方案主要适用于精度为 IT3 ~ IT6，表面粗糙度 Ra 值为 0.008 ~ 0.1μm 的外圆表面，但不宜用于加工塑性大的有色金属零件的外圆表面。

（6）粗车—半精车—粗磨—精磨　此方案的适用范围基本上与（3）相同，只是外圆表面要求的尺寸精度更高，表面粗糙度 Ra 值更小，需将磨削分为粗磨和精磨才能达到要求。

第三节　内圆表面的加工方法及其选择

内圆表面主要指圆柱形的孔，它也是零件的主要组成表面之一。

具有内孔的零件按其结构特点可分为：

1）单一轴线的孔，如空心轴、套筒、盘套等零件上的孔。这些孔一般要求与某些外圆面同轴，并与端面垂直。

2）多轴线孔系，如箱体、机座等零件上的同轴孔系、平行孔系、垂直孔系等。

内圆表面通常的技术要求，除与外圆表面相应的技术要求外，还有最具特点的要求：孔与孔，或孔与外圆面的同轴度；孔与孔，或孔与其他表面之间的尺寸精度、平行度、垂直度及角度等。

内圆表面的加工由于受内圆表面的孔径限制，刀具刚度差，加工时散热、冷却、排屑条件差，测量也不方便，因此，在精度相同的情况下，内圆表面加工要比外圆表面加工困难。为了使加工难度大致相同，通常轴公差比孔公差高一级配合使用。

一、内圆表面的加工方法

同外圆表面加工一样，孔加工也可分为粗加工、半精加工、精加工和光整加工四类。精度和表面粗糙度等级也和外圆表面加工相仿。

孔的加工方法很多，常用的有钻孔、扩孔、铰孔、锪孔、镗孔、拉孔、研磨、珩磨、滚压等。

钻孔、锪孔用于粗加工，扩孔、车孔、镗孔用于半精加工或精加工，铰孔、磨孔、拉孔用于精加工，珩磨、研磨、滚压主要用于高精加工。

孔加工的常用设备有钻床、车床、铣床、镗床、拉床、内圆磨床、万能外圆磨床、研磨机、珩磨机等。

二、孔加工方法的选择

由于孔加工方法较多，而各种方法又有不同的应用条件，因此选择加工方法和加工方案时应综合考虑内圆表面的结构特点、直径和深度、尺寸精度和表面粗糙度、工件的外形和尺寸、工件材料的种类及加工表面的硬度、生产类型和现场生产条件等。

常用的孔加工方法如图 2-3-11 所示。

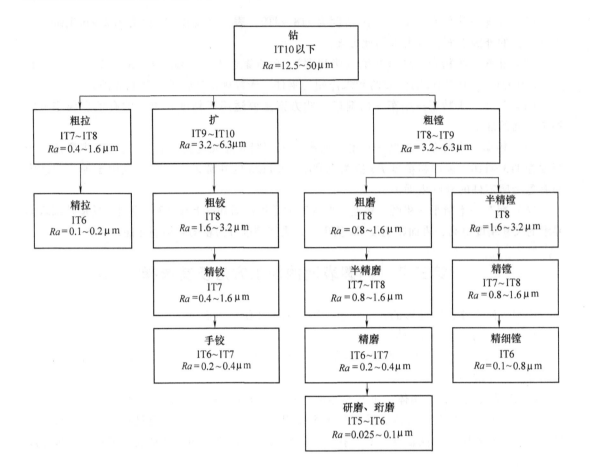

图 2-3-11　常用的孔加工方法

（1）钻孔　在实体材料上加工内圆表面时，必须先钻孔。若孔的精度要求不高，孔径又不太大（直径小于 50mm），只经过钻孔即可。

（2）钻—扩　用于孔径较小、加工精度要求较高的各种加工批量的孔。

（3）钻—铰　用于孔径较小、加工精度要求较高的各种加工批量的标准尺寸的孔。

（4）钻—扩—铰　应用条件与（3）基本相同，不同点在于该加工方案还适用于孔径较大的非淬硬的标准（或基准）通孔，不宜用于加工淬硬的、非标准的孔、阶梯孔和不通孔。

（5）钻—粗镗—精镗—精细镗　适用于精度要求高，但材料硬度不太高的钢铁零件和有色金属件的加工。

（6）钻—镗—磨　主要用于加工淬火零件上的孔，但不宜用于加工有色金属零件。

（7）钻—镗—磨—珩磨（研磨）　适用于在加工过程中已淬硬零件上孔的精加工。其中珩磨用于较大直径的深孔的终加工，研磨用于较小直径孔的终加工。

（8）钻—拉　适用于加工大批量未淬硬的盘套类零件中心部位的通孔。

第四节　平面的加工方法及其选择

平面是盘形和板形零件的主要表面，也是箱体类零件的主要表面之一。根据平面所起的作用不同，大致可分为以下几种：

1）非接合面。这类平面只是在外观或防腐蚀上有要求时才进行加工。

2）接合面和重要接合面。如零件的固定连接平面等。

3）导向平面。如机床的导轨面等。

4）精密测量工具的工作面等。

平面的技术要求与外圆表面和内圆表面的技术要求稍有不同，一般平面本身的尺寸精度要求不高，其技术要求主要是以下三个方面：

1）形状精度。如平面度、直线度等。

2）位置精度。如平面之间的尺寸精度以及平行度、垂直度等。

3）表面质量。如表面粗糙度、表层硬度、残余应力、显微组织等。

一、平面的加工方法

（1）平面的车削加工　平面车削一般用于加工回转体类零件的端面。因为回转体类零件的端面大多与其外圆表面、内圆表面有垂直度要求，而车削可以在一次安装中将这些表面全部加工出来，有利于保证它们之间的位置要求。

平面车削的表面粗糙度 Ra 值为 $1.6 \sim 6.3\mu m$，精车后的平面度误差为在直径为 $100mm$ 的端面上可达 $5 \sim 8\mu m$。

中小型零件的端面一般在卧式车床上加工，大型零件的平面则可在立式车床上加工。

（2）平面的刨削加工和拉削加工　刨削和拉削一般适用于水平面、垂直面、斜面、直槽、V 形槽、T 形槽、燕尾槽的单件小批量的粗、半精加工。平面刨削分粗刨和精刨。精刨后的表面粗糙度 Ra 值为 $1.6 \sim 3.2\mu m$，两平面间的尺寸公差等级可达 IT7 ~ IT8，直线度误差可达 $0.04 \sim 0.12mm/m$。在龙门刨床上采用宽刀精刨技术，其表面粗糙度 Ra 值可达$0.4 \sim 0.8\mu m$，直线度误差不大于 $0.02mm/m$。

平面刨削和拉削常用的设备有牛头刨床、龙门刨床、插床和拉床等。牛头刨床一般用于加工中小型零件上的平面和沟槽；龙门刨床多用于加工大型零件或同时加工多个中型零件上的平面和沟槽；孔内平面（如孔内槽、方孔）的加工一般在插床和拉床上进行。拉削也用于中、小尺寸外表面的大批量加工，其中较小尺寸的平面用卧式拉床，较大尺寸的平面在立式拉床上加工。拉削加工的尺寸公差等级为 IT7 ~ IT9，表面粗糙度 Ra 值为 $0.4 \sim 1.6\mu m$。

（3）平面的铣削加工　铣削是加工平面的主要方法之一。铣削平面一般适用于加工各种不同形状的沟槽，平面的粗、半精和精加工。平面铣削分粗铣和精铣。精铣后的表面粗糙度 Ra 值为 $1.6 \sim 3.2\mu m$，两平面间的尺寸公差等级为 IT7 ~ IT8，直线度误差可达 $0.08 \sim 0.12mm/m$。

平面铣削常用的设备有卧式铣床、立式铣床、万能升降台铣床、工具铣床、龙门铣床等。中小型工件的平面加工常在卧式铣床、立式铣床、万能升降台铣床、工具铣床上进行，大型工件表面的铣削加工可在龙门铣床上进行。精铣平面可在高速、大功率的高精度铣床上采用高速细铣新工艺。

（4）平面的磨削加工　磨削平面是平面精加工的主要方法之一，一般在铣削、刨削加工的基础上进行。主要用于中、小型零件高精度表面及淬火钢等硬度较高的材料表面的加工。

磨削后表面粗糙度 Ra 值为 $0.2 \sim 0.8\mu m$，两平面间的尺寸公差等级可达 IT5 ~ IT6，直线度误差可达 0.01 ~ 0.03mm/m。

平面磨削常用的设备有平面磨床、外圆磨床、内圆磨床。回转体零件上端面的精加工可以在外圆磨床或内圆磨床上与相关的内、外圆在一次安装中同时磨出，以保证它们之间有较高的垂直度。

（5）平面的光整加工　平面的光整加工方法主要有研磨、刮削和抛光等。

1）平面的研磨。平面的研磨多用于中小型工件的最终加工。尤其当两个配合平面间要求有很高的密合性时，常用研磨加工。

2）平面的刮削。平面的刮削常用于工具、量具、机床导轨、滑动轴承的最终加工。

3）平面抛光。平面抛光是在平面上进行精刨、精铣、精车、磨削后进行的表面加工。经抛光后，可将前一道工序的加工痕迹去掉，从而获得光泽的表面。抛光一般能减小表面粗糙度值，提高表面质量，而不能提高原有的加工精度。

二、平面加工方法的选择

常用的平面加工方法如图 2-3-12 所示。

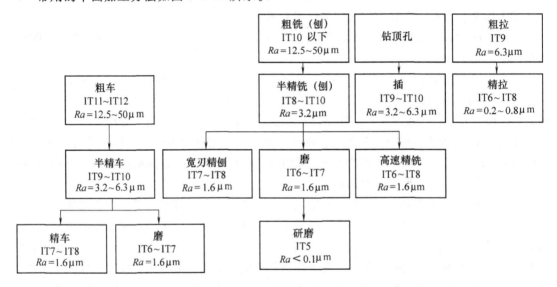

图 2-3-12　常用的平面加工方法

（1）粗车—半精车—精车　用于精度要求较高但不需淬硬及硬度低的有色金属、合金回转体零件端面的加工。

（2）粗车—半精车—磨　用于精度要求较高，且需淬硬的回转体零件端面的加工。

（3）粗刨—半精刨—宽刃精刨　用于不淬火的大型狭长平面，如机床导轨面的加工，以刨代磨减少工序周转时间。

（4）粗铣—半精铣—高速精铣　用于中等以下硬度、精度要求较高的平面加工。

（5）粗铣（刨）—半精铣（刨）—磨—研磨　用于精度和表面质量要求特别高，且需淬硬的工件表面的加工，如精密的滑动配合平面、量块工作面等。

（6）钻—插　用于单件小批量、加工精度要求不高的孔内平面和孔内槽的加工。

（7）钻—拉　用于大批量、加工精度要求较高的孔内平面和孔内槽的加工。

（8）粗拉—精拉　用于硬度不高的中小尺寸外表平面的大批量加工。

第五节　特形表面的加工方法及其选择

一、回转成形面常用的加工方法及其选择

回转成形面常用的加工方法及其选择见表 2-3-1。

表 2-3-1　回转成形面常用的加工方法及其选择

加工方法			加工精度	表面粗糙度值	生产率	机　　床	适用范围
回转成形面的切削加工	成形刀具加工	车削	较高	较小	较高	车床	成批生产、尺寸较小的回转成形面
		铣削	较高	较小	较高	铣床	成批生产、尺寸较小的外直线成形面
		刨削	较低	较大	较高	刨床	成批生产、尺寸较小的外直线成形面
		拉削	较高	较小	高	拉床	大批大量生产各种直线成形面
	简单刀具加工	手动进给	较低	较大	低	各种普通机床	单件小批生产各种成形面
		靠模装置	较低	较大	较低	各种普通机床	成批生产各种直线成形面
		仿形装置	较高	较大	较低	仿形机床(价格较贵)	单件小批生产各种成形面
		数控装置	高	较小	较高	数控机床(价格昂贵)	单件及中、小批生产各种成形面
回转成形面的磨削加工	成形砂轮磨削		较高	小	较高	平面磨床、工具磨床、外圆磨床、附加成形砂轮修整器(通用)	成批生产加工外直线成形面和回转成形面
	成形夹具磨削		高	小	较低	成形磨床、平面磨床、附加成形磨削夹具(通用)	单件小批生产外直线成形面
	光学曲线磨床磨削		高	小	较低	光学曲线磨床(价格昂贵)	单件小批生产加工外直线成形面
	砂带磨削		高	小	高	砂带磨床	各种批量生产加工外直线成形面和回转成形面
	连续轨迹数控坐标磨削		很高	很小	较高	坐标磨床(价格昂贵)	单件小批生产加工内外直线成形面

二、螺纹表面常用的加工方法及其选择

螺纹表面常用的加工方法及其选择见表 2-3-2。

三、齿轮齿形常用的加工方法及其选择

齿轮齿形加工方法的选择主要取决于齿轮的精度等级、齿轮结构、热处理及生产批量等。齿轮齿形常用的加工方法见表 2-3-3。

表 2-3-2 螺纹表面常用的加工方法及其选择

螺纹类别	加工方法		公差等级	表面粗糙度 Ra 值/μm	适用生产范围	备 注
外螺纹	板牙套螺纹		8~9	3.2~6.3	各种批量	
	车削		4~7	0.4~3.2	单件小批	
	铣削		6~7	3.2~6.3	大批大量	
	磨削		4~6	0.1~0.4	各种批量	可加工淬硬的外螺纹
	滚压	搓丝板	6~8	0.8~1.6	大批大量	
		滚子	4~6	0.2~1.6	大批大量	
内螺纹	攻螺纹		6~7	1.6~6.3	各种批量	
	车削		4~8	0.4~3.2	单件小批	
	铣削		6~8	3.2~6.3	成批大量	
	拉削		7	0.8~1.6	大批大量	采用拉削丝锥，适于加工方牙及梯形螺孔
	磨削		4~6	0.1~0.4	单件小批	适用于直径大于 30mm 的淬硬内螺纹

表 2-3-3 齿轮齿形常用的加工方法

齿轮公差等级	齿面的表面粗糙度 Ra 值/μm	热处理	齿形加工方法	生产类型
9 级以下	3.2~6.3	不淬火	铣齿	单件小批
8 级	1.6~3.2	不淬火	滚齿或插齿	
		淬火	滚（插）齿—淬火—珩齿	
7 级或 6 级	0.4~0.8	不淬火	滚齿—剃齿	单件小批
		淬火	滚（插）齿—淬火—磨齿 滚齿—剃齿—淬火—珩齿	
6 级以上	0.2~0.4	不淬火	滚（插）齿—磨齿	
		淬火	滚（插）齿—淬火—磨齿	

注：未注生产类型的，表示适用于各种批量。此时加工方法的选择主要取决于齿轮公差等级和热处理要求。

第四章

机械零件制造工艺过程及其技术经济分析

第一节　机械零件制造工艺过程

任何机器都是由若干个甚至成千上万个零件组成的。其制造过程往往相当复杂，需要通过原材料的供应、保管、运输、生产准备、毛坯制造、机械加工、装配、检验、试车、涂装和包装等许多环节才能完成。

在实际生产中，绝大多数零件都不是单独在一种机床上，采用某一种加工方法就能完成的，而是要经过一系列的工艺过程才能完成。在每一个工艺过程中，又包含了一系列的工序、安装和工步。

工序是工艺过程的基本组成部分，也是安排生产计划的基本单元。图 2-4-1 所示的单件、小批生产小轴的工艺过程包括了以下五道工序：①车削加工（外圆、端面、螺纹等）；②钳工划线（两扁平面加工线及 2×M8-6H 中心线）；③铣两扁平面；④钻 2×M8-6H 底孔；⑤攻 2×M8-6H 螺纹。

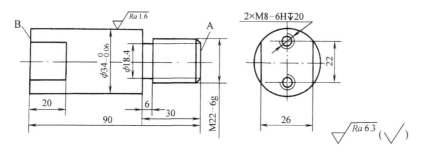

图 2-4-1　小轴

在一道工序中，工件可能需要经过几次装夹。安装的目的是把工件安放在机床上，使之与刀具之间具有正确的相对位置，并在加工过程中始终保持正确的相对位置，又称为定位和夹紧。一道工序可能包含几次安装。例如，图 2-4-1 所示小轴的车削加工工序即包含了两次安装：①用自定心卡盘夹持小轴 A 端外圆，车 φ34 外圆并车 B 端端面；②用自定心卡盘夹持小轴 B 端 φ34 外圆，车 A 端端面至尺寸，车螺纹及退刀槽。

每次安装中又包含若干个工步。如图 2-4-1 所示小轴的加工工序①的安装中即包含了三个工步：①粗车 φ34 外圆；②精车 φ34 外圆；③车 B 端端面。

进行工艺设计时，需要正确地选择材料，确定毛坯的制造方法，选择与安排零件各个表面的加工方法及加工顺序，恰当地穿插材料的改性工艺，才能获得一个满意的工艺方案。对于一个具体的零件来说，往往可以采用不同的工艺方案进行加工。这样就必须综合分析、比较各种工艺方案对质量保证的可靠性、生产率的高低、效益的好坏、安全性及环境的影响，从而确定一个最满意而又切实可行的工艺方案。

工艺方案确定以后，应用图表（或文字）的形式写成文件，加以固定，用于指导生产。这种工艺文件称为工艺规程。工艺规程必须严格遵照执行，但也不是一成不变的。在生产中，应该根据现场的执行效果和技术的进步，按照规定的程序，进行不断的修改和完善。

根据工艺过程的不同性质，机械制造工艺规程又可分为毛坯制造、机械加工、热处理和装配工艺规程。

一、零件的机械加工结构工艺性

零件本身的结构对机械加工质量、生产率和经济效益具有重要的影响。所谓零件具有良好的机械加工结构工艺性，是指所设计的零件在保证使用性能要求的前提下，能够经济、高效、合格地加工出来。零件的机械加工结构工艺性可以概括为对零件结构三个方面的要求：①有利于减少切削加工量；②便于工件安装、加工与检测；③有利于提高生产率。表 2-4-1 列出了在单件、小批生产中，机械加工对零件的结构工艺性要求的一些实例，可供参考。

表 2-4-1　零件机械加工结构工艺性实例

设计原则	序号	改进前	改进后	说　明
减少加工表面的面积	1			铸出凸台和凹槽，以减少切去金属的体积
	2	*Ra 0.04*	*Ra 0.04*	如轴只有一小段有公差要求，则可设计成阶梯形，以减小磨削面积
便于工件在机床或夹具上安装	1		工艺凸台，加工后切除	为了安装方便，设计了工艺凸台，可在精加工后切除
	2			增设夹紧边缘
减少工件的安装次数	1			将不通孔改为通孔，可减少安装次数，保证孔的同轴度
	2			原设计须从两端进行加工，改进后可省去一次安装

（续）

设计原则	序号	改 进 前	改 进 后	说　　明
孔与槽的形状应便于加工	1			箱体上具有同一轴线的各孔,都应是通孔,无台阶;孔径向同一方向递减或从两边向中间递减;端面应在同一平面上
	2			不通孔或阶梯孔的孔底形状应与钻头形状相符
	3			槽的形状与尺寸应与立铣刀形状相符
加工时应便于进刀和退刀	1			对车到头的螺纹,应设计出退刀槽
	2			磨削时,各表面间的过渡部位应设计出越程槽
	3			孔内中断的键槽,应设计出退刀孔或退刀槽
提高钻头的刚性和寿命	1			孔的位置应使标准钻头能够加工,应尽量避免使用加长钻头
	2			应避免在曲面或斜壁上钻孔,以免钻头单边切削

（续）

设计原则	序号	改 进 前	改 进 后	说 明
采用标准刀具，减少刀具种类	1			轴的沉割槽或键槽的形状与宽度应尽量一致
	2			精车时，轴上的过渡圆角应尽量一致
减少刀具的调整次数及空程时间	1			被加工表面应尽量设计在同一平面上
	2			改进后，减少了刀具的空程时间，提高了工件的刚度，可采用较大的切削用量加工

二、零件的机械加工工艺过程示例

对零件进行机械加工之前，应拟订其加工工艺路线。工艺路线的拟订主要包括划分加工阶段、选择加工方法、安排加工顺序等内容。

零件的机械加工一般要经过粗加工、半精加工和精加工三个阶段才能完成。对于特别精密的零件还要进行光整加工。粗加工的主要任务是切除大部分加工余量，并为半精加工提供定位基准，半精加工的任务是为主要表面的精加工做好准备，并完成一些次要表面的加工，使之达到图样要求；精加工的任务是使各主要表面达到图样要求；光整加工的任务是使那些加工质量要求特别高的表面（精度高于IT6，表面粗糙度 Ra 值低于 $0.2\mu m$）达到图样要求。划分加工阶段有利于保证加工质量，合理使用设备，及时发现毛坯的缺陷以避免浪费加工工时。

加工方法的选择首先应根据各个加工表面的技术要求，确定加工方法及分几次加工，同时还应考虑工件的材质、生产批量、现场设备及技术条件等因素。

加工顺序的合理安排有利于保证加工质量、降低成本和提高生产率。切削加工顺序的安排主要应遵循以下原则：①先加工精加工的定位基准表面，再加工其他表面；②先粗加工，后精加工；③先加工主要表面，后加工次要表面。热处理工序的安排应遵循以下原则：①预备热处理（如退火、正火等）的目的是改善工件的切削加工性和消除毛坯的内应力，一般应安排在切削加工之前进行；②最终热处理（如淬火、调质等）的目的是提高零件的力学性能（如强度、硬度等），一般应安排在半精加工之后，磨削精加工之前进行。辅助工序包括检验、去毛刺、倒角等。检验工序是保证产品质量的重要措施，除了各工序操作者应进行自检、互检外，在各加工阶段之后、重要工序前后、转车间加工前后以及全部加工结束之后，一般均应安排专门的检验工序。去毛刺、倒角等辅助工序也是不可忽略的，否则将给装配工作带来困难，甚至导致机器不能使用。

下面以轴类零件的加工为例，说明零件的机械加工工艺过程。

在机器中，轴类零件一般用于支承齿轮、带轮等传动零件和传递转矩。从结构上看，它属于回转体零件，且长度大于直径，一般由同轴的若干个外圆柱面、圆锥面、内孔和螺纹等组成。按其结构特点可分为简单轴、阶梯轴、空心轴、异形轴等。其主要技术要求如下：①足够的强度、刚度和表面耐磨性；②各外圆柱面、内孔面以及端面之间的尺寸精度、几何精度、表面质量等。

轴的结构形状特点决定了它的加工主要是采用各种车床和磨床进行车削和磨削，轴上的键槽则采用铣削或拉削。对重要轴的加工必须做到粗、精加工分开。主要表面的精加工应安排在最后进行，以免因其他表面的加工影响主要表面的精度。在加工阶梯轴时，为了避免工件在加工过程中因刚性被削弱所造成的影响，应将小直径外圆柱面的加工放在最后进行。轴上花键和键槽应安排在外圆柱面的加工基本完成以后，最终热处理之前进行。为了避免热处理变形的影响，轴上的螺纹应安排在轴颈局部淬火之后进行加工。小批量生产图 2-4-2 所示的传动轴时，其工艺过程见表 2-4-2。

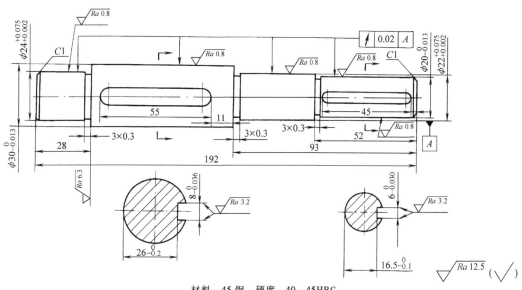

材料：45 钢　硬度：40~45HRC

图 2-4-2　传动轴

表 2-4-2　小批量加工传动轴的工艺过程

工序号	工种	工序内容(长度单位:mm)	加工简图	设备
I	车	1. 车一端面,钻中心孔 2. 切断至长 194 3. 车另一端面至长 192,钻中心孔	φ35　192　√Ra 12.5	普通车床

（续）

工序号	工种	工序内容(长度单位:mm)	加工简图	设备
II	车	1. 粗车一端外圆分别至 $\phi32\times104$、$\phi26\times27$ 2. 半精车该端外圆分别至 $\phi30.4_{-0.1}^{\ 0}\times105$、$\phi24.4_{-0.084}^{\ 0}\times28$ 3. 切槽 $\phi23.4\times3$ 4. 倒角 $C1.5$ 5. 粗车另一端外圆分别至 $\phi24\times92$、$\phi22\times51$ 6. 半精车该端外圆分别至 $\phi22.4_{-0.084}^{\ 0}\times93$、$\phi20.4_{-0.084}^{\ 0}\times52$ 7. 切槽分别至 $\phi21.4\times3$、$\phi19.4\times3$ 8. 倒角 $C1.2$	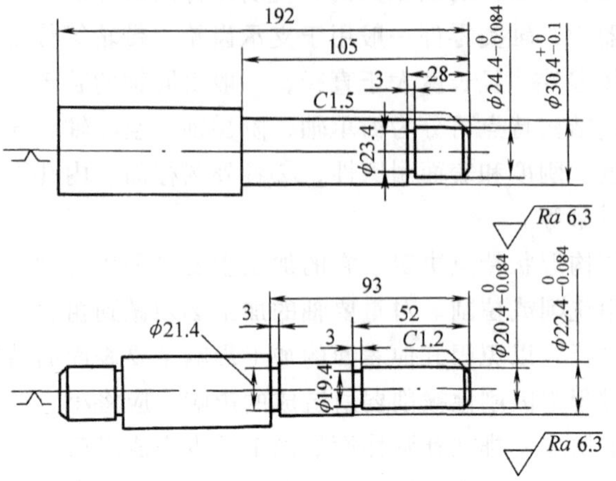	普通车床
III	铣	粗—精铣键槽分别至 $8_{-0.036}^{\ 0}\times26_{-0.2}^{\ 0}\times55$、$6_{-0.030}^{\ 0}\times16.5_{-0.1}^{\ 0}\times45$	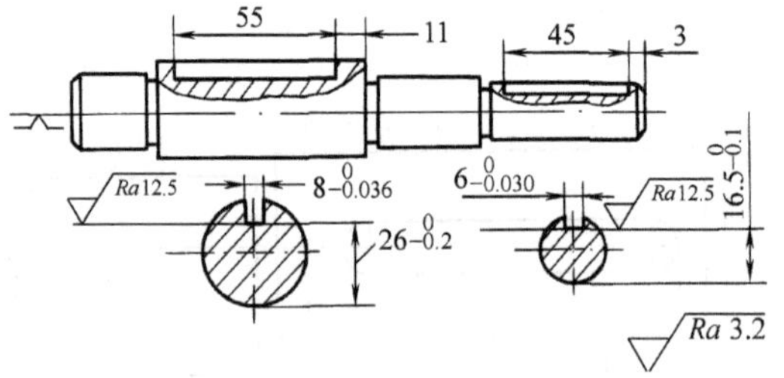	立式铣床
IV	热	淬火、回火 $40\sim45HRC$		
V	(钳)	修研中心孔		钻床
VI	磨	1. 粗磨一端外圆分别至 $\phi30_{\ 0}^{+0.1}$、$\phi24_{\ 0}^{+0.1}$ 2. 精磨该端外圆分别至 $\phi30_{-0.013}^{\ 0}$、$\phi24_{+0.002}^{+0.075}$ 3. 粗磨另一端外圆分别至 $\phi22_{\ 0}^{+0.1}$、$\phi20_{\ 0}^{+0.1}$ 4. 精磨该端外圆分别至 $\phi22_{+0.002}^{+0.075}$、$\phi20_{-0.013}^{\ 0}$	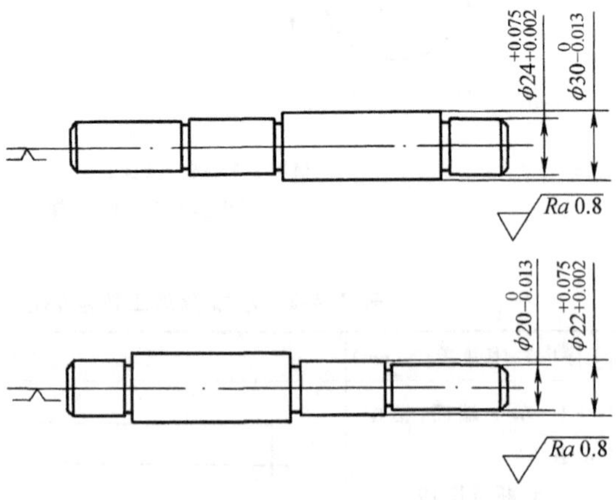	外圆磨床
VII	检	按图样要求检验		

注：加工简图中，粗实线为该工序加工表面，符号 —⊥— 所指为定位基准。

第二节 制造工艺过程的经济分析

一、工艺方案的经济分析

在同样能满足零件使用性能和要求的前提下，一种零件的生产往往可以通过几种不同的工艺方案来实现，但不同工艺方案的经济性可能差异很大。为了根据给定的生产条件选择最经济、合理的工艺方案，必须对各种可能的工艺方案进行经济分析，比较其经济效果。

制造一个零件所须耗费的一切费用称为零件的生产成本。其中与工艺过程直接有关的费用称为零件的工艺成本。工艺成本一般约占总生产成本的 70% ~ 75%。因此，对不同工艺方案进行经济分析和评价时，只需分析比较其工艺成本即可。

按照工艺成本的费用项目与零件产量的关系，可将其划分为以下两部分：

(1) 可变费用 包括材料费、操作工人的工资、机床电费、通用机床的折旧费和修理费、通用夹具和刀具的费用等与零件年产量有关并与之成正比的费用。

(2) 不变费用 包括机床调整工人的工资、专用机床的折旧费和修理费、专用夹具与刀具的费用等在一定范围内不随零件年产量变化而变化的费用。因此，一种零件（或一道工序）的全年工艺成本可用下式表示

$$S = NV + C$$

式中 S——某种零件的全年工艺成本（元）；

N——该种零件的年产量（件）；

V——每个该种零件的可变费用（元/件）；

C——该种零件的全年不变费用。

变换上式可知，零件（或工序）的单件成本可用下式表示

$$S_i = S/N = V + C/N$$

式中 S_i——某种零件的单件工艺成本（元/件）。

由以上两式可知，零件的全年工艺成本 S 与其年产量 N 成正比关系，如图 2-4-3a 所示；零件的单件工艺成本 S_i 与其年产量成双曲线关系，如图 2-4-3b 所示。由图 2-4-3b 可知，当 N 很小时，即使 N 只有很小的变化 ΔN_1，其单件工艺成本 S_i 也会产生很大的变化 ΔS_{i1}，这相当于小批量生产的情况；当 N 很大时，即使 N 发生较大的变化 ΔN_2，单件工艺成本的变化 ΔS_{i2} 也很小，这相当于大批量生产的情况。

当两种工艺方案的基本投资接近，或都是在采用现有设备的条件下只有少数工序不同时，应对这两种方案的单件工艺成本进行分析和对比。由图 2-4-4a 可知，当 N 大于两曲线的交点临界产量 N_K 时，方案 I 比较经济；当 N 小于 N_K 时，方案 II 的经济性较好。

当两种工艺方案有较多不同工序，即基本投资相差较大时，应分析、对比两种方案的全年工艺成本。由图 2-4-4b 可知，当 N 大于两直线的交点临界产量 N_K 时，方案 I 的经济性较好，当 N 小于 N_K 时，方案 II 的经济性较好。

应当指出，当两个工艺方案的基本投资额相差较大时，除了应比较两者的全年工艺成本外，还必须同时考虑高投资额方案的投资回收期。回收期越短，经济效果越好。

二、价值分析

单纯根据工艺方案的经济性或其能达到的质量水平来评价方案的优劣都是片面的。根据

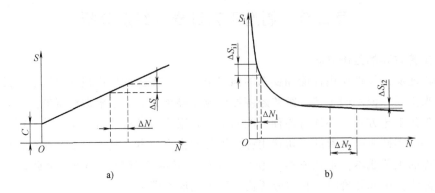

图 2-4-3 零件工艺成本与年产量的关系

a）零件全年工艺成本与年产量的关系 b）零件单件工艺成本与年产量的关系

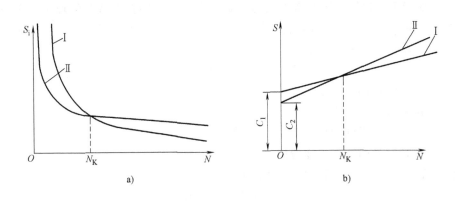

图 2-4-4 两种工艺方案工艺成本的比较

a）两种工艺方案单件工艺成本的比较 b）两种工艺方案全年工艺成本的比较

价值分析的基本原理，产品（包括各种作业）的必要功能 F、为达到必要功能所需支付的费用（即成本）C 和产品（作业）的价值 V 三者之间存在如下关系

$$V = F/C$$

这里，产品（作业）的价值是一个特定的概念，是指产品（作业）所带来的技术经济综合效果。因此，价值分析实质上是一种技术经济综合效果的分析。

由上式可知，价值与功能成正比，与成本成反比。因此，提高产品（作业）的价值主要有以下几种途径：①功能一定，降低成本；②成本一定，提高功能；③功能提高，成本降低；④功能有较大提高，而成本仅稍有提高。

价值分析概念中包含以下三方面的要求：①以满足用户要求，不降低质量为前提，以尽可能低的成本实现产品（作业）的必要功能；②通过功能分析，保证必要功能，减少不必要的功能，从而达到降低成本，取得良好经济效益的目的；③价值分析是一种有组织的活动，贯穿于产品（作业）设计、制成（完成）、售后服务的整个过程和各个方面。

零件的制造工艺过程作为一种作业，完全可以用价值分析方法来分析与对比。例如，某化工容器的设计使用寿命为 20 年，若采用 Q235 钢制造，工艺成本为 0.4 万元，使用寿命为

1 年；若采用 1Cr18Ni9Ti 不锈钢制造，工艺成本为 4 万元，使用寿命为 20 年；若采用 Q235 钢加玻璃钢防腐内衬制造，工艺成本为 0.5 万元，使用寿命为 5 年。试分析比较上述三种方案的优劣。

　　显然，本例若单纯通过比较工艺成本的高低或比较使用寿命的长短来确定方案的取舍都是不合适的。表 2-4-3 显示了采取上述三种方案制造这种化工容器的价值对比。表中以使用寿命作为功能指标。由于用这三种方案制造的该容器的使用寿命均未超出设计使用寿命，故不存在过剩功能。该表所列结果表明，以采用 Q235 钢加玻璃钢防腐内衬的制造方案最为合理。

表 2-4-3　化工容器制造方案的价值对比

制 造 方 案	成本 C		功能 F		价值 $V = F/C$
	工艺成本/万元	比值	使用寿命/年	比值	
Q235 方案	0.4	1	1	1	1
1Cr18Ni9Ti 方案	4.0	10	20	20	2
Q235 加玻璃钢内衬方案	0.5	1.25	5	5	4

　　本例采用单功能直接分析方法，具有直观、简易、迅速的特点。然而，任何一种产品（作业）都具有多种功能。这些功能可分为基本功能与辅助功能、必要功能与次要功能、使用功能与美观功能，显然不能平等看待。因此，价值分析的核心内容是功能分析。功能分析的方法有功能成本法、功能系数法和价值系数法等。鉴于本书的任务，这里不再赘述，读者可参阅有关专门资料。

第三节　提高机械制造生产率的措施

　　生产率是一个经济性的概念，不应单纯理解为单位时间产量的高低。它是指在一台正常工作的设备上所消耗的费用与利用这台设备所生产的产值在数值上的对比，应以货币形式来衡量和对比。人们追求高生产率的目标是在减少劳动量和降低费用的同时，大幅度地提高产量与质量。

一、提高机械制造生产率的常用措施

为了提高机械制造生产率，通常可采用以下几方面的措施：

1. 改进产品结构设计

（1）减少零件的数量与减轻零件的重量　在满足产品性能要求的前提下，尽可能减少零件的数量与减轻零件的重量，既可以减少制造过程的劳动量，又可以降低材料消耗。

（2）改善零件的结构工艺性　产品或零件的制造需要经过毛坯制造、机械加工、热处理和装配等多个环节。在进行设计与制造时应全面考虑各种因素，使之在各个制造环节都具有良好的工艺性能，可以有效地提高生产率和降低制造费用。

（3）提高零部件的"三化"程度　提高零部件的"三化"程度是指提高其通用化、标准化和系列化的程度。这样可以减少设计工作量，扩大零部件的加工批量，既有利于稳定地保证制造质量，又能采用高生产率的制造方法。

2. 改进生产工艺

改进生产工艺，积极采用先进工艺是提高机械加工生产率的有力措施，常可成倍甚至几十倍地提高生产率。

（1）采用少、无切削毛坯制造工艺　采用少、无切削新工艺制造的毛坯通常具有较高的精度，加工余量很小，甚至可不经机械加工直接使用。这样，既可以从根本上减少甚至免去机械加工工作量，又可以降低材料消耗，经济效果十分显著。例如，采用粉末冶金工艺制造齿轮液压泵的内齿轮，可以完全取消齿形加工，只要磨削两个端平面即可；采用冷挤压工艺制造齿轮，取代剃齿工艺，可提高生产率4倍。

（2）采用高生产率的机械加工工艺　近年来，由于刀具（包括砂轮等）材料得到很大改进，其切削性能得到改善，从而使各种高生产率的机械加工工艺得到迅速发展。例如，高速切削的速度在国外已达到 $600 \sim 1200\text{m/min}$；高速磨削的速度已普遍达到 $45 \sim 60\text{m/s}$；用强力磨削取代平面铣削，不仅可以在一次加工中切除大部分加工余量，而且提高了加工精度。因此，采用高生产率的机械加工工艺已经成为提高机械加工生产率的主要方向。

（3）减小切削行程长度　通过减小切削行程长度提高生产率的方法很多。例如，采用多刀多刃刀具同时加工工件的多个表面；采用多刀同时加工工件的一个表面；将多个工件串联起来加工以减少切入与切出时间；将多个工件并联起来，实现同时加工等。

（4）缩短辅助生产时间　除了以上缩短基本生产时间的工艺措施外，还可通过缩短辅助生产时间来提高机械制造生产率。例如，在大量生产中采用高效率的液动或气动快速夹具，可以大大缩短工件的装卸时间；在成批生产中采用拼装夹具和可调整夹具，在单件、小批生产中采用组合夹具都可以大大缩短生产技术准备时间；采用各种快速换刀、自动换刀装置可以大大缩短刀具的装卸、刃磨和对刀时间；采用多工位加工方法，即当某一个或几个工位上的工件在进行加工时，另一个工位上的工件正在进行装卸，从而使辅助生产时间与基本生产时间重合等。

3. 改善生产组织和管理

（1）采用先进的生产组织形式　流水生产是一种先进的生产组织形式，不仅适用于大量生产，在成批生产中也得到了推广应用，并出现了可变流水线、成组加工流水线等组织形式。

（2）改进生产管理　改进生产管理，推行科学管理，合理地组织生产过程和调配劳动力，做好各项生产技术准备工作和工作地的组织、服务工作，也是提高机械制造生产率的极为重要的措施。

4. 采用计算机技术

在生产技术准备和制造过程的各个环节中，广泛地采用计算机技术处理各种信息，是目前提高产品质量和生产率，降低生产成本的最有效措施之一，已得到了广泛的应用和迅速的发展。

二、成组技术简介

1. 成组技术的概念

机械制造业中，小批生产占有较大的比重。随着国内外市场竞争的日益加剧和科学技术的飞速发展，要求产品不断改进和更新。因此，多品种、小批量生产方式所占比重将会继续增长。

传统的小批量生产方式主要存在以下几方面的问题：①生产计划、组织管理复杂，生产过程难于控制；②零件从投料至加工为成品的总生产时间（生产周期）较长；③生产准备工作量极大；④产量小，限制了先进技术的采用。因此，与大批大量生产相比，传统的小批生产方式的水平和经济效益都很低。

成组技术的科学理论与实践表明，它能从根本上解决生产中由于品种多、批量小所带来的各种问题，提高生产水平和经济效益。

成组技术主要包括以下内容：①将工厂各种产品的被加工零件按其几何形状、结构及加工工艺的相似性进行分类和分组；②根据各组零件的加工工艺要求，将机床划分为相应的若干个组，并按各组零件的加工工艺过程布置各机床组内的机床，使零件组与机床组一一对应；③将同组内零件按照共同的加工工艺过程，在同一机床组内稍加调整后加工出来。

根据成组技术的内容可知，其实质是将各种产品中加工工艺相似的零件集中在一起，扩大零件的批量，减少调整时间和加工时间，将在大批量生产中行之有效的各种高生产率的工艺方法与设备，应用于中、小批量生产，从而提高中、小批量生产的生产水平和经济效益。

2. 成组加工的生产组织形式

随着成组技术的应用和发展，成组加工的生产组织出现了以下三种形式：

（1）成组加工单机　成组加工单机是成组加工最初的低级形式，仅由一个工作位置构成，成组零件从开始加工到加工终了的整个工艺过程全部在一台设备上完成。其典型实例如在转塔车床或自动车床上加工回转体零件等。

（2）成组生产单元　由一个零件组的全部工艺过程所需用的一组机床，按照工艺流程原则合理布置而构成的车间内的一个封闭生产系统，称为成组加工单元，其示意图如图2-4-5所示。该零件组有6种零件，其工艺过程决定了这个成组生产单元由车、铣、钻、磨4台机床构成。将这6种零件构成一个零件组，固定在这个生产单元中进行加工，除了考虑到其加工工艺的相似性外，还考虑到平衡这4台机床的负荷率。成组生产单元在形式上与流水线相似，但不等于流水线。流水线要求在各个工序之间保持一定的节拍，而成组生产单元无此项要求。

（3）成组流水线　成组流水线是严格按照零件组的工艺过程组织起来的，其示意图如图2-4-6所示。它与普通流水线比较，相同之处在于各工序的节拍一致，且工作过程是连续而有节奏地进行的；不同之处在于成组流水线上流动的不是一种零件，而是一组相似的零件（图2-4-6中为5种相似的零件构成的一个零件组）。每种零件不一定经过线上的每一台设备加工，但每一台设备上加工的是一组相似的零件。显然，成组流水线与普通流水线一样具有大量生产的合理性和优越性，而且适用于中、小批量生产。

三、机械制造自动化

所谓机械制造自动化，是指以机械的自动操作代替人的操作来完成特定的机械制造作业。实现机械制造自动化可以提高产品质量和生产率，降低生产成本，减轻劳动强度，是机械制造技术的一个重要发展方向。按照机械制造自动化的目的，可将其分为大批量生产的自动化和多品种、小批量生产的自动化两大类。

（1）自动生产线　自动生产线简称为自动线，适用于大批量生产的自动化。它加工的零件是固定不变的，故又称为刚性自动线。各种专用自动线在汽车、拖拉机、轴承等制造行业中得到了广泛的应用。

（2）计算机数控制造系统　多品种、小批量生产的自动化显然不能采用刚性自动线，而要采用加工对象允许在一定范围内变化的加工自动化系统——计算机数控制造系统，实现所谓的柔性自动化。

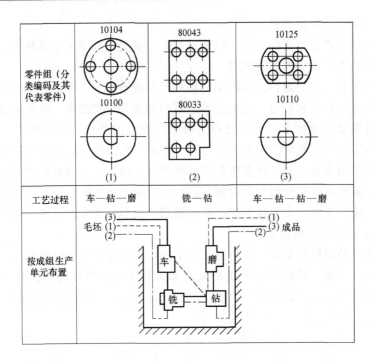

图 2-4-5 成组生产单元平面布置示意图

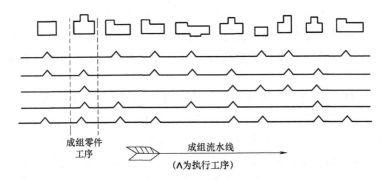

图 2-4-6 成组流水线示意图

参 考 文 献

[1] 张学政. 傅水根教育教学研究论文集 [C]. 南京：金工研究编辑部，2000.

[2] 傅水根. 机械制造工艺基础 [M]. 北京：清华大学出版社，1998.

[3] 卢达溶. 工业系统概论 [M]. 北京：清华大学出版社，1999.

[4] 闫毓禾，钟敏霖. 高功率激光加工及其应用 [M]. 天津：天津科学技术出版社，1994.

[5] 李生田，刘志远. 焊接结构现代无损检测技术 [M]. 北京：机械工业出版社，2000.

[6] 日本无损检测协会. 无损检测概论 [M]. 戴端松，译. 上海：上海科学技术出版社，1975.

[7] 李家林，等. 新技术新工艺 [M]. 北京：机械工业出版社，2000.

[8] 陈丙林. 计算机辅助焊接技术 [M]. 北京：机械工业出版社，1999.

[9] 北京机电研究所. 锻压 [M]. 北京：机械工业出版社，2002.

[10] 国家自然科学基金委员会. 机械制造科学（热加工） [M]. 北京：科学出版社，1995.

[11] 国家自然科学基金委员会. 机械制造科学（冷加工） [M]. 北京：科学出版社，1994.

[12] 张铮. 冲压自动化 [M]. 成都：电子科技大学出版社，2000.

[13] 王方. 现代机电设备安装调试、运行检测与故障诊断、维修管理实务全书 [M]. 北京：金版电子出版社，2004.

[14] 韩荣第，于启勋. 难加工材料切削加工 [M]. 北京：机械工业出版社，1996.

[15] 范忠仁，阵世中，等. 非金属切削刀具 [M]. 北京：机械工业出版社，1990.

[16] 孙斌煜，等. 板带铸轧理论与技术 [M]. 北京：冶金工业出版社，2002.

[17] 马锡良. 铝带坯连续铸轧生产 [M]. 长沙：中南工业大学出版社，1992.

[18] 张亮峰. 机械加工工艺基础与实习 [M]. 北京：高等教育出版社，1999.

[19] 鞠鲁粤. 机械制造基础 [M]. 2 版. 上海：上海交通大学出版社，2001.

[20] 张建钢，等. 数控技术 [M]. 武汉：华中科技大学出版社，2000.

[21] 柳百成，等. 铸造工程的模拟仿真与质量控制 [M]. 北京：机械工业出版社，2001.

[22] 周骥平，林岗. 机械制造自动化技术 [M]. 3 版. 北京：机械工业出版社，2014.

[23] 武良臣，等. 先进制造技术 [M]. 徐州：中国矿业大学出版社，2001.

[24] 刘英，袁绩乾. 机械制造技术基础 [M]. 2 版. 北京：机械工业出版社，2008.

[25] 夏国华，杨树荣. 现代热处理技术 [M]. 北京：兵器工业出版社，1996.

[26] 吴光治. 热处理炉进展 [M]. 北京：国防工业出版社，1998.

[27] 刘飞，等. 制造系统工程 [M]. 北京：国防工业出版社，1995.

[28] 程能林. 产品造型材料与工艺 [M]. 北京：北京理工大学出版社，2002.

[29] 严岱年，高长水，等. 现代工业训练教程——特种加工 [M]. 南京：东南大学出版社，2001.

[30] 瞿燕南. 机械制造技术 [M]. 北京：机械工业出版社，2001.

[31] 中国机械工程学会焊接学会. 焊接手册：第1卷 [M]. 2 版. 北京：机械工业出版社，2001.

[32] 中国机械工程学会铸造学会. 铸造手册：第5卷 [M]. 2 版. 北京：机械工业出版社，2001.

[33] 中国热处理行业协会. 当代热处理技术与工艺 [M]. 北京：机械工业出版社，2002.

[34] 胡传炘. 特种加工手册 [M]. 北京：北京工业大学出版社，2001.

[35] 邵波波. 无损检测技术 [M]. 北京：化学工业出版社，2003.

[36] 谭昌瑶，王钧石. 实用表面工程技术 [M]. 北京：新时代出版社，1998.

[37] 曾晓雁，吴懿平. 表面工程学 [M]. 北京：机械工业出版社，2001.

[38] 贾成厂. 陶瓷基复合材料导论 [M]. 北京：冶金工业出版社，2002.

［39］ 金志浩. 工程陶瓷材料 ［M］. 西安：西安交通大学出版社，2001.

［40］ 张志炘. 塑料材料学 ［M］. 西安：西北工业大学出版社，2000.

［41］ 张木青. 机械制造工程训练 ［M］. 2 版. 广州：华南理工大学出版社，2007.

［42］ 聂秋根. 数控加工实用技术 ［M］. 北京：电子工业出版社，2007.

［43］ 何鹤林. 金工实习教程 ［M］. 广州：华南理工大学出版社，2006.